2018年度教育部人文社会科学研究规划基金项目
纸艺载道视域下现代服装装饰语言重构研究（18YJA760068）

纸艺载道视域下
毛衫服装装饰设计

徐艳华　袁新林　著

中国纺织出版社有限公司

内 容 提 要

本书详细阐述了基于纸技艺的毛衫服装花型设计与装饰应用以及基于纸样技术的毛衫服装局部和整体造型装饰设计。借助纸“艺”造型与纸“道”内涵，将纸艺的形式与毛衫服装的装饰设计融为一体，对毛衫服装的装饰语言体系进行重构，为实现毛衫服装品牌识别度及文化力竞争拓宽了思路与方向。读者既能了解纸技艺传统艺术及其文化内涵在毛衫服装设计中的装饰语言表达，又可直接应用于毛衫服装设计与生产实践，对系统掌握纸艺载道视域下毛衫服装的装饰设计具有一定的指导作用。

本书可供毛针织行业的设计人员、技术人员、营销及管理人员阅读，也可为传统文化创新应用研究、服装装饰研究提供参考。

图书在版编目（CIP）数据

纸艺载道视域下毛衫服装装饰设计 / 徐艳华，袁新林著 .-- 北京：中国纺织出版社有限公司，2022.5

ISBN 978-7-5180-9467-7

Ⅰ. ①纸… Ⅱ. ①徐… ②袁… Ⅲ. ①毛衣—服装设计 Ⅳ. ① TS941.763

中国版本图书馆 CIP 数据核字（2022）第 053446 号

责任编辑：孔会云　　特约编辑：高　涵　　责任校对：王蕙莹
责任印制：何　建

中国纺织出版社有限公司出版发行
地址：北京市朝阳区百子湾东里A407号楼　邮政编码：100124
销售电话：010—67004422　传真：010—87155801
http：//www.c-textilep.com
中国纺织出版社天猫旗舰店
官方微博 http：//weibo.com/2119887771
唐山玺诚印务有限公司印刷　各地新华书店经销
2022年5月第1版第1次印刷
开本：710×1000　1/16　印张：17.5
字数：227千字　定价：88.00元

前言

纸“艺”既指纸材形成及其形态构成的技术手段，又反映出建立在材料物性特征基础上，根植于民间土壤，蕴含深层民众精神，具备美感认知和意涵植入的艺术形式及技术物化实体，映射出纸的技术性、文化性及美学性发展的多维度形态。纸“道”可理解为纸“艺”的物质属性、感官形式以及现实功利性价值的超越，维持着纸“艺”的承续、演变和更新，是纸“艺”的实体呈现。服装装饰设计中纸“艺”民间传统手工艺及纸“道”思维的引入，可整合装饰形态建构研究的相关理论，扩大服装装饰思维诠释范畴。将纸艺生态文化形式与服装装饰合为一体，对实现服装品牌识别度及文化力竞争拓宽思路与方向具有现实意义。

毛衫服装具有柔软、舒适、透气等特点，成为四季皆可穿的服装，随着编织技术的不断更新和进步，毛衫服装得到了快速发展。目前随着人们审美的提高与改变，对毛衫服装的要求不仅是保暖，装饰设计上的独特创意也是人们选择毛衫服装的重要原因之一，毛衫服装装饰设计除了款式和色彩，花型装饰尤为重要，可以赋予毛衫服装凹凸、镂空、图案等肌理效应。折纸造型是以纸为材料，通过折叠、弯曲和接合等工艺手法获得各种指定形状所呈现的造型艺术，折纸手工艺历史悠久，是我国的传统手工艺。基于折纸造型的空间立体造型性、装饰性及创意性等特点的毛衫服装花型装饰设计和结合不同针法设计的碎抽褶褶裥、荷叶边褶裥、横向褶裥、菱形褶裥、斜纹褶裥等不同形态、不同规律和不同风格的褶裥装饰效应，使毛衫服装的花型装饰设计更加多元化，体现出毛衫服装的文化感、艺术性和审美内涵。剪纸艺术是流传最广的民间艺术之一，其图案形态丰富、栩栩如生，从人文建筑类、几何图形类及动植物图案类剪纸纹样等方面探讨其在毛衫服装花型装饰设计中的应用，将剪纸纹样与毛衫服装花型装饰设计有机结合，有利于设计与开发高品质、多维度、高附加值的毛衫服装，同时传承剪纸传统手工艺的艺术文化和人文精神。中国传统纹样是中国传统文化的重要组成部分，将几何纹样、植物纹样和吉祥纹样等典型的中国传统纹样运用在毛衫服装花型设计及其装饰应用中，不仅是对中国传统服饰文化的继承，而且也使毛衫服装设计更具文化传承和创新的双重价值和意义。

当前人们对个性化服装的需求与日俱增，由于毛衫属于成型编织，对于造型复杂的毛衫难以精确制定编织工艺，使造型装饰表达上存在偏差，此时将纸样技术引入毛衫造型装饰设计与编织工艺的制定中，使毛衫的领型、袖型及廓型等方面的设计也呈现出显著的装饰效果，更能适应服装的个性化设计发展趋势。

本书主要介绍将纸样技术应用于不同领型、不同袖型及不同非常规造型的毛衫中进行装饰设计，分析不同组织结构对毛衫造型工艺的影响和纸样转化为毛衫工艺的方法，同时研究基于纸样省道和褶皱的非常规造型毛衫工艺设计，并制作出毛衫实物。纸样技术解决了由于工艺简化使得复杂造型的工艺不够准确、造型不易实现的缺陷，按照纸样的形状与尺寸进行工艺分析得出的工艺准确，尺寸符合要求，造型美观合体，减少了打样次数，提高了生产效率。寻找纸样技术与毛针织工艺的契合点，是一种工艺设计创新手法，可使毛衫造型装饰设计呈现多维度，为毛衫设计与生产提供了有效参考，从而丰富了毛衫局部和整体造型的装饰设计。

将纸技艺应用于毛衫服装边口装饰设计中，形成折纸造型规律直线型边口、折纸褶裥荷叶边领口、折纸波浪型木耳边领口及折纸曲线型边口等装饰效果，丰富了毛衫服装边口图案和造型的装饰设计。将纸技艺应用于毛衫裙组织结构与色彩图案的装饰设计，形成横条纹、纵条纹、斜条纹等装饰，把经典条纹类纹案与纸技艺融合，使条纹立体化或镂空化，产生视觉冲击力更强的组合装饰效果。将纸技艺应用于毛衫礼服的装饰设计中，利用折剪纸的形状设计礼服的纹案及整体或局部造型的装饰设计，体现出传统文化与现代时尚服装的融合，较好地传承了民间手工艺。这些均显著丰富了毛衫服装的装饰语言。

本书探索服装装饰表达的语言形式，用纸“技”“艺”的关系重构服装纹案装饰，基于适体性的纸“艺”与“技”关系新生毛衫服装结构装饰，借助纸“艺”造型、纸“道”内涵，丰富服装装饰语言及文化表意形态，创新毛衫服装装饰语言体系。本书为2018年度教育部人文社会科学研究规划基金项目“纸艺载道视域下现代服装装饰语言重构研究”（项目批准号：18YJA760068）的研究成果，解决了服装装饰设计中纸“艺”造型、技法关联实现本体、服装要素结构及表征装饰造型等问题。

徐艳华　袁新林

2021年10月

目录

第一章

纸技艺与纸道

第一节 概述

一、纸“技艺”与纸“道”概念诠释

《说文解字》中，“艺，从艸从埶从云，种也”，本义“种植”；现代汉语引申为“技术、技能、方法、形状独特而美观的事物”等。故纸“技艺”既指纸材形成及其形态构成的技术手段，又反映出建立在材料物性特征基础上，根植于民间土壤，蕴含深层民众精神，具备美感认知和意涵植入的艺术形式及技术物化实体，映射出纸的技术性、文化性及美学性发展的多维度形态。其中体现在纸造型技术和纸造型艺术两方面，为阐述方便，将纸造型技术和纸造型艺术简称为纸技艺。

《说文解字》释，“道，从辵从首，所行道也”，“辵——人行于路”，“首——观察、思考、选择”；现代汉语中，其义包罗广泛，有“艺”、有“理”、有“源”。现代社会，“道”更多展示由技艺到精神再到创作境界的升华。“纸道”可用于指以介质的物性造型特征为基础，通过折、转、翻、挤、剪、刻、卷、绞、撕等单一或复合加工手法[1]，对物质形态或肌理进行拆解、分割、重组、还原等构造方式来传达设计者对事物认识的意境。研究将纸“道”理解为纸“艺”的物质属性、感官形式以及现实功利性价值的超越，维持着纸“艺”的承续、演变、更新[1]，体现于原始纸材、复合技法、装饰结构的立像活动表达对承续传统、渗透文化、杂糅理念的尽意思维的整体过程，其以纸“技艺”的实体呈现。

二、基于纸艺载道的服装装饰语言研究价值

1. 理论价值

（1）从理论上梳理纸造型工艺技法、造型形态艺术表达方式。纸技艺在我国具有几千年的传统，通过对纸技艺工艺手法、传统或现代的纸造型形态和形式的纵横向深入挖掘和研究，有助于从时间和空间的角度了解和把握纸技艺活态文化的意涵，为设计者实现毛针织服装整体或局部造型、肌理等创意性设计表达提供多元的文化传播基础。

（2）从理论上归纳纸道思维指导下服装创意设计的表征形式。纸技艺造型

是艺术和技术相结合的载体，也是相应时代文化凝聚的体现，挖掘由技艺到精神再到其物化的创作境界过程，提出纸道概念，从其创作嬗变和特征研究中，总结纸立体或平面造型形态、语义等在现代毛针织服装设计中的表征性[2]，利用现有设计作品作为实例论证，借助纸道概念传递多元信息，进一步寻找其与服装肌理造型设计、结构设计、工艺设计等的契合点，开拓现代服装设计思维。

（3）从理论上探索基于纸道技艺的服装结构、造型、工艺设计的方法论。探究纸道引导下，服装全局或部分装饰性以及外型构造适体性和生产工艺实现方式，拓宽现代化织造设备条件下服装设计的系统方法论。

2. 实践价值

近年来，服装业的时尚化、创意化越发明显，形成纵跨时和横跨界的信息交流，从活态文化艺术的角度对其做多维研究，能更好地指导我们正确吸收并演绎传统艺术表达形式，在承续活态民族文化特色的同时，将源于纸道的服装创新设计思维与根植于我国民间并蕴含深层精神特质的独特生态文化形式相结合，为毛针织服装产业的全面发展注入新鲜血液，实现服装工艺设计、造型设计的差别化。

从文化角度对传统或现代纸技艺造型表达方法及基于此种表达方式的结构构成和工艺实现的分析，能充分完善我国服装设计理论，一方面有利于我国服装专业教育水平的提升[3]，达到为服装企业服务的能力；另一方面我国服装产业发展正由中国制造向中国创造转型，从单一着重艺术细部的产品设计转向着重拥有市场意识、适应人本需求、传输品牌实力的产品设计，发掘具备文化积淀的技艺表达方法能够促进我国服装设计的个性化形成，同时激励其品牌效应的形成。

三、纸技艺与服装设计的关系

纸技艺在我国有几千年的传统，其中剪纸、扎纸等许多纸艺作品更是技艺高超、惟妙惟肖并流传至今，纸技艺的成型技术、造型形状和样式的持续丰富化，展现了不同时代社会生活状态与文化迁徙。通过对纸技艺工艺手法、传统或现代的纸造型形态和形式的纵横向深入挖掘和研究，有助于从时间和空间的角度了解和把握纸技艺活态文化的意涵，为设计者实现服装整体或局部造型、肌理等创意性设计表达提供多元的文化传播基础。

纸技艺的历史源远流长，其发展应用更是广博，用于服装设计、平面设计、家具设计、包装设计等多方面，其中与软雕塑服装之间的结合更加紧密。实践方面，现代服装设计早已将纸技艺用于高级时装的灵感表现，个别成衣化设计中也出现相关元素的运用，诸如Dior时装百合花、玫瑰花、渐层变化及散花式的折纸应用；Anna Sui折纸连衣裙变化；Calvin Klein高级时装中规则折叠镂空处理以及具象造型的成衣化处理[4]；约翰·加利阿诺剪纸纹样结合服装结构线设计的礼服；Jean Paul Gaultier高级定制白色镂空鱼尾裙礼服等都展现出纸技艺的效果[5]。理论研究方面，有关纸技艺与服装设计关系的研究较多，如《我国民间剪纸艺术风格及其在现代女装设计中的创新应用》主要归纳民间剪纸艺术风格，阐述民间剪纸在民间服饰中的表现形式，结合现代服装设计中民间剪纸的运用现状，分析设计师在运用过程中出现的弊病和问题，为剪纸在现代女装设计中的创新运用提供新的理论依据和实践经验[6]。《香云纱服装设计中陕西民间剪纸元素的应用研究》将传统香云纱面料与陕西民间剪纸纹样相融合，为香云纱服装设计开辟出一条新路[3]。《折纸元素在服装设计中的运用研究》集中研究折纸元素用于服装设计的方法，偏向于大众化成衣的应用；《基于纸道的现代服装跨界艺术设计表征》则将纸道概念提取出来，通过造型和肌理变化诠释纸技艺在服装设计中的具体应用。

第二节　折纸

一、折纸的概念与发展状况

1. 折纸的概念

折纸大概起源于公元1世纪或者2世纪时的中国，公元6世纪传入日本[7]。折纸（origami）又称“手工折纸”，是折叠纸张的艺术，Origami是日本“折纸”一词的音译，由Ori（代表“折叠”）和Gami（代表“纸”）两部分组成。折纸起源于中国，中国早在西汉时期就出现了以大麻和少量苎麻纤维制造的纸张。折纸材料较丰富，如金属材料做成的薄纱、醋酸薄片、包装袋、餐巾纸等很多材料都适合折叠，纸是最常使用的材料。

折纸通过简单的折叠、弯曲、切割、接合等方法能在较短时间里用一张张纸片创造出五彩缤纷的艺术世界，在它出现的2000年里，折纸已经传播到世界各地。目前，许多国家都成立了专门的折纸协会，以促进折纸艺术的发展。

折纸作品通常是用一张完整但未经过剪切和黏合等手法处理的正方形纸张折

叠完成的，但是现在部分折纸大师也会选用其他形状的纸张进行折叠，或者使用其他的折纸手法处理纸张，然后得到活灵活现的立体折纸作品。折纸造型是通过纸张折出各类构思好的形态和式样的作品，折纸只需要通过不同工艺手法就可以创造出构思巧妙的设计作品。

2. 折纸的发展

折纸从本质上来说是建立在几何学基础之上的[8]，每一条折痕都是一条直线或者曲线，但一些生动形象的折纸作品上的弯曲表面并不是这些标准的直线或曲线可以达到的。长期以来，折纸一直局限在流传了一代又一代的传统折叠技巧之中，到后来在折纸大师吉泽章的影响下，折纸艺术得到飞速发展，他定义了一套国际通用的折纸图解术语，使折纸艺术能够在全世界通过图解流传，其作品在欧洲展出引起轰动，促进了西方的折纸爱好者投身于折纸艺术的创作，20世纪80年代以后，以美国的罗伯特·朗为代表的折纸艺术家提出折纸设计的理论，使折纸有了一个长远的发展，折纸艺术步入不拘一格的时代。

折纸作品发展至今，其造型丰富、结构工艺繁复、惟妙惟肖，已然不只是浅显的儿童折纸嬉戏，而是一种能启迪人类进行思维创造、发明且较具挑战性的活动。如今，折纸的技艺和展现样式发生了翻天覆地的变化，很多艺术家渴望固有的折纸外型给观众带来视觉上的震撼效果，并从折纸形状空间的深入视角研究折纸技艺，在折纸作品中融入立体构成元素，从开始简易的单调造型进展到多样的繁杂造型，在局限的二维空间中打造无尽的三维空间，将折纸作品由具象到抽象进行展示。

二、折纸造型的特点

1. 折纸造型的空间立体造型性

折纸造型呈现三维空间几何体效应，将其应用到服装设计中可使服装具有明显直观的三维立体效果。折扇是通过纸的折叠制作而成，体现出空间立体性，它所展示出的外表是折叠处与凹处相互呼应。文艺复兴时期欧洲服装领子中的拉夫领造型是折纸造型空间立体造型性在服装上的运用，拉夫领在当时被欧洲男女服装普遍采用，是将折扇的效果体现在领子部位。拉夫领圆柱状褶裥通过层叠的交错达到视觉上的扩张，巧妙地改变了颈部固有的线条[9]，更有效地烘托出穿着者的脸部。日本三宅一生的褶皱系列服装也是运用折纸造型的空间立体造型性设计而成。较多折纸作品体现出折纸造型的空间立体造型性，其外观具有一定的空间感与立体感，如图1-2-1所示。折纸作品造型具有浮雕效应的特点，将该特点应用在服装设计上可使服装外表具有突出的三维造型效果。

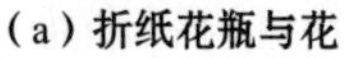

（a）折纸花瓶与花

（b）折纸孔雀

图1-2-1 折纸造型的空间立体造型性

2. 折纸造型的反复连续性

折纸艺术中三角折叠法和蛇腹折纸法呈现出的折纸造型具有反复连续性。三角折叠法即反复折叠出相同的三角造型，再将三角造型连续接合在一起，呈现出不同的折纸造型。图1-2-2中（a）所示折纸天鹅采用三角折叠法制作而成；图1-2-2中（b）所示折纸花瓶采用蛇腹折纸法折叠而成，折痕特点是横平竖直，两个作品造型都显示出折纸造型的反复连续性。

（a）折纸天鹅

（b）折纸花瓶

图1-2-2 连续折叠作品

3. 折纸造型的装饰性

折纸造型具有装饰性的作用，广告、服装及包装等设计可从折纸造型中获得创意灵感，折纸造型在这些设计领域中发挥装饰性的作用。折纸造型中的百合花能充分体现折纸造型的装饰性。如图1-2-3所示为百合花折纸造型，图1-2-4所示白色婚纱是用多个百合组合而成的，玫红色套装上衣收腰，并将腰线上提，在颈侧和腰处分别缝制一朵百合花，百合花起装饰性作用，同时烘托出女性婀娜多姿的身材曲线美，两件服装均展示出折纸造型在现代服装设计中所起到的装饰性作用。

图1-2-3　折纸百合花

图1-2-4　百合装饰礼服

4. 折纸造型的创意性

在折纸相关书籍中关于折纸顺序与折纸规律均有详细标注，折纸元素的规律性看似格式固定，其实不然，众多折纸大师会在原有折纸作品基础上进行改造甚至推翻原有作品折叠规律进行重新创造[10]，充分说明折纸具有创意性的空间，从古老一成不变的折纸手法到如今西方折纸大师发明的各种创意性折纸方法，说明了折纸具有创意性。衍生出的折纸品种花样繁多且打破了传统的折纸方法，折纸内容由以往简单的折叠手法到如今复杂抽象的处理手法，由此可见，随着人们对折纸的研究和探索，无论是折纸的方法还是折纸的内容都有所发展[10]，现今想要创造一个新的造型，有的作品只要在原有折线基础上改变一条翻折线就可以达到，所以折纸元素具有较大的创意空间。运用折纸元素不能生搬硬套，如果在服装设计中折纸造型运用不恰当，往往会产生反作用效果，因此运用过程中要充分发挥折纸造型创意性的特点，将其自然地融入服装设计中，使其与服装全局设计协调一致。当前具有独特创意设计的服装较受青睐，服装造型与服装花型设计也日新月异，折纸元素的创意性特点可丰富服装的造型与花型设计，满足对创意性服装日渐增进的需求[10]。

应用折纸造型进行装饰的服装如图1-2-5所示，其中（a）所示为折纸造型形成的褶皱应用在服装裙摆处，多层褶皱使得裙摆蓬阔，上衣收身，可展示女性腰身纤细、臀部丰满的身材曲线美；（b）所示为抹胸短上衣与包臀裙，利用段染彩色丝带编织平针织物，织物反面呈现瓦楞纸外观造型，服装色彩丰富、立体感强；（c）所示创意性服装，利用折纸折扇造型，将织物缝制不同宽度折痕与不同稀密折痕的多种折扇造型，再将这些织物沿右肩、胸、左腹等部位连接起来，服装造型独特，适合舞台表演展示。

（a）折纸褶皱装饰

（b）折纸瓦楞纸造型装饰

（c）折纸折扇造型装饰

图1-2-5　折纸造型装饰的服装

三、折纸造型的工艺技法

1. 折叠

折叠包括直线折叠与曲线折叠，不管是直线折叠还是曲线折叠，都需要先折再叠，折又分为折直线、折曲线和折圆。纸质的性能直接影响折叠后的造型效果及外观视觉感受，因此纸质的选择在折叠过程中起到非常关键的作用。若纸张较厚，折叠时为了使线条整齐美观，可根据纸的厚度在折叠处先用小刀轻划，划痕的深度以纸张的三分之一厚度为宜，若纸张较薄可直接进行折叠。

2. 弯曲

弯曲包括卷曲和扭曲两种，卷曲和扭曲都是要根据所需要的折纸造型进行操作，图1–2–6（a）所示花球状折纸作品的命名为“丝带花”，在制作过程中完成组合折叠之后，用手将边缘进行简单处理，给人以丝带花妖娆的丝绕之感，颇有丝带花独特的风范，故命名为“丝带花”；图1–2–6（b）所示折纸作品是一朵玫瑰花，其折法需要两个手互相配合，将折出的玫瑰花瓣扭曲转动，使其出现玫瑰花瓣的效果，使得折纸作品更加形象逼真。较多的折纸作品都需要进行扭曲才能使其造型更加栩栩如生，所以弯曲工艺技法在折纸作品制作中应用较多。

（a）丝带花

（b）玫瑰花

图1–2–6　运用弯曲工艺技法的折纸作品

3. 卷

瓦楞折纸也是折纸的一种，瓦楞折纸作品体现了卷的工艺技法，图1–2–7（a）所示作品通过卷的手法得到了卡通羊头作品，羊头圆圆的体现了羊的丰满身体和绵密毛被，羊角通过卷的手法使作品锦上添花。衍纸也是折纸的一种，许多的花卉、动物作品都是用衍纸经过卷折得到的。图1–2–7（b）所示折纸康乃馨花朵、茎、叶等通过卷犹如热情绽放，表达对母亲或爱人、朋友的热爱，纸质的色彩符合康乃馨外观的特点。卷工艺技法使得折纸作品线条柔和流畅、生动形象。

4. 接合

接合有插接、编接和粘接三种。插接是指不用借助任何黏合剂，而是在需要相互插接的部分，选择相应的位置进行插接，这样可以固定住相应的部分使整个

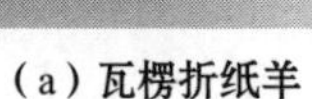

（a）瓦楞折纸羊　　（b）折纸康乃馨

图1-2-7　运用卷工艺技法的折纸作品

作品不易脱散。如图1-2-2（a）所示折纸天鹅是采用插接的方法制作而成，通过将三角折叠法折叠完成的三角插接起来，整个作品虽然没有用任何黏合剂，但是很坚固。编接则是将纸张裁剪成所需要的小纸条进行穿插交织，图1-2-8所示是花篮折纸造型挂饰，是用纸条进行编接而固定形成的造型。粘接是在需要的部位涂抹上胶水或者用双面胶代替进行黏合，图1-2-9所示是折纸花球作品，制作方法是先制作好每一朵小花，然后用黏合剂在每个花瓣上进行涂抹粘接而成。

图1-2-8　编接折纸作品

图1-2-9　粘接折纸作品

第三节　剪纸

一、剪纸释义

“剪纸”是使用剪刀将纸铰成动物、植物、人物、风景等形状，使之成为一种艺术品，又称“剪纸艺术”[11]。剪纸艺术创作只需将纸作为材料，用剪刀作为工具，剪纸者可将所要表达的题材内容短时间内表现出来，剪纸技巧也被认为是国画中线描水平的提炼与升华。剪纸艺术似在石料上雕刻作画，剪刀铰处作品即成形，内容难以增加或减少，也不易修补，因此剪纸艺术可称为国画线描技能的高度提炼，得到国外现代派画界的赞赏与学习[5]。

广义的剪纸艺术也包括刻纸，刻纸对纸的厚度与韧性要求较高，刻纸的出现是剪纸艺术发展的必然结果，反映出中国造纸工艺与人们审美观念的不断提高。随着百姓生活水平的逐步提高，将各种剪纸纹样逐渐由雕刻代替，这些雕刻的纸艺工艺仍称“剪纸艺术”。

二、剪纸艺术历史沿革

剪纸艺术离不开“纸”，中国是造纸工艺的发明地，东汉时期已有质地较好的纸，但经专家考证，一直到东汉时期没有出现“剪纸”字样和剪纸艺术品。汉代没有剪纸艺术，但汉代以前有用金箔材料雕刻飞鸟和奇异的动物，犹如剪纸艺术中的刺绣花样，汉代装饰用的金箔片形式对剪纸艺术有影响，后来剪纸纹样的主要内容主要来自金箔上的内容题材。

晋代没有出现剪纸艺术品，但晋代在正月有剪彩为燕的风俗，家家剪彩或者刻镂金箔成人形放在房檐上，或戴在头发上作装饰。晋代虽没有出现剪纸，但剪纸艺术已经形成，剪彩、刻镂金箔等艺术品主要用于每年的传统节日和妇女妆饰。

南北朝时期，剪纸艺术品比较精致，剪纸艺术也比较成熟。隋代佛教地位很高，佛教徒用剪彩作装饰来弘扬佛法，受此影响，剪纸艺术有了较大的推进与发展[12]。

唐代的幡胜有的是用剪纸制作而成，立春的时候戴在头上或者系在花下，也有剪成带有吉祥含义的春蝶、春钱、春胜等花样。中国的剪纸艺术水平在唐代与绘画、彩塑等艺术一样发展比较成熟，纹样有寺塔建筑、镂空人物、花边装饰等样式。

宋代的造纸水平迅速提高，民间剪纸艺术别有生气，花样繁多，形象逼真。在传统节日出现的民间剪纸艺术品艺术价值的评价标准与宫廷艺术品完全不同，民间剪纸艺术不重材质贵贱，以工巧技艺的高低作为评判标准。当时妇女们即兴剪纸花样的比美活动，也提高了剪纸艺术的水平。宋代的剪纸对皮影、陶瓷工艺、音乐律学等均有影响。

元代的剪纸如扫晴娘、扫天婆、七僧晒足等祈晴求雨的剪纸活动反映农民在遇到自然灾害时的心理活动。走马灯上彩纸剪成的刀马人物使走马灯上的人物形象更加逼真。

明代的剪纸艺术繁花似锦，有窗花、走马灯、夹纱灯、折扇等，窗花以驱鬼、祈晴求雨为题材；走马灯上的剪纸题材增加了仕女背景人物，增强了可观赏性；夹纱灯是将竹兰鸟兽图样剪纸刻花作灯屏，使图样更加莹洁透明；折扇的剪纸题材有花卉、动物和人物等；明代还有将剪纸图样用于瓷器的烧制。

清代流传下来的剪纸实物品类较多，以绣花样子为主，绣花样子制作有剪纸和雕刻两种，花样题材种类繁多，反映出当时人们对服饰品的审美意识强于以前各朝代[13]。清代刺绣底样现存的有木刻和手绘两种形式，手绘以彩色的传统绘画为主，题材图样表达有别于传统中国画，装饰风格与工艺美术不同，类似瓷器粉彩的装饰性。木刻刺绣图样题材丰富，有人物故事、山水花鸟等，装饰性较强，适用于批量生产的刺绣作坊使用。

辛亥革命后，刺绣图样增加了许多有历史意义的新鲜事物的新样，清末海禁开放，剪纸图样增添了帝国主义的人物、事物等形象图样，当时的社会生活形态也出现在剪纸艺术中，民间美术活动与时俱进，剪纸艺术所需工具和材料简单，但却能展示天下万物形态，剪纸被称作民间艺术无可厚非。

三、剪纸的分类

剪纸艺术品种类繁多，按照用途可分为以下七种。

1. 窗花

窗花贴在门和窗户上起装饰作用或贴在窗格上起通风换气作用。

2. 刺绣花样

刺绣花样也叫“花样子”，电脑绣花机普及前在妇女儿童的鞋、帽、衣襟、枕头等物品上刺绣各种色彩斑斓的花样。

3. 喜花

喜花指在女子婚嫁时为烘托喜庆气氛，用红纸剪出各种吉祥如意的图案放在嫁妆上。

4. 礼品花

在喜庆之日亲朋好友赠送礼品以示祝贺，通常在礼品上放各种喜庆图案的剪纸花样来表达相应的祝福。

5. 灯花

中国在传统佳节有悬挂灯笼迎接节日、展示喜庆的风俗，通常用彩纸剪成各种吉祥平安的图案贴在灯笼上，有剪纸花样的灯笼比素纸灯笼看起来更加华丽美观。

6. 墙花

墙花有贴在炕围上的，有贴在屋顶上的，还有贴在灶头上的，剪成表达祈福、平安、富裕等意愿的吉祥图样。

7. 扇花

扇花是贴在折扇上的剪纸图样。

四、剪纸艺术的地域特征及各地区的艺术表现形式

剪纸艺术的风格与不同地域的风俗习惯、历史文化、经济发展及各地古代先民的图腾崇拜有密切关系，不同地区受各自地域文化的影响，审美情趣与情感表达方式都各不相同。南方地区的剪纸具有精雕细刻、玲珑剔透的特点，北方地区的剪纸大多粗犷豪放、质朴夸张[14]。

1. 浙江剪纸艺术

浙江金华一带的剪纸艺术独具匠心，题材内容有花草虫鸟、亭台楼阁、走兽、人物等。金华剪纸的戏曲题材非常精美，极具地方特色。剪纸艺术纤巧精致，构图真实优美，外轮廓变化多样，图样精细别致，人物形象生动精致。

2. 广东剪纸艺术

广东佛山的剪纸多以刻镂而成，有衬料、写料、纯色、木刻套印剪纸等。木刻套印剪纸随着纸糊灯笼的淘汰而消失。纯色剪纸以红色为主，有吉祥喜庆之意。多色剪纸是将各种彩色纸剪出的图样拼贴，注重整体效果美，风格较粗犷。衬料剪纸是在铜箔锡箔上刻出场景线条，再将衬纸衬在镂空处，效果金碧辉煌、

精致玲珑。写料剪纸是将刻纸与绘画相融合，在图样有的地方处镂空、有的地方用颜料描绘，使剪纸外观华丽典雅、富丽多彩。

3. 福建剪纸艺术

福建泉州的剪纸以刻为主，题材广泛，有花鸟、鱼虫、蔬果、龙凤、畜兽、盆景、人物等，图样吉祥喜庆，清新精细，线条刚劲有力，玲珑典雅。

4. 山东剪纸艺术

山东的剪纸从品类上主要分为两种，胶东一带红色窗花尺寸繁多，外形轮廓有方形、圆形、无边饰等种类，题材内容以农村生活的动植物为主，还有一些戏曲小说人物等。剪纸刀法重视线条粗细搭配，还要统筹阴雕阳刻的比例配置，效果明显，风格别具一格。山东南部一带新年时在门楣上贴挂钱，五幅为一组，将五张不同颜色彩纸叠放整齐，用刀刻或刀剪成双喜、平安、连年有余等寓意吉祥的图样制作成色彩斑斓的挂钱。

5. 江苏剪纸艺术

江苏扬州的剪纸富有生意，注重“圆、尖、方、缺、线”要点，植物剪纸花样对花、叶表达出生态和根源，花样呈现勃勃生机。“圆如秋月方如砖，缺如锯齿线如须”是判断扬州剪纸作品的艺术标准。

6. 陕西剪纸艺术

陕西的剪纸以简练手法突出主题内容，其艺术风格表现为纯真、淳厚、庄严，技艺上粗犷有力，简洁明快，使题材内容呈现出茁壮饱满的外观效果。

7. 山西剪纸艺术

山西的剪纸内容以风土民俗为主，题材多以人物和戏曲故事为内容，花鸟鱼虫家畜野兽等题材次之。有的题材起到教育警示作用，有的象征美满婚姻、繁衍子孙之意，也有世俗生活题材刻画劳动妇女劳作场景。图案表达精确、雕刻精致，构图匀称，具有北方淳厚朴实的特点。

8. 东北剪纸艺术

东北的剪纸艺术发展较其他地区短。黑龙江的剪纸出现在清朝，满汉相互往来，民俗融合一致，窗花、绣花样子等剪纸艺术逐渐流传到东北各地。东北纸扎所用剪纸都是镂刻出来的，精美剔透，有彩绘效果，可当作单独的艺术品，具有欣赏价值。

9. 天津剪纸艺术

天津的剪纸堪称十全十美，题材内容广泛，品类繁多，体裁形式丰富，外观效果有江南一带的纤巧精致之美，风格上有北方的朴实率真之质。

10. 河北剪纸艺术

河北蔚县的剪纸题材内容丰富多样，形态生动，以阴刻为主、阳刻为辅。戏曲人物窗花不是临摹已有图案，而是实地观赏后的内心总结与提炼，使得戏曲人物形象气势逼真。蔚县剪纸主要是作为窗花装饰，有单色和彩色两种。

五、剪纸艺术的应用

1. 剪纸在居家装饰中的应用

在中国传统佳节日，人们根据日常生活起居、活动场所的不同，剪出满足不同需求的形态各异的剪纸艺术作品，包括窗花、门笺、粮囤花、墙花等，多以祈福、祈求丰收、喜庆吉祥、出入平安为主要表现内容，形式上注重热闹红火[15]。

2. 剪纸在民俗活动中的应用

剪纸艺术与民俗活动有关，在民间祝寿、生子、婚嫁、敬祖等日子里，都会看到各种各样鲜艳美丽的剪纸。婚嫁时在新房门窗和嫁妆上，用“喜花”烘托喜庆的气氛。给老人祝寿，在所送寿品上放置一些祈福祝寿之意的剪纸。云南傣族在泼水节时或剪或刻花卉、蔬果、鱼鸟图样祈福消灾，还有剪成大象、金牛、竹篓等用来到庙里祭祀先人。广东以捕鱼为业的人们在春节时会剪“大吉”剪纸贴在船上图吉利、祈求财源滚滚。贵州苗族剪纸动物图样有着吉祥如意或赐福人类的寓意，图案有神秘感，表达崇拜自然和民俗活动。

3. 剪纸在服装中的应用

（1）剪纸的纹样应用。将地域特色的、各种寓意的、具象或抽象等剪纸纹样应用到服装中，可以采用以下方法。

①归纳变形。将多个与设计要求相关联的剪纸纹样进行整体或局部的整理，重新组合成一个新的纹样，满足设计纹样的寓意、图案等艺术特色的要求。剪纸纹样的归纳变形法在服装中的应用如图1-3-1（a）所示。

②提取变形。不是将剪纸纹样复制应用，而是将原有的剪纸图案中的所需部分提取出来，按照服装风格特点将提取的纹样进行局部变形从而得到一个新的纹样，使服装整体设计协调统一。剪纸纹样的提取变形法在服装中的应用如图1-3-1（b）所示。

③添加。为了使单一的剪纸纹样在服装应用上愈加丰富，经归纳、提取及总结后，强化对主要形态的深入刻画，引入相适应的流行元素进行二次创作剪纸

纹样图形，突显纹样的象征性和潮流性。剪纸纹样的添加法在服装中的应用如图1–3–1（c）所示。

④分解与组合。将剪纸纹样按内涵、形态等分解出几个精炼的基本形状，将这些基本形状引入到新的纹样设计中，再进行罗列、错叠、组合等形成一个风格独特的纹样。剪纸纹样的分解与组合法在服装中的应用如图1–3–1（d）所示。

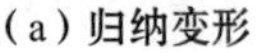

（a）归纳变形

（b）提取变形

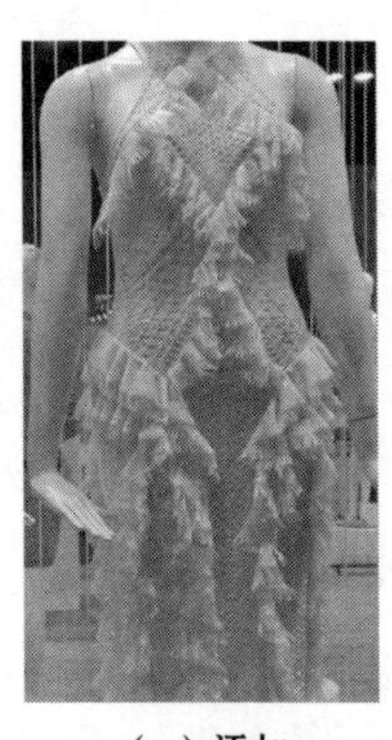

（c）添加

（d）分解与组合

图1–3–1　剪纸的纹样应用

（2）剪纸的色彩应用。剪纸在配色上较多使用极端色，以红色、绿色、黑色、白色、黄色、紫色等对照剧烈、明度差别悬殊的色彩形成整体，色彩运用看似随意，如红绿、黄紫撞色进行搭配，配色规律主要以暖色表达，红色为主体，黄色为辅助，其次为绿紫色。通常把黑色、红色、紫色称作“硬色”，绿色、黄色、桃红色称作“软色”，剪纸配色依据“软硬兼施”的原则，即软色与硬色组合应用更为适宜，因硬色明度接近，硬色互相配合使用时由于缺少明暗冷暖的对比使得画面较沉闷，此时应用些软色，冷暖和明暗的对比形成层次分明的搭配关系，而这种配色原则也适用于服装色彩搭配。

剪纸的色彩特征应用到服装设计中的方法有意象色彩和人文色彩两种。

①意象色彩。从全局出发模仿服装总的色彩氛围和配色成效，尽可能切实地表现服装色彩的特质。剪纸色彩绚丽，对比剧烈，提取其色彩并采取有序的整理搭配，选取互补色的比照关系，形成独特的风格来满足服装设计要求。图1–3–2所示为应用剪纸意象色彩设计的毛衫服装，图1–3–2（a）所示为高领长袖毛衫，采用红、黄、蓝、橙、紫、粉等多种颜色纱线编织，蓝色纱线编织的罗纹条状织物沿胸部覆盖衣身一圈，如同分割线将衣身从胸部上下分割开，突显胸部的丰满

和身材的修长，胸部以下左侧有10多块多种颜色的条块装饰织物，衣身和右下袖的黄色与左下袖的紫色、胸围处蓝色的条带与装饰条中的橙色为互补色的应用。图1-3-2（b）所示为吊带高腰蓬裙，造型似韩版风格裙，采用红、黄、白、紫等颜色纱线编织，上身吊带主要为黄色，裙子主要为红色，高腰的腰节处与裙摆处采用紫色，服装中有互补色黄色与紫色的应用，服装整体色彩亮丽、颜色对比强烈。两款服装均展示青春、靓丽、充满活力的风格。

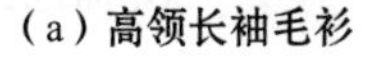

（a）高领长袖毛衫　（b）吊带高腰蓬裙

图1-3-2　剪纸意象色彩的应用

②人文色彩。将剪纸色彩采取有取舍性的分解，选取最具代表性的剪纸色彩进行组合。剪纸色彩具有饱满、秀丽的特点，通常呈现喜庆效果，但在服装的色彩运用中，颜色众多，外观看起来显花哨，欠缺统一与和谐。所以在设计服装色彩时，用色并非多多益善，而是应当重视色彩效应，在剪纸中挑选一些颜色作为元素，采用剪纸与众不同的互补色对照关系，重排形成标新立异的色彩形态再将其应用到服装设计中，如图1-3-3（a）所示Polo衫采用红、白、黑、橙、褐等颜色纱线编织几何图案中的菱形花纹，图1-3-3（b）所示毛针织长裤采用红、白、橙等颜色纱线编织乡土花纹，两款服装在色彩方面运用人文色彩进行表达，色彩绚丽，呈现本土文化特色。

4. 剪纸艺术在现代服装中应用的工艺手法

（1）拼贴方法。在服装的表面拼贴设计好的剪纸图案，通过拼贴后服装会展现出较强的立体感，强化和烘托了剪纸图案对服装造型的表现力和感染力，

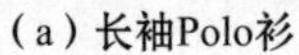

（a）长袖Polo衫

（b）毛针织长裤

图1-3-3　剪纸人文色彩的应用

使服装的语言更加丰富，更具感召力。拼贴的表现形式有钉珠、绗缝、堆积、层叠等。通过不同面料质感、色彩的对比，对面料进行二次加工来展现剪纸风格。服装中多用贴布绣的拼贴方式，通过几何形或具象的造型直接在面料上缝贴或先剪后镶嵌等工艺形式[6]，以形成丰富的肌理效果，达到剪纸的意蕴美[6]，图1-3-4所示为将剪纸艺术的拼贴方法应用于服装，在圆环形皮革面料上剪出多种菱形格图案，以披肩形式套在无袖紧身裙外面，与流苏状蓬松裙摆在造型上呼应，整体设计协调、美观。

（2）数码印花方法。数码印花是服装细部表达中一种多见的方法，如胶印、轧花、植绒印花等，将传统剪纸的图案经过简化设计并输入计算机，再经由印花机印在服装上。该方式可以很直观地表现出剪纸图案的特点，因为是印花在成品服装的局部位置上，所以可以不受服装工艺影响，各种色彩、造型、风格不同的剪纸纹样图案都可以进行印花，满足不同消费群体的需求，图1-3-5所示的立领短袖收身毛衫裙，毛衫造型是中国旗袍造型，旗袍的盘扣是通过数码印花形成，从左肩至左下摆沿“S”形将中国传统图案凤凰与牡丹数码印花到红色毛衫裙前身，展示女性的身材曲线美，服装整体呈现喜庆、富贵、吉祥如意、气质典雅的风格。

（3）组织结构设计方法。将二次设计的剪纸图案花型如挑花组织、提花组织等针织组织花型利用电脑横机制板软件制作出花型编织文件，将文件保存到U

盘，再复制到电脑横机编织设备进行编织。随着电脑横机的普及以及编织技术的逐步提升，挑花、提花等组织结构也逐渐丰富，编织花型与服装自成一体，尤其在造型、色彩等效应上持久性较好，与拼贴、印花比较减少了工序，减低了成本。图1-3-6所示挑花毛衫，将剪纸四方形纹样按四方连续排列形成的网状图案纹样采用挑花组织编织网状花纹，毛衫采用解构设计，沿衣身水平方向编织，胸部以上、肩、袖、衣身两侧均采用挑花编织，挑花形成较大孔眼，镂空肌理效应明显，胸部以下到腹部运用纬平针组织，毛衫编织纱线粗，编织密度小，织物较稀疏，服装廓形宽松，结合挑花形成的镂空肌理效应，整体呈现休闲、粗犷风格。图1-3-7（a）所示为V领提花开衫，将剪纸虎头纹样图案做抽象变形，得到

图1-3-4　拼贴方法

图1-3-5　数码印花方法

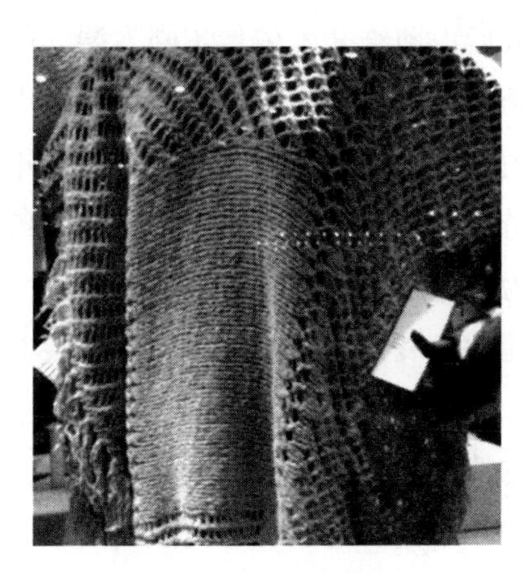

图1-3-6　挑花方法

多种虎头纹样图案，在每一个白色方格或黑色方格处均编织有一个虎头纹样图案，剪纸虎纹样有平安吉祥的寓意，毛衫上的各种虎头纹样图案除了具有美感，也展示了中国的传统文化。图1-3-7（b）所示为圆领提花套衫，将三种不同造型的剪纸菊花纹样对称排列作为毛衫前片的花纹图案，下摆上方是沿水平方向排列的菊花花朵，袖子上也设计有菊花图案，毛衫采用黑白两色提花组织编织而成，菊花图案处为白色，白色菊花有高洁、高贵的寓意，毛衫整体呈现清新、高雅的风格。

（a）V领提花开衫

（b）圆领提花套衫

图1-3-7　提花方法

六、剪纸艺术的发展现状及未来展望

中国民间剪纸艺术依托于各民族民俗文化而存在，同时是一种持续成长的“活态”文化。改革开放后，剪纸艺术依然不断发展，保持着旺盛的生命力，但经济的快速发展，人口结构不断发生变化，农村逐渐城市化，由于文化的交融，地方民俗逐渐弱化或消失，民间剪纸范畴也在缩减。近年来，民俗学逐渐受到重视并重新崛起，随着旅游业的发展，地域文化的保护与传承逐渐受到重视，剪纸也逐渐产业化并发展成为文化产业[16]。

随着服装设计的多元化发展，剪纸艺术呈现在服装上的表达越来越多。服装设计思想与剪纸元素进行融合，提高了服装的视觉冲击力。利用剪纸的镂空特点，在不改变服装廓型的情况下，对局部采用镂空设计，形成打破透视规则的夸张造型图案或者符合规律、平衡、连续设计特点的图案，通过阴纹阳纹的块面对比，起到装饰服装的效果。

当前用于服装上的剪纸题材内容多为植物、动物、几何图形、器皿等图案，人物元素以及人文活动题材的应用相对较少。在色彩设计方面除了使用单色，更倾向于采用对比色设计，使剪纸图案与面料在造型、色彩方面产生鲜明的对比，增强服装的艺术美感。

从最初的心灵寄托、对美好的憧憬及生活美化用途的各种剪纸到目前设计出的丰富多彩的剪纸图案服装，人们对于剪纸艺术的运用也逐渐成熟。服装设计师根据服装特点和风格运用形式美的设计手法将剪纸元素进行美化应用到服装图案及造型设计中，采用绣花、镂空、解构及浮雕等多元化的呈现方式，设计出的剪纸艺术类服装既有创新又符合大众审美，激发人们对中式服装的热爱，同时也拓宽了传统手工艺的应用领域。

随着剪纸艺术的申报非物质文化遗产的成功，国家在积极努力地为民间文化的传承创造良好的条件，使其能够在社会领域内为更多的人所接受，国家对于剪纸艺术及其传承人的影响通过政策性的规定确定下来[17]，促进剪纸艺术从民间文化向社会公共文化转变，为剪纸艺术在服装上的应用和推广起到了积极的促进作用。

第四节　纸样技术

一、纸样技术的概念

纸样技术，也称服装打板或制板技术，即针对不同的款式、造型设计出不同的样板，而这些样板就是设计服装款式图的平面纸样，是构成服装造型设计的基础，是服装表达的关键构成部分。纸样技术是联系创作设计和工艺设计的桥梁，属于第二设计。制板时，先确定点，再确定长度，最后构成面，即点、线构成面，最终由二维转为三维。服装款式造型不同，纸样板也不同。廓型、造型、省缝、结构线、面料、工艺等都是纸样设计的影响因素。

二、纸样技术在服装设计中的重要性

1. 服装设计涵盖的内容

（1）创作设计，主要指款式图设计，包括款式造型、面料材质、色彩选用等的展示。

（2）服装纸样设计，这一过程也称制板，板型管理或打板，包含了所有部位的弧度、详细规格尺寸等。

（3）工艺设计，专业术语称为车位，指一件产品的缝合流程。

2. 服装纸样的重要性

服装纸样作为服装设计表达中的关键环节，其重要性显而易见。

（1）服装纸样设计在服装设计过程中起承前启后的作用[18]，是整体服装设计内部最紧要的一个步骤。通过运用服装纸样技术，进行平面打板，将平面的面料转化为立体的服装，以更好地适应人体各个位置的尺寸。

（2）纸样技术的优劣决定了最终服装的板型和款式变化。服装各部位的尺寸都要经过纸样技术反应在打板上面，因此高质量的打板纸样保证了服装的造型美和尺寸准确性。

（3）梭织打板技术由于其稳定、准确的特性，不断被人们运用到毛衫服装的制作中。针对一些比较复杂的毛衫款式，如毛衫复杂的领部造型、袖子等，结合毛衫的编织工艺实现其各类款式的设计。

三、纸样技术分类

纸样技术也称制板技术，当前我国制衣业使用的制板方法主要分为平面和立体两大类，其中平面制板包含了比例分配、胸度、短寸、原型、基础样板、规格演算等种类，立体法中主要是立体裁剪的方式。方法虽然很多，但是基于效率、便利等方面的考虑，工厂中比较常用的有比例分配法、立体法、原型法、规格演算法[19]等。

1. 比例分配法

比例分配法是目前我国服装制板与裁剪时，使用最多的一种方法，主要是通过研究服装每个部位相互比例关系来确定制板规格，主要有六分、八分及十分法等，现在使用最多的是八分法。

2. 立体法

立体法是模仿人体穿着形态的一种裁剪方法，能够直接感受成衣的衣着形状、特点及松量等，是周知的最简单、最直接的考察人体体型跟服装组成关系的制板方法。这种制板方法不但适宜于构造简便的服装，而且适宜于款式变化多端的时装；部位尺寸无需采用平面计算方法获得，只要按照设计要求在人台上直接从事裁剪创造，通常是在人台上进行立体裁剪，裁剪之后，将最后成型的假缝布片拓板到纸上得出纸样，标好各部位尺寸以及省位等即可，所以运用起来更直接方便。

3. 原型法

日本新文化女装原型是现今广为应用的样板基本型，这种原型是结合现代女装和大量的数据分析得出的板型数据，具有可行性和广泛性，在运用时结合所需体型、造型等作改变。该打板法是在原型基础上结合人体特征和款式需求进行纸样设计，可经过结构线的变化、省道的转移、剪切等来改变，有的放矢，简单可操作，后期仍需要假缝操作确认服装符合度并进一步的修改以达到最终效果，这种方法变动性强，更方便、快捷、实用。

4. 规格演算法

规格演算法是根据款式结构的要求以及适穿对象的体型来确定服装的成衣规格，以成衣规格为主要依据，结合其他影响因素进行样板规格演算与设计，并以样板规格为依据进行样板制图。这种制板方法可以掌握各部位的尺寸，能保证成品的规格，准确性较高，适应性广且简单易学。

第二章

服装装饰语言研究

第一节　概述

一、服装装饰含义

服装装饰产生于技术更新、文化裂变与融合等的综合需要，直接或间接地记载着某个历史阶段观念意识或文化片段的若干侧面，突破了物质功能价值和审美观赏价值概念的划分，衍进为受社会文化驱动，在技术关联的物理、原理、管理和事象关系的事理、义理、人理等理性特征基础上，以搭建服装及其装饰的功能—审美—象征表意三层次形态为目的，提纯自然及人文系统内“形”与“寓”的因素，构筑起载荷服装功能舒适感知、情感舒适感知、艺术审美感知及文化渗透感知的有意味的造型及技术文化实践体。

二、服装装饰语言

装饰，《辞海》释“修饰；打扮。”《后汉书·梁鸿传》：“女（孟光）求作布衣麻屦、织作筐缉绩之具。及嫁，始以装饰入门。”人类对自身的装饰由来已久，装饰说认为人类服装最早起源于装饰，其目的是为了吸引神灵的力量以及避开邪恶[20]。原始的装饰包括人体彩绘、纹面文身以及悬挂各式的附属品等，已成为人类宝贵的文化遗产和精神财富。《简明不列颠百科全书》中特别提及服装设计是装饰艺术的主要形式之一，道明了服装装饰设计的内涵。纵观服装装饰的历史长河，从古埃及缠腰布的褶裥，到古希腊希马申的绳带和饰针、古罗马围裹式长衣的雕塑感垂纹和色彩象征，再到巴洛克和洛可可服装上的缎带、蕾丝和精致的花卉纹样……服装装饰不可或缺，对服装起到重要的美化作用，影响到服装的整体风格[20]。

新时代人们对服装日趋追求风格个性而彰显生活品质及审美取向，装饰语言成为服装个性化表达的重要角色。经过历史长久的积淀和合理的扬弃，服装上所饱含的浓郁历史底蕴和文化特质的装饰语言，成为设计师们自如地运用于服装创作的设计语言。独特的装饰语言使服装呈现出个性的特质，不断满足着人们对服装个性化的需求，成为服装个性化风格的主要标示。现代服装设计的装饰语言可从造型、色彩、纹案、材料、技法等方面展开，借用隐喻、象征、重构或再生等物化设计理念的服装的有机构成，呈现出千姿百态的服装，传递流行和时尚的信息。

人体曲面形态复杂，服装的造型设计就是巧妙地运用各种结构线，依据人体的起伏来完成对二维面料在面积和比例上的分割和连接，获得适度包裹人体表面外轮廓的三维立体造型，达到人体的扬长避短而美化人体的效果。线条是最简单的表现形式，仅仅用一条横线便可将一块没有任何装饰线的白布分割成上下两个空间，给人以上衣下裳的感觉。服装造型外部各种线条的表现特性不同：横线显宽，竖线显高，斜线活泼，直线硬朗，波浪线柔美，交叉线轻快。线条在各自不同的表现中完成对服装的装饰作用，如在牛仔服装上用撞色缝纫线则进一步强化了这种装饰作用。服装造型细部的省道和褶裥等结构则依据人体造型的面与面的过渡转折关系、面到体的关键造型位置关系，随形状和大小不同而产生造型的变化，在实现显示或隐藏自然人体形态特征的造型功能的同时，通过各自丰富多变的形式和形态而完成对服装的空间装饰。

在服装设计的造型、色彩和材料三要素当中，色彩是影响视觉效果的首要因素，有最强的视觉醒目作用。色彩的搭配的形式直接关联服装整体风格的阐释，最能形成服装整体的视觉印象。色彩美经过漫长历史的积淀和凝聚，已形成一种色彩审美心理的稳定性。不同地域、不同国度、不同文化习俗的人们赋予色彩或有相同的象征性，或有截然不同的情感诉求。色彩装饰对服装整体风格起着至关重要的作用，更常以不同形式的组合配置影响着人们的情感。在服装的装饰色彩设计中应关注每个色彩都有不同的特性、独特的色彩情感与个性表现，重视装饰色彩的人文效应。由此借色彩作用于人的感官引起联想和情感共鸣，感受人们心灵的因素，传递人们生活的状态。

人类漫长的成长历史，同时也是装饰纹案的发展历史，从原始彩陶饰纹到当今世界各民族的装饰纹案，在设计中的借鉴从未停息。装饰纹案因其形象生动又富有表现力而成为人类记述生活、表达情感和审美意识的特殊语言，也是承载历史、传承文明的重要形式。在《中国美术全集——工艺美术编》中记载了纹案装饰由文身到服饰画缋的发展。纹案对于服装，不仅仅是美化装饰，更是与其象征意义紧密地结合起来。服装纹案又会随同人的着装状态变动而呈现出有别于一般装饰图案的动态特性。历经长期的发展和演变而积淀下来的传统装饰纹案有着各自时代和地域文化特色，并蕴含独特而浓重的指示和象征意义，在服装设计中一再被借鉴。西方的橄榄枝，东方的孔雀羽，中国的龙凤、祥云纹案，印度的佩兹利、金绣卷草纹案等众多带有明显地域特征的装饰纹案备受设计师青睐。源于西方绘画运动的波普艺术纹案从最初的社会公众形象拓展到文字标语、报纸印刷、和随手的涂鸦等。这让波普艺术装饰纹案非常具体且与人们的现实生活密切相关，纹案所指的含义是诙谐、幽默和流行，而艺术表达形式新奇，富有感召力，给简单而平淡的生活增添了幽默轻松和丰富生动。

服装材料从人类衣皮苇织葛麻发展至今已极为丰富和多样化，各种再生和合成的服装材料层出不穷。每种材料都有各自的表情和质感，并随着其内部结构和外部形态的不同，还会给人以软硬、明暗、厚薄或疏密等迥然不同的视觉和触觉感受。不同材料的综合运用和材料的皱褶、折裥、抽缩、堆积等再造，又可形成新的表情和内涵，这使设计师表达服装装饰设计理念有了灵活多变方法和广阔的设计空间。

服装配饰在服装整体设计中起着画龙点睛、渲染主体和增强艺术表现力的作用。作为服装视觉中心之一的纽扣从早期的布条编成的纽扣到用牛角等制作的扣子，直到现在的用玻璃、塑料制成的各式扣子，它们不仅有扣住衣襟的功能，而且还具有美的外观。小小的纽扣虽然大小、厚薄、样式、色彩、质感不同，但都能适应各自式样的服装的需要，以美的形式起到极佳的装饰作用。配饰对现代服装的标识作用在职业装中最为明显， 职业的不同、职位的高低都可通过配饰来展现。现代的服装设计也更为重视配饰的运用，礼服的蝴蝶结、西服的胸花、皮装的腰带及牛仔的撞钉等已成为美的体现不可或缺的一部分[20]。

服装设计中除了致力于诸多装饰语言的组合和变化外，运用恰当的装饰技法，可使服装整体更为完美、更具特色。刺绣是服装上最古老、最为常用的装饰技法之一，亮丽的刺绣纹案与服装设计主题相呼应。拼贴技法中材料的变幻、色彩的重组、结构的创新等都使服装呈现出强烈的浮雕般装饰美感和独特面貌。无论是手绘还是印染等各种着色技法使得设计师对服装色彩的掌控得心应手。剪切、撕拉和磨损等破坏性装饰技法被设计师或赶潮青年应用到牛仔或T恤等服装中表达或张扬自我。

科技的发展促进服装装饰技法推陈出新，面料再造、色彩做旧、纹案染印绣织等的新技法的出现进一步丰富了服装装饰设计语言，使得服装的装饰设计更容易实现。将新技法语言与服装新材料等时尚语言整合协调，设计师可创设出全新装饰风格服装，演绎出人体之美。不同的装饰语言组合所营造的服装设计效果截然不同，各种装饰语言有秩序、有组织、有规律的变换整合创新了服装设计，促进了服装设计的多样化，为消费者提供更多更广的选择空间，满足服装消费日趋个性化的需求。

第二节　服装设计中的中国元素

服装是人类生活的必需品，同时也是集商品、精神与物质生活于一体的艺术品。服装的艺术性不但满足了人们对穿衣的最基本的生理需求，同时也满足了人们对艺术审美的需求。服装设计具有文化与产业的双重属性，兼有使用功能和审美功能，由设计师以高艺术美形式展现，这正是服装中所蕴含的有别于其他艺术品的独特之处。

纵观世界服装领域，中国服装具有重要的地位，中国是服装产业大国，中国制造的服装源源不断地输送到世界各地，中国服装的文化、理念、设计等受到青睐。目前中国服装产业发展正由中国制造转向中国创造，中国服装设计从单纯强调艺术细节的产品设计转向强调具有市场意识、符合人本需要、传递品牌能力的产品设计，遵循创新与继承相结合，挖掘具有文化底蕴的中国元素的设计表达方法，在继承民族传统的基础上不失民族特色，将传统服装的优点和现代时尚元素紧密结合并发扬光大，同时激励服装品牌发展战略的构建。

"中国元素"首次在2004年的一次广告业内聚会上提出，并于2006年的"中国元素国际大赛"上打响，最初旨在广告创意中提倡使用民族手法，时至今日其内涵越来越丰富。凡是在中华民族发展和演化的过程中，由中国人创造、传承和发展的反映中国人文精神、民俗心里和文化成果等都属于"中国元素"，包括中华民族传统文化、风俗习惯、人文历史的典型符号、色彩、形象以及技巧和工艺等。祥云和太极等图形形象、水墨画和书法等书画艺术、青花瓷和丝绸等制作技艺都属于传统的中国元素，鸟巢、水立方及青藏铁路等则属于现代的中国元素。

中国的科技进步和经济腾飞促使自身的国际地位在不断提高，与他国的交流与合作不断深化，一带一路发展战略让中国传统文化受到越来越多的国家关注，中国元素的服装受到世界各民族人民的接纳，逐渐成为国际服装设计的灵感来源。越来越多的中国服装设计师意识到具有中国特色的服装应该被世界熟知，将中国元素运用服装设计中，使民族传统与文化意境相融通，以服装设计为平台传承民族文化和精神，让传统与现代相结合，传达独特的中国韵味，让东方情怀走向世界。近年来中国风逐渐在世界时尚舞台活跃起来，中国风的服装逐渐走到了国际时尚界的前沿，中国元素成为时尚界的风向标。

探究中国元素在服装设计中的应用可从服装的设计思维、造型、面料、图案、色彩和工艺等几个方面进行。历经五千年的历史积淀中华文明形成了独特的服装哲学和审美标准，有主导由色入空的佛家思想、提倡中庸和谐的儒家思想及讲究天人合一的道家思想。中国传统哲学思想的基石“阴阳五行”学说为中国元素在服装设计中的应用提供了普遍意义的指导。许多中国传统服装造型所体现出的刚与柔、动与静、疏与密、松与紧、藏与露等辩证法完美诠释了“阴阳五行”学说。受儒道互补的中国文化语境的影响，中国传统服装呈现出一种含蓄、内敛与稳重之神态，如秦汉时期的深衣、魏晋时期的宽衣、唐代的衫、明代的袍等的造型轮廓均重神韵而轻形体，强调人与服装的自然合一的艺术境界。服装以平面的、二维的、非构筑式的方式构成，淡化与形体的关系，穿着后富有流动飘逸的动态之美，体现出超然淡泊的情感意境。为了适应环境和契合人们的生活方式的胡服、马褂等服装都是具有标志性特色的经典款式。立领、连袖、对襟、扣袢等都是传统的中国服装款式，体现出气度不凡的儒雅风姿与深厚底蕴。

绫、罗、绸、缎等飘逸、舒适、悬垂的丝绸面料以绚丽的颜色、精美的花色、高超的织法而闻名于世，是东方的象征；亚麻、纱、锦缎和蓝印花布等都蕴含浓郁的中国特色而独具魅力。历经长期的发展和演变而积淀下来的中国传统图案有着各自时代和地域特色，是表现服装艺术内涵最显著的元素。极具代表性的十二章纹、龙纹、甲骨文等纹样象征王权尊贵[21]，梅、兰、竹、菊等图案象征高尚纯洁，灵芝、祥云、金鱼、团龙等纹饰寓意迎祥纳福。中国服装的色彩理念融和了自然、宇宙、伦理和哲学等观念，具有独特的色彩文化；源于五行学说的红、黄、蓝、白、黑五色被视为正色，是传统服装色彩中尊贵的颜色，早已走下神坛为大众所共享。不同色彩有其不同的象征性，也传达着不同的感情色彩。我国的传统工艺具有悠久的历史，织、绣、盘、滚、镶、嵌、染、绘等均是服装上常用的技艺[22]，苏绣、蜀绣、湘绣和粤绣等四大刺绣技法多种多样，色彩斑斓、精美绝伦。折叠、卷曲、缠绕、缝缀和拼接等工艺使单一面料变得透叠丰富且层次分明。中国元素凝练和承载传统文化精神特质，融合于现代服装设计中极具视觉冲击力，带给观者一种意境或感动，产生思想理念上的共鸣，意会中国元素服装的精粹所在，领略中国元素独特的魅力。

中国经济的飞速增长，不仅引起了世界的关注，也唤醒了世人对中国文化价值的思考和重视。众多敏锐的国内外服装设计师已经从中国元素中寻找设计灵感，在设计中加以运用，并与艺术交相呼应与融合，给服装设计注入新的活力。越来越多的国际知名品牌把“中国元素”作为设计灵感来源，用浓郁的中国传统文化迎合时尚界的回归和多元化的趋势。中国元素的服装不仅仅出现在国家的重要会议上，也频频亮相于国内外各大秀场。中国红礼服、龙凤袍、仙鹤服、孔雀衣等代表中国传统文化的服装走向国际舞台，对国内的服装设计产生极大的促动作用。服装设计在不断发展和改革的过程中，借助中国元素的独特魅力，嵌入现代的设计思维与方法，经由服装造型、面料、图案等角度展示于众，让中国服装逐渐走向世界，在竞争激烈的国际市场开辟出一条富含中国风格的服装设计的道路。在世界服装文化积极交流的今天，中国的服装设计只有通过研究、比较和深入解读中国元素深厚的历史底蕴和民族传统文化丰富内涵，汲取其精华和神韵，借鉴国际顶级品牌的多样化设计手法，融合现代设计，将中华民族的独特味道融入时代发展的脚步，助力中国服装文明的再次继承和发扬。

第三节　服装装饰设计材料与技法

服装处人类的衣、食、住、行之首，是人类重要的生活资料之一，同时也是人类文化的重要组成部分。在服装起源说中，保护说和装饰说体现服装最基本的功能而广为人们所接受。作为人类文明特有的文化象征，服装在人类社会发展的同时也在不断发展和延续。社会文化的多层次化和消费的个性化发展促使服装逐渐演进为多元化商品，其装饰美体作用更为显现，在功能性的基础上实施各种不同的装饰设计而获得的艺术美和视觉效果越来越受消费者的喜爱。伴随人们审美水平的提高，服装的装饰美化功能更为突出而成为设计师关注的重点，设计集实用、美观与个性化于一体的服装成为设计师不懈的追求。在求新求变中，服装的装饰设计顺势成为服装个性风格形成的常用手段，成为服装设计的重要内容，成为现代服装设计的又一发展方向。

装饰设计是人们在长久的社会实践过程中，通过造物、美化等行为方式实现对物品或环境原貌的改变。在服装款式极为丰富的当今，服装的装饰设计主要是在款式简洁的服装上使用不同形状和材质的装饰材料，通过多种装饰技法对服装进行再设计，从而增强服装整体审美，提高着装效果，提升服装附加值，让服装最大限度满足消费者需要。在服装的装饰设计中，装饰材料与装饰技法是实现设计目的的关键因素。材料是服装装饰的物质载体，也是赖以体现装饰设计思想的物质基础。材料的装饰表现，则是通过不同的装饰技法来实现，正如丰富多样、质地各异的材料结合不同装饰技法可形成特定美感的设计效果，使服装呈现出丰富的视觉外观和触觉感受，让服装装饰设计理念表达具有灵活多变的方法和广阔的设计空间。

伴随着服装材料的不断发展和变化，服装装饰设计中材料的使用也在不断发展和变化。从最初自然取材的树叶草皮、动物皮毛和石头贝壳等发展到人类科技创造的纽扣、拉链、缎带、标章、珠片等，再到纺织面料、印花染料、颜料等，各式各样的材料丰富了服装装饰设计材料的选择性。装饰设计应用部位要求醒目以突出装饰效果，故常见于领角、门襟、袋口、袖口等，其次是腰节、下摆、裙摆、裤口等；也有装饰在易脱散的衣片边缘，如丝绸服装的滚边装饰，既起到加固作用，又带有浓郁的民族装饰特色；还有装饰在肘部、膝部等易破损部位，如童装中的贴布装饰，在增加牢度的同时又增添装饰趣味，装饰与实用功能并具。

服装装饰设计应用形式有点、线、面装饰三种。纽扣、珠片和标章等较多以点装饰形式应用[23]，如牛仔服装的撞钉和皮牌是最为典型的点装饰；应用在袋口的纽扣、领角的搭钩及背部的标章都是夹克较为多见的点装饰。缝纫线、缎带和拉链等条带状装饰材料在服装中较多以线装饰形式存在；服装中缉线的运用是一种典型的线装饰。将缝纫线迹沿服装结构线处进行装饰处理，增加服装的艺术化效果，撞色线使牛仔服装显简约、粗犷，多彩线使休闲服装更加活泼、轻松，金银线更显礼仪服装的华丽与高贵。用与服装面料相匹配的布条、缎带沿领口、袖口、门襟等边缘进行镶嵌包裹是传统服装常用的线装饰，既增加衣边的牢固度及耐磨性，又强调了服装的廓形，也美化了服装。常见于门襟、袋口、腰口和脚口等处的拉链使服装使用更为方便，而在衣边、线缝和结构线等处设置造型拉链，或选择与服装面料形成鲜明对比的拉链，则更为突出和强调拉链的装饰作用，使服装呈现出个性、随意的感觉。将不同形状、色彩和质地的零碎面料拼接成各种图案，并缝贴到服装局部则属面装饰，如童装中的拼花绣或贴布绣的运用，既体现了当下低碳设计理念，营造一种活泼、自然、纯朴的氛围，又富有浓厚的装饰意味，还可经常更换贴布，紧跟时尚流行趋势。

《考工记》曰“天有时，地有气，材有美，工有巧，合此四者然后可以为良。”可见更好的装饰设计效果离不开与装饰材料相适应的装饰技法。应用于服装中的装饰设计技法有传统的刺绣、印染、滚镶嵌宕和编织技法[23]，有现代的褶皱、缉线、绗缝技法，以及通过计算机辅助设计的数码印花、电脑绣花等。这些装饰技法的应用既为服装的装饰设计提供了技术上的支持，同时也使服装的装饰美愈发突显。刺绣是以针为笔、以线为彩在服装上绘制出美妙的花纹图案，作为一种传统的装饰技法，已不限于丝绸服装上，在现代服装上应用呈现出新颖而独特民族风味。在衣领、袋口、袖口和下摆等处绣上精美的图案，能够起到画龙点睛的作用。通过改变绣花图案、位置、面积及线色与现代审美结合，可以让古典刺绣装饰在现代服装上再展柔美与高贵，绽放新活力。

滚镶嵌宕即滚边、镶条、嵌线和宕条等被广泛应用在服装细节装饰方面，以滚边最为常见。滚边是用斜丝缕布条包裹缝在服装前襟、领口、下摆和袖口等部位边缘[24]，既起到装饰作用，还可以加固衣边。镶条是将与服装面料异色布条镶缝在衣边，嵌线是在两层衣片之间嵌缝上异色布条，宕条则是将异色布条缀缝在衣片边沿，在加固的同时，使服装装饰更为醒目，富有立体感。印染是采用特定的上色工艺将染料转移到服装面料上形成花纹图案的技法。蜡染、扎染和夹染等都是具有悠久历史文化的原生态印染技法，形成偶然性冰裂纹、放射状花纹、独特色晕及清新优美的图案等使平实的面料变得丰富多彩、花样各异，增添了服装独特、朴素、自然的审美。编织是借助棒针、钩针、夹子等工具，将纤维、线绳或布条等线材缠、绕、穿、结成各种图案和装饰物，再缝合到服装上的一种装饰技法，如旗袍上的编结盘扣[23]，不仅有连接门襟的实用功能，又有装饰服装的审美功能。编织所形成的纹路，既流露出朴拙、原始的自然之美，又具有均衡、律动的艺术之美。

褶皱是将服装面料经过折叠、揉捏或抽缩缝合形成或规律或随意的褶纹，使平面面料立体化，让服装更具弹性和松度以充分适应人体体型和活动需要的技法。褶皱随着人体的弯曲、运动等活动展现出的多层次动态感具有很强的装饰性，规律褶皱体现规律、明快及端庄的感觉，自然褶皱体现自然、活泼大方的风格。绗缝是在两层面料之间加入填充物并以缉线描绘图形的方式缝合两层面料而形成浮雕式图案的装饰技法，绗缝处不仅有很好的保暖性，还有很好的装饰效果，常用于大衣、风衣和夹克等秋冬服装。数码印花是用各种数字化手段制作出数字图像，并通过数字喷墨印花机将图案直接喷印在服装面料上，相比于传统印花，数码印花不受花回长度和套色的限制，图案设计空间大，表现自由便于创新设计，并能实现高精度印制，提升服装品质。电脑刺绣是一种融合计算机技术的现代化装饰技法，极大地简化刺绣加工难度，提高刺绣效率。数码印花与电脑刺绣均以自由的构思、优雅的图案、丰富的品种，极大地美化服装，避免现代服装追求简约、质朴而带来的单调感。精致刺绣、印花设计更能不断地满足人们对服装审美的新需求和新渴望[25]。

众多服装大品牌推出风格独特的同系列服装产品，其款式变化一般不大，常是通过装饰设计材料和技法不同对同系列服装进行不同点缀和区分，借装饰的不同展现独特风格以满足消费者多样化需求。科技发展促使服装装饰新材料、新技法不断涌现，不断丰富服装装饰美化手段。不同装饰材料有不同装饰效果，不同装饰技法符合不同风格服装要求，将多种多样的装饰材料和技法合理运用和融会贯通，可创设丰富多彩的视觉和触觉效果，增强服装艺术美感，满足人们不断提高的审美需求。

第四节 毛衫服装装饰设计方法

毛衫服装的装饰设计艺术表现形式主要有原材料、色彩图案、造型及工艺等，根据不同的装饰手法，主要分为三种：组织结构装饰、色彩图案装饰、附加装饰的手法（如绣、绘等进行加法装饰）。

1. 组织结构装饰

毛衫服装运用各种组织结构能够形成不同效果的装饰肌理。

（1）平针组织的装饰肌理效应。通过改变平针织物的松紧密度，能使织物出现横条凹凸效果，如图2-4-1（a）所示，如果在编织过程中采用不同材质或色彩的纱线则更能凸显服装的肌理效果。平针织物容易卷边，原本被认为是缺点的卷边性被设计师加以运用，设计在服装的各个部位，具有特殊的立体效果，如图2-4-1（b）所示。应用透亮纱线或纤细纱线编织的平针织物薄如蝉翼，适宜春夏季时尚服装设计使用，如果在编织的过程中进行抽针还可以形成纵向镂空的条纹，虚实结合，如图2-4-1（c）所示。

（2）罗纹组织的装饰肌理效应。罗纹织物本身具有凹凸纵向条纹肌理，利用正反针的不同配置或不同细度的纱线则可呈现宽窄相间的凹凸直条纹，在服装设计中也能够发挥一定的视觉冲击作用，不但展示服装的流线感与韵律美，而且给人疏与密、收与张的对比视觉冲击。罗纹组织的毛衫如图2-4-2所示。

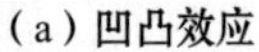
（a）凹凸效应

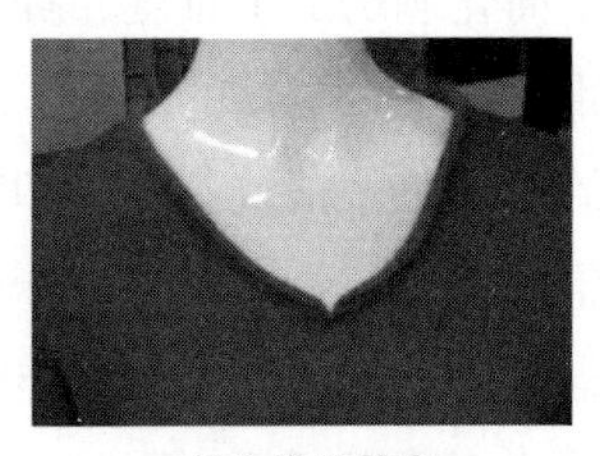

（b）卷边效应

（c）虚实效应

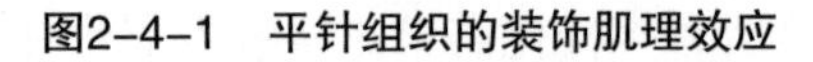
图2-4-1　平针组织的装饰肌理效应

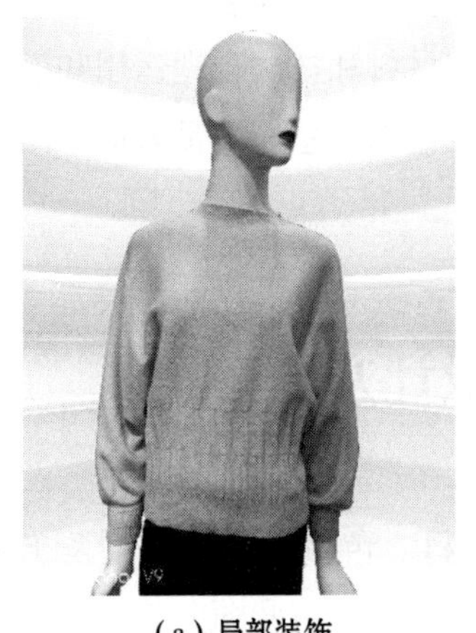

（a）局部装饰

（b）全身装饰

图2-4-2　罗纹组织不同宽度的凹凸条纹装饰肌理效应

（3）双反面组织的装饰肌理效应。双反面织物呈现垂直方向延伸性较大，织物较厚重，普通双反面织物呈现水平方向条纹，在服装设计时有规律地运用不同细度或不同材质的纱线，可增强织物的肌理效应。花色双反面织物编织过程中按照花纹要求进行翻针可形成各种凹凸花纹。图2-4-3（a）所示为凹凸方格装饰毛衫，编织过程中正反针编织几个横列后翻针到对面针床上编织几个横列再翻针回来，如此循环可形成凹凸方格。图2-4-3（b）所示为凹凸图案装饰毛衫，编织过程中正反针按照图案要求翻针，利用正反面线圈的凹凸肌理形成凹凸图案。图2-4-3（c）所示为凸条褶皱装饰毛衫，编织过程中正反针进行不规则翻针，正反面线圈的凹凸肌理效应也呈现不规则排列，使得织物表面呈现褶皱效果。

（4）移圈组织的装饰肌理效应。

①挑花组织。挑花织物具有孔眼肌理效应，属于镂空型肌理。在编织过程中

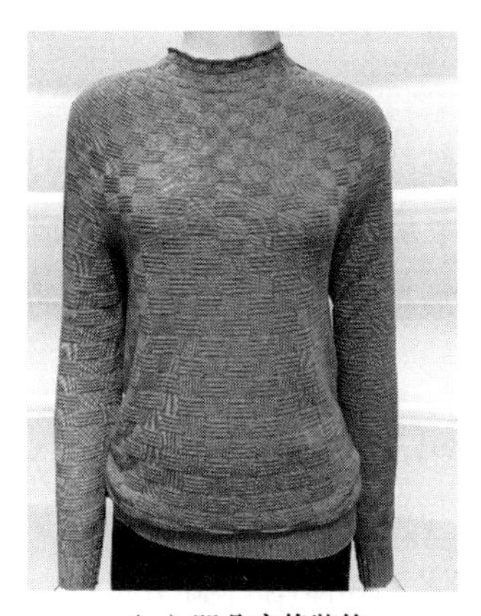

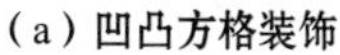

（a）凹凸方格装饰

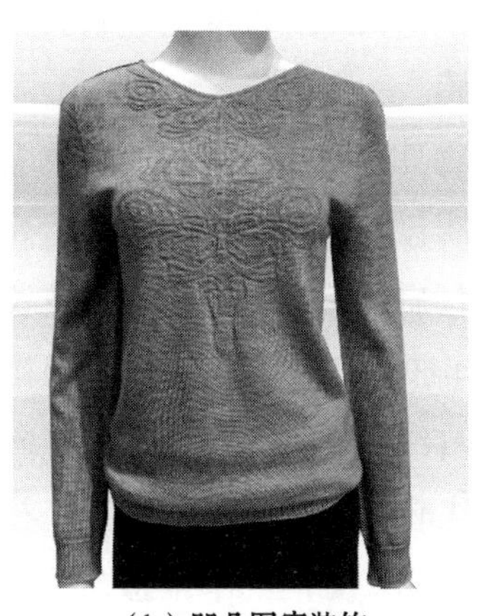

（b）凹凸图案装饰

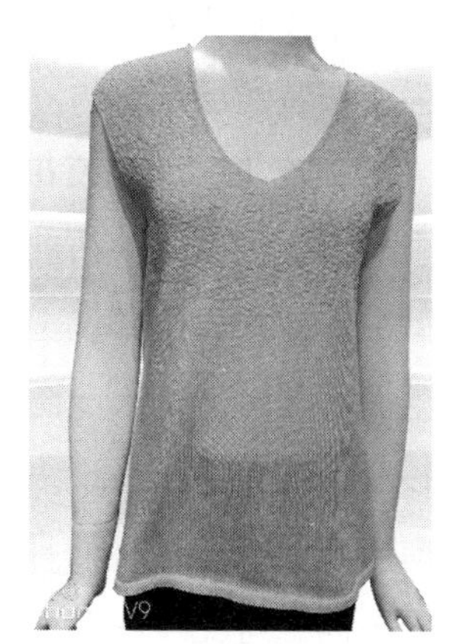

（c）凸条褶皱装饰

图2-4-3　双反面组织的装饰肌理效应

有规律地把相连挑花显示的孔眼产生的线状设计作服装的点缀线及孔眼状图案，服装美观且透气性好。图2-4-4（a）所示针织短裤，裤身利用挑花小孔眼横向排列形成横条纹，多条横条纹排列可引导视线沿横向由左向右，削弱短裤长度短引入的视觉效果，衬托穿着者腿部的修长，挑花孔眼在装饰服装的同时也增加了服装的透气性，提高其服用性能。图2-4-4（b）所示两件套毛衫长裙，里外两件均为圆领无袖长裙，里件长裙为白色与蓝色的横条纹，外件为蓝色挑花长裙，全身运用挑花组织，挑花形成的孔眼使得长裙呈现镂空肌理，轻薄、透视感强，将其

（a）挑花孔眼装饰

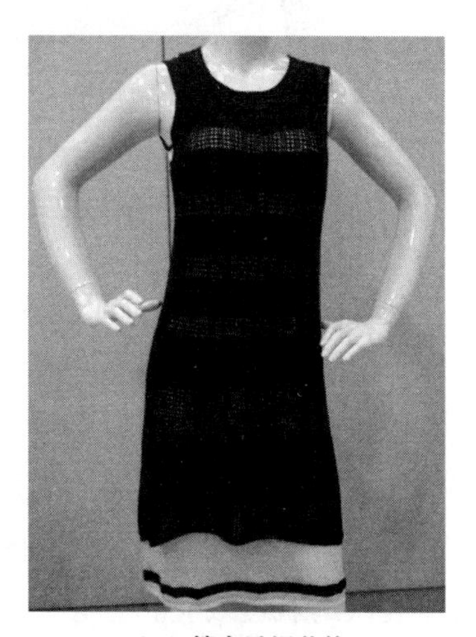

（b）镂空透视装饰

图2-4-4　挑花组织的装饰肌理效应

套在条纹长裙外面，白色横条纹处呈现镂空，服装整体展示镂空横条纹外观，增强了服装的层次感与立体感。

②绞花组织。绞花织物具有凹凸扭曲的外观效应，纱线细度大，转移线圈的个数多，绞花处的扭曲越明显。图2-4-5（a）所示高领长袖套衫，毛衫采用全成型一体编织，胸部以上包括肩部编织绞花组织，花纹呈放射状排列，突显胸部的丰满与颈部的细长。图2-4-5（b）所示圆领阔袖长裙套衫，服装采用解构设计，衫身上绞花花纹呈现纵向直线型排列，袖片采用横向编织，袖片上绞花花纹呈现横向直线型排列，袖身给人较为宽阔的视觉感受，衫身与袖片的绞花凹凸扭曲方向不同，避免绞花凹凸扭曲同一方向的单调感，毛衫整体呈现休闲、端庄风格，花纹的立体感强。

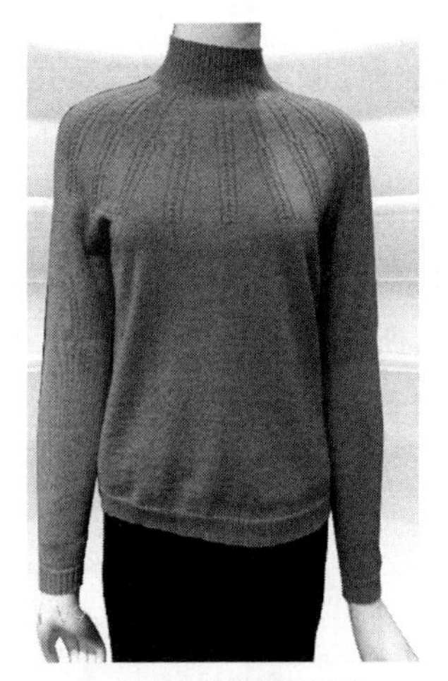

（a）凹凸扭曲局部装饰

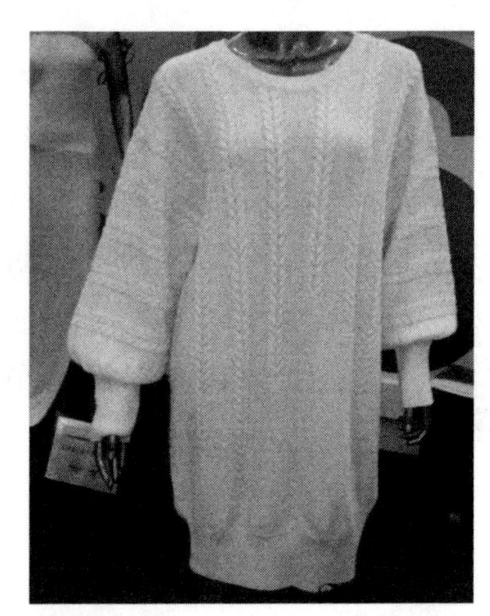

（b）凹凸扭曲全身装饰

图2-4-5　移圈组织的装饰肌理效应

（5）集圈组织的装饰肌理效应。

①胖花组织。根据集圈次数的多与少，形成的胖花织物具有截然不同的外观，集圈进行次数少能形成孔眼，集圈进行次数多可以形成菠萝形的外观。胖花织物编织时，通过集圈不同的排列方式与不同色彩的纱线，可使织物表面呈现纹案、镂空、闪烁及浮雕等花样。图2-4-6（a）所示为胖花织物，织物外观呈现凹凸及小孔眼的肌理效应。

②畦编组织。畦编织物风格粗犷，质地厚实，表面呈现明显的凹凸外观，在编织过程中可通过多次集圈结构变化融合，形成浮雕般的凹凸效应，还可采用抽

针和移动针床的方式增加花型。图2-4-6（b）所示为畦编织物，织物呈现凹凸效应。图2-4-6（c）所示为圆领长袖镂空套衫，领子与袖口是罗纹组织编织形成的凹凸条纹外观，衫身与袖子是畦编组织编织形成的凹凸肌理外观，赋予服装厚重感。衣身采用多把纱嘴编织形成椭圆形镂空花纹，椭圆形镂空花纹沿横向与纵向进行曲折线排列，形成四叶形镂空花纹或菱形花纹，犹如雕刻或剪纸的镂空外观，赋予服装透视感，镂空处让服用者的身体凹凸隐约可见，富有灵动感。畦编与罗纹处的凹凸肌理与镂空处互相衬托，肌理效应丰富，服装兼具立体感、透视感与层次感等多种外观特征，呈现休闲大方又不失性感与唯美的风格。

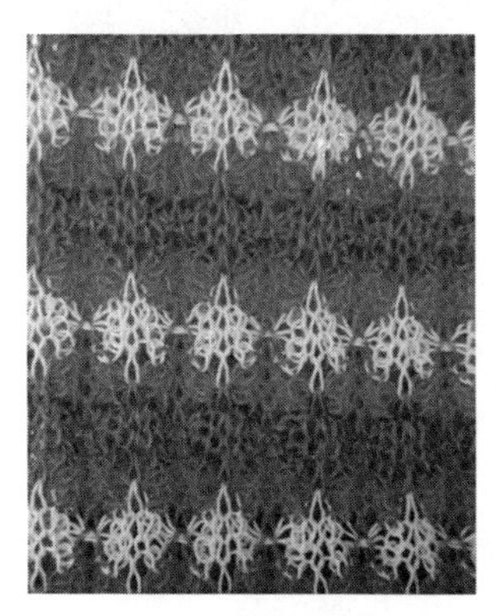

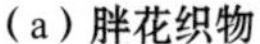

（a）胖花织物

（b）畦编织物

（c）畦编凹凸肌理效应装饰毛衫

图2-4-6 集圈组织的装饰肌理效应

（6）波纹组织的装饰肌理效应。波纹织物表面呈现凹凸曲折形花纹效应，波纹织物中曲折线段的长度由织物的横列数确定的，而方向由前机床的移动方向确定。图2-4-7（a）所示波纹组织的凹凸纵向曲折效应，图2-4-7（b）所示波纹组织凹凸曲折肌理效应装饰的吊带毛衫裙，胸部采用波纹组织编织形成纵向凹凸曲折肌理效应，突显服装胸部造型设计。

（7）空气层组织的装饰肌理效应。空气层织物的两面各具特色，可以根据需要挑选织物的服用面。空气层织物组织细密、厚实保暖，横向延展性小，可形成凹凸横条纹、凹凸方格、设计纹案等肌理效应，图2-4-8（a）（b）所示分别为空气层组织的凹凸横条纹、凹凸方格肌理效应，图2-4-8（c）所示为空气层凹凸横条纹装饰的毛衫，毛衫在胸部编织空气层横条纹，在中间抽紧，可突显服装胸部的丰满造型，展示穿着者的身材曲线美。

（8）提花组织的装饰肌理效果。提花组织是把不同色彩的纱线配置到依纹

（a）凹凸纵向曲折效应的波纹组织织物

（b）波纹组织凹凸曲折肌理效应装饰的毛衫

图2-4-7　波纹组织的装饰肌理效应

（a）凹凸横条纹空气层织物

（b）凹凸方格空气层织物

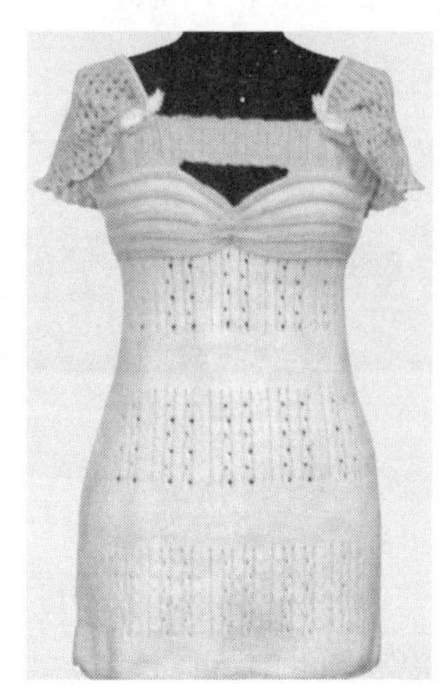

（c）空气层凹凸横条纹装饰毛衫

图2-4-8　空气层组织的装饰肌理效果

案需要所选定的一些针上进行编织成圈而形成的组织。提花组织是毛衫服装形成花色纹案效应的主要手段，提花形成的色彩图案与印花图案风格不同，提花图案三维度与清晰度较印染材料高，提花组织图案在毛衫服装设计中有较强的装饰作用，可给予毛衫服装不同的风格特性。整体提花与局部提花毛衫如图2-4-9所示。

2. 色彩图案装饰

色彩图案在毛衫装饰设计中处于重要地位，不同的色彩图案设计丰富了灵感来源，色彩明度较亮的更具有视觉冲击力。图2-4-10（a）所示圆领短袖套衫

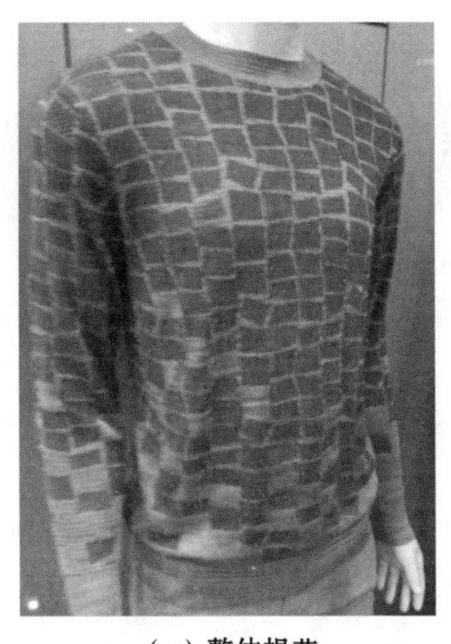

（a）整体提花

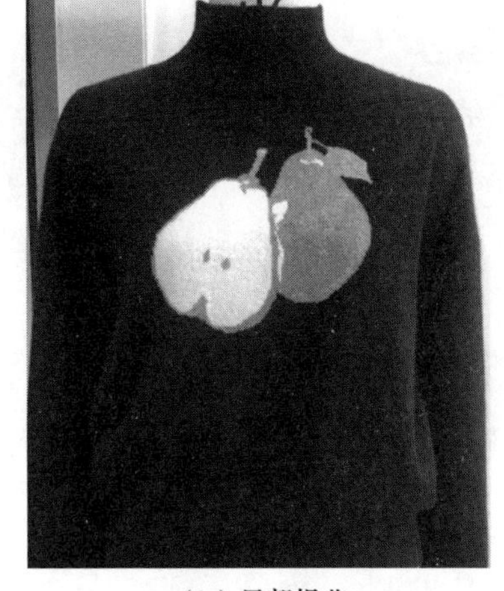

（b）局部提花

图2-4-9　提花组织的装饰肌理效果

是采用植物纹样作为花纹图案，抽象又具象，给人以优雅端庄之感；图2-4-10（b）所示圆领长袖落肩套衫，服装主体颜色为蓝色，在前片右侧和右袖采用黑白两色纱线编织局部空气层提花组织的奶牛图案，牛背与牛尾处手工缝制黄色流苏，服装色彩丰富，黑色、白色、黄色形成的奶牛图案提高了蓝色毛衫的亮度，改善单一颜色的单调感，黄色流苏使动物图案更加突显，动物图案较好的装饰了毛衫，毛衫呈现活泼、可爱的休闲风格；图2-4-10（c）所示圆领长袖套衫是采用人物打高尔夫球的活动场景做背景图案，充满生活气息，展示休闲运动风格；图2-4-10（d）所示连帽长袖套衫图案是采用高度不同的横条纹交替排列形成，韵律感强，给人以色彩错叠的层次感，极具青春活力，是表现运动风格的主要元素；图2-4-10（e）所示V领开衫背心，采用异国风情摩洛哥建筑几何元素组合的图案设计，采用黑、白、褐、绿四色编织而成，图案与色彩体现人文主义类型设计；图2-4-10（f）所示V领套衫背心，领口、袖口、下摆均采用黑色纱线编织罗纹组织，衫身采用黑白两色纱线编织空气层提花组织，胸围下方的图案为虎头侧面的抽象设计，胸围上方设计有不规则线条图案，与虎头图案呼应，图案设计整体协调、平衡、美观，下摆做破洞处理，增添了服装的潮流感与前卫感，虎头图案较具美感，视觉冲击力强，还表达吉祥平安的寓意，愉悦穿着者的心情，较受消费者的青睐。

3. 附加装饰

附加装饰是在服装表面附加装饰物，能作为服装装饰物的材料较多，根据设

（a）植物图案　（b）动物图案　（c）人物图案

（d）条纹图案　（e）几何图案　（f）抽象图案

图2-4-10　色彩图案毛衫

计风格选择适宜材料，可利用织、绣、贴及异料拼接等方式进行服装装饰。加法装饰使服装立体感更强，赋予其美观性。

（1）编织。编织装饰分为钩编装饰与横编装饰，钩编装饰通常利用手工钩编一定形状的织物，再将织物缝制到服装需要装饰的部位。图2-4-11所示钩编装饰毛衫，是将钩编的圆形花朵样镂空凹凸织物以一定的排列形式缝制到毛衫衣身中间或领口等部位，这些部位由于缝制装饰物成为整件服装视觉冲击力最强的部位，钩编织物发挥装饰毛衫的功能。横编装饰是将横机编织物手工编结出各种造型装饰物，再将装饰物缝制到服装需要装饰的部位。图2-4-12（a）所示绳带横编装饰毛衫，是用横机编织出白色、红色、灰色条带织物，然后将条带织物编结成辫子状的绳带，再将不同颜色辫子状绳带织物以直线状和曲线状缝制到前身，辫子状绳带织物在下摆以下排列成流苏状，服装呈现休闲、创意风格。图2-4-12（b）所示局部图案横编装饰毛衫，毛衫为V领长袖套衫，采用全成型技术编织而成，灰色衫身、黑色下摆。在衫身上套口缝制横编小衣片辅料做装饰，展示衣中衣的外观效果，小衣片为电脑横机编织的较小尺寸的提花衣片，左胸部位缝制黑白灰三色提花小衣片、右肩袖部位缝制蓝灰两色提花小衣片、右下摆部位缝制灰白两色提花小衣片，小衣片装饰处织物肌理清晰，立体感强，增添了服装的童趣与视觉冲击，使服装更具美感，呈现休闲、活泼、可爱的风格。

（a）衣身中间钩编装饰

（b）领部钩编装饰

图2-4-11　钩编装饰

（a）绳带横编装饰

（b）局部图案横编装饰

图2-4-12　横编装饰

（2）绣花。绣花是在服装上用针线缝图案，分为手绣和机绣两种，主要以机绣为主，绣花图案有植物图案、动物图案、风景图案及抽象图案等[26]。绣花的装饰有使服装整体协调、改变原有图案的意境、绣花图案与原有图案组成完整的图案及图案装饰等作用。图2-4-13（a）所示毛衫领型为梯形，领口较低，开口较大，在前领领圈边缘绣花与叶子的植物图案，领前侧绣花图案比两侧绣花图案大，使得领部绣花图案有层次感，更加突显领部造型特征与颈部美，领口的绣花与袖口、下摆处的编织花纹相呼应，使得毛衫整体图案协调、美观。图2-4-13（b）所示毛衫为圆领长袖套衫，红底上编织白色云朵图案，衫身上的鹤是通过绣花形成，左侧两只鹤是飞翔形态，右侧两只鹤是站立形态，鹤与毛衫上的白云形成一幅完整的鹤在动态与静态时的场景画面，鹤是吉祥、高雅、长寿的象征，也比喻人具有高尚的情操，绣花图案填补了服装的美感与底蕴，改变了毛衫整体图案的意境，发挥锦上添花的作用。图2-4-13（c）所示圆领长袖套衫由黑、白、红三色纱线编织绞花、平针条纹、提花等组织而成。绞花将前片做了斜线分割，上方是白色纱线编织的绞花，下方是黑白平针横条纹与红色图案处的空气层提花，左袖为白色平针，右袖是黑、白、红色平针条纹，袖肥处是提花编织的英文字母图案，卡通动物图案的黑色线条是绣花，与红色编织处组成完整的图案，毛衫色彩与肌理效应丰富，图案饱满，呈现朝气蓬勃、青春活力感。图2-4-13（d）毛衫主体颜色为黑色，前身由领至左胸再到下摆用灰色纱线绣多种造型的

（a）领部绣植物图案

（b）前身绣动物图案

（c）前身绣卡通动物图案

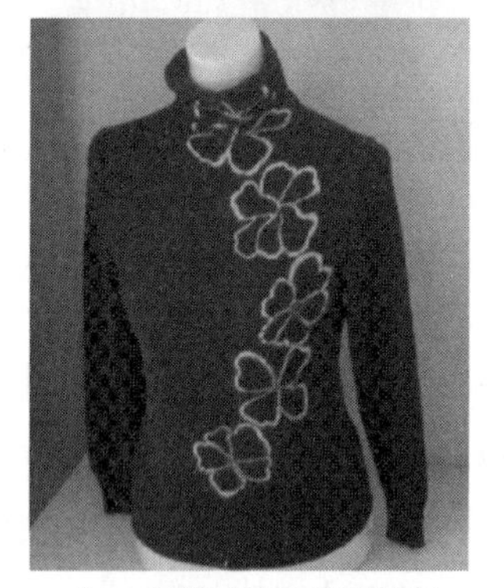

（d）前身局部绣花朵图案

图2-4-13　绣花装饰

花朵轮廓图案，黑色与灰色搭配较协调，灰色图案改善了色彩的单一性，提高了服装整体色彩的亮度，通过绣花装饰了毛衫，增添了毛衫的美观性。

（3）贴缝。贴是将装饰辅料附加在服装上面进行装饰，有烫金、烫钻、缝亮片等工艺，如图2-4-14（a）所示将烫钻工艺应用在服装领子部位，增加领部亮度，突显领部领结造型，丰富服装色彩，改善服装单一色彩的单调感。图2-4-14（b）所示吊带毛衫裙在前身由上至下缝制6条直线状亮片，亮片长度不一，横向间距不同，亮片丰富了毛衫裙的色与型，美化了服装，亮片引导观者视线由上至下，可展示穿着者的修长身材。图2-4-14（c）所示毛衫为翻领中袖女童开衫，将白色钩编花朵缝制到胸部、门襟旁、下摆上方及袖子等部位，右胸处缝制一个立体的笑脸娃娃，娃娃的笑脸是由钩编花朵形成，身体是编织物缝制而成，内部有填充物，犹如缝贴一个真实的玩具娃娃，增添了服装的活泼感与童趣。

（a）领部烫钻

（b）前身缝制亮片

（c）前身缝花朵辅料

图2-4-14　贴缝装饰

（4）异料拼接。异料拼接是使用不同于主料的面料进行拼接，形成一种新的风格。作为异料拼接的材料较多，如皮革、毛呢、桑蚕丝等梭织面料或经编蕾丝针织面料等，可根据设计需求进行装饰设计，并且要与服装风格相匹配。图2-4-15（a）所示服装为黄色深V领短袖毛衫与黑底白色波点桑蚕丝面料拼接，拼接部位在深V领处，领部系带，桑蚕丝面料柔软光泽好，领部呈现轻盈飘逸感，毛衫主体为黄色，色彩较亮，增添了服装的亮度，桑蚕丝为黑白印花面料，主要以黑色为主，黑色与黄色色彩对比鲜明，黑色增加了服装的端庄感，白色波点与系带使领部更具灵动感，服装整体呈现端庄、优雅的风格。图2-4-15

（b）所示毛衫为灰色V领斜下摆短开衫，在领、袖口、下摆、门襟等边口处打褶拼接蕾丝花边面料，使得服装呈现喇叭袖口、打褶立领与荷叶边门襟与下摆造型，蕾丝面料改变了边口造型，增添了服装的美观性，呈现淑女风格。图2-4-15（c）所示白色毛衫在袖笼、袖中线、袖中、下摆等处拼接银色皮革面料，皮革面料较毛衫亮度高，皮革呈分割线的形式分布，袖笼与下摆处将亮片规律排列缝制到服装上，由于亮片较大且亮度高，使得服装袖笼与下摆造型更加醒目，拼接皮革与缝制亮片较好地装饰了毛衫。

（a）拼接桑蚕丝

（b）拼接蕾丝

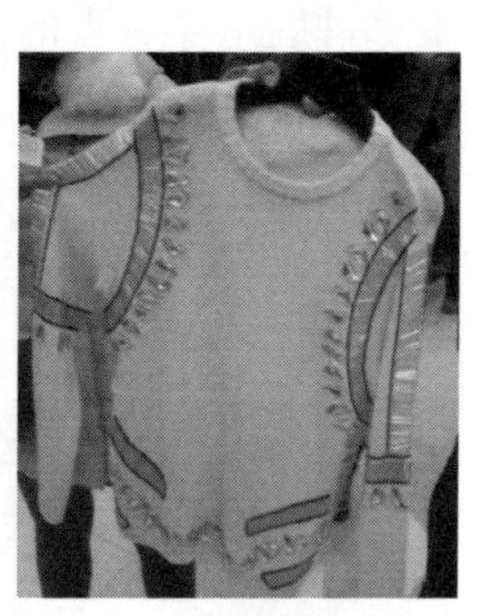
（c）拼接皮革

图2-4-15　异料拼接装饰

第三章

基于纸技艺的毛衫服装花型设计与装饰应用

第一节　基于折纸造型的毛衫服装花型设计及其装饰应用

折纸造型是以纸为材料，经历层叠、屈曲和连接等工艺技法得到各样设定样式而展示的造型技艺，折纸技艺发展史悠远，是我国的传统手工艺。当前折纸艺术应用领域已由纯粹的折纸工艺品蔓延至服装设计范畴。国外众多知名的时装设计师均曾把折纸元素带进高档时装设计，像著名的折纸时装领域设计师Mauricio Velasquez Posada于2010年春夏采取浮夸且三维的剪裁方式，把很多拥有折纸工艺感的造型与细部带入服装设计、三宅一生设计褶皱衣系列，以及2007年Dior的设计师翰·加利亚诺（John Galliano）用“蝴蝶夫人”作核心的高档定制的服装作品[10]。

毛衫服装拥有松软、适宜、透气等特性，变成四季都能服用的服装，伴随编织技术的持续更新和进展，毛衫得到了快速发展。当前人们审美的提高与变化，对毛衫的需求不只是御寒，设计上的奇特创新亦是人们挑选毛衫服装主要的要求之一。毛衫设计除了造型与颜色设计，组织花型设计更为重要，能够给予毛衫浮雕、镂空、纹案等肌理效果。折纸造型具有立体造型、装饰和反复连续及创意等特性，它在毛衫组织花型设计方面的运用能实现组织花型设计的差异化与特性化，展示风格不同的三维效应，提高了毛衫服装的多维文化价值底蕴，使现代人挑选服装的审美需求获得满足。本节依照折纸造型的特征设计毛衫组织花型图案，经过探究其工艺，把毛衫花型的实样编织出来，给毛衫的花型设计提供借鉴，共同推进传统文化和传统技艺的进展和延续。

一、基于空间立体造型性的花型设计

折纸造型具有几何空间的立体性，有显著直观的三维造型效应。简单折纸扇所显示出的外表为折叠痕和凹进槽的相互对应，充分展示了空间的立体感。此特性应用于毛衫的花型表达上，能让花型织物表面拥有明显的三维造型效应。

1. 折纸造型及元素提取

图3-1-1所示为折纸花瓶、海鸥及松塔作品，从中分别提取出几何菱形、动物飞鸟纹及几何椎体造型类元素。运用组织结构的肌理效应，融入折纸作品里提取的造型元素实行二次设计，产生对应的毛衫服装花型三维立体效应，不仅丰富

（a）花瓶

（b）海鸥

（c）松塔

图3–1–1　折纸作品

毛衫花型的肌理效果，而且可满足毛衫服装细节造型的表达要求[10]，并能表现毛衫花型的明暗对比效果，渲染出几何立体造型性和充足的层次感。

2. 花型图案及组织结构设计

图3–1–2所示的菱形格、飞鸟纹及椎体花型图案设计来自图3–1–1所示对应的折纸作品所展示的空间立体造型，三种花型的图案设计都选择提取变形的方法，通过提取折纸作品形态由变形形成单体形状，再实现单体的反复和次序性排列。菱形格几何花型图案是经单体平铺形成，飞鸟纹动物花型图案是经单体垂直方向平铺水平方向交错形成，椎体几何花型图案是经水平方向平铺垂直方向交错形成。

图3–1–2（a）所示菱形格造型像折纸花瓶形状造型，为将图案造型显著，蓝色区域是菱形格状图案的轮廓线和菱形格里扭曲的装饰，这部分设计为凸起，经前针床上织针进行编织工艺正面的线圈，其余位置是后针床上的织针进行编织工艺反面的线圈。一个菱形格由四针以两针作为一组划分成两组向左边或向右边移圈编织形成，轮廓线是两个正面的线圈纵行，呈现扭曲的地方采取绞花组织实现编织。这种组织结构具有凹凸肌理效果，正面的线圈产生的菱形格外型线和扭曲装饰地方显示凸起。

图3–1–2（b）所示飞鸟纹造型像折纸海鸥形状造型，为使飞鸟纹动物图案显著，把整体设计成凹凸的浮雕状，粉红色表示飞鸟纹位置设计为凸起，因空气层组织具有鲜明凹凸肌理效果，所以该地方采取空气层组织实现编织，其余地方采取双反面组织实现编织。织物的工艺正面呈现两种不同组织结构表面状态，空气层位置是线圈的圈柱，其他的双反面组织位置是线圈的圈弧，因此使得空气层形成的飞鸟纹位置边界分明并凸起于织物外表。

图3-1-2（c）所示椎体造型像折纸松塔形状造型，红色椎体区域凸起，花型的凹凸效果突显，用2+2双反面组织作为地组织实现移圈编织形成。椎体最高点处的织针旁边相连九针相对移圈一针后，间隔一个横列再反向移圈一针合计移圈八次编织形成凸起的椎体形，相向和反向的交汇点便形成椎体最高点。

三种花型图案都展示折纸造型呈现空间的立体造型性和反复连续性两方面特性。

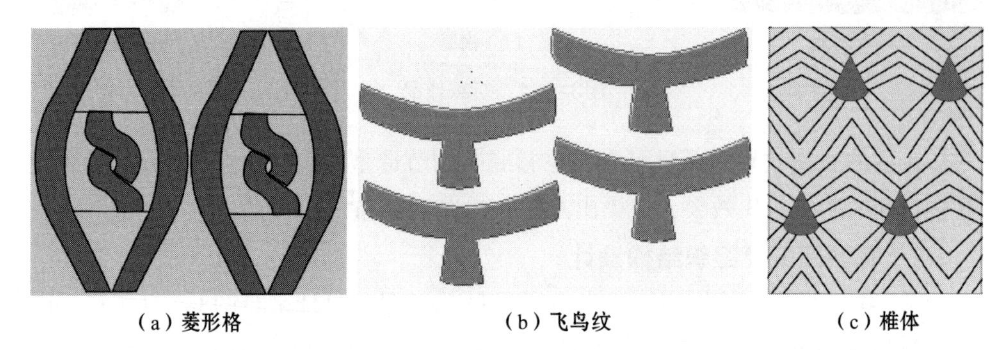

（a）菱形格　　（b）飞鸟纹　　（c）椎体

图3-1-2　基于空间立体造型性的花型图案

3. 原料与编织设备

菱形格、飞鸟纹及椎体三种花型织物编织原料和设备见表3-1-1。

表3-1-1　花型织物所用原料与编织设备

花型	编织设备型号	原料
菱形格	LXC-252SC-16G	20.8tex×2（1根）棉/毛混纺纱线，成分为55%棉、45%毛
飞鸟纹	LXC-252SC-12G	20.8tex×2（2根）毛/腈混纺纱线，成分为50%腈纶、50%羊毛
椎体	LXC-121SC-12G	黄色纱线与粉色纱线均为33.3tex×2（1根）100%纯羊毛纱线

4. 花型制板工艺

制作菱形格、飞鸟纹及椎体花型织物的电脑横机编织制板工艺，工艺如图3-1-3所示。

5. 编织花型小样

选用表3-1-1所示原料和编织设备编织出的菱形格、飞鸟纹及椎体花型织物如图3-1-4所示。

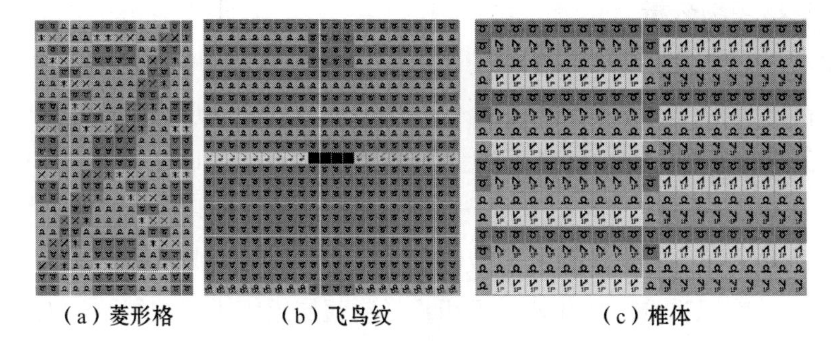
（a）菱形格　（b）飞鸟纹　（c）椎体

图3-1-3　花型制板工艺

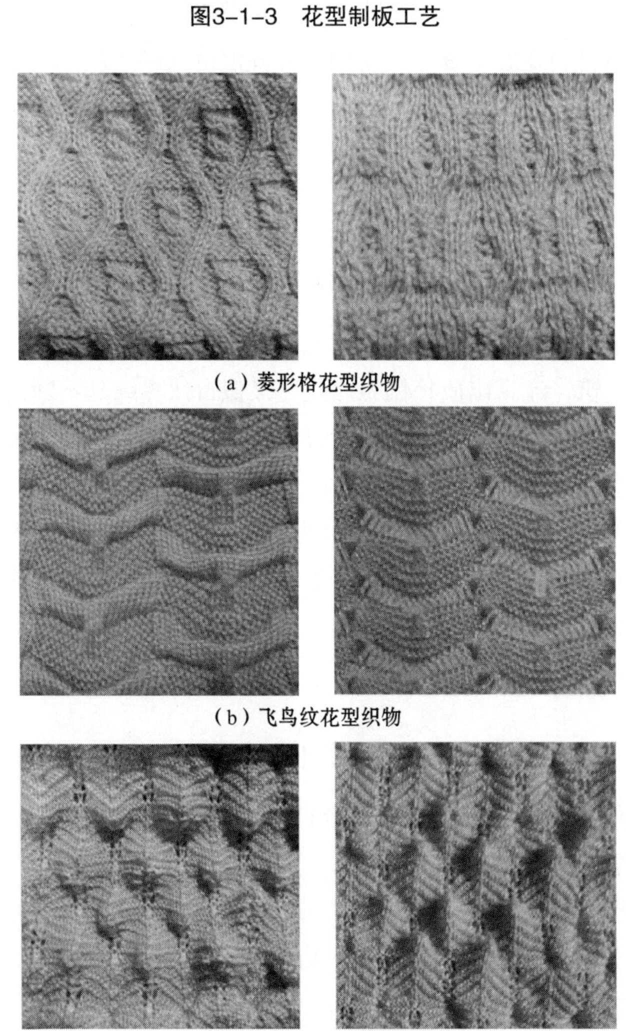
（a）菱形格花型织物

（b）飞鸟纹花型织物

（c）椎体花型织物

图3-1-4　花型织物正面与反面

6. 花型织物分析

菱形格花型织物运用罗纹、绞花组织进行编织，呈现凹凸及扭曲效应。正面显示凹凸状菱形格效果，菱形格内是绞花的扭曲效果，菱形格三维造型像折纸作品中的瓶形状造型，反面呈现凹凸效应。花型经过有次序地反复排列而体现韵律感，其中线与面划分恰当，比例和谐，菱形格空间造型展示出西方新现实主义艺术格调，可应用于毛衫的全部衣身或细部设计中，展示经典风格。

飞鸟纹花型织物选取变化双反面组织及空气层组织进行编织，正面显示规则凹凸外观，凸起花纹位置相应反面为浮线，花型如同一只展翅高飞形态折纸海鸥形状造型，因海鸥为坚忍不拔、勇于同惊涛骇浪搏战的象征，展示这个花型设计的核心观念；匀称的花型设计让人感觉祥和美感，花型单元依一定规律排列，流露了秩序、平和、安定及庄严等心理感受，也给人以美感。可应用于毛衫细部设计，营建复古休闲格调。

椎体花型织物选取空气层、双反面组织进行编织，正反面均呈现凹凸起伏椎体效果，椎体造型像折纸作品造型里的松塔形状造型，花型显示松塔造型单元形态重复，形成丰富的视觉变幻，具有较强的立体感与空间感。椎体花型既似西方锥体形状屋顶建筑，流露出质朴儒雅之气，又似自然界绵延不断的大山，运用不同的色调和比例进行调和配比，显露大方、精练、自然及随性等风格。能够用于毛衫的整体或细部设计，个性化突出，体现欧美服装设计风格。

菱形格、飞鸟纹及椎体三种花型织物运用折叠、接合或弯曲等工艺技法，都显示折纸造型的空间三维形态，表达折纸造型空间立体性和反复连续性等特征。三种花型织物的设计为中国传统技艺文化的延续，弘扬中国传统技艺中的折纸技艺，对毛衫服装花型创新设计具有指导意义。

二、基于折纸造型装饰性的花型设计

折纸造型在服装、广告及建筑等设计领域里能够发挥装饰性的功能。像折纸玫瑰服装的下摆应用大玫瑰花实现装饰，百合花造型装在女装的肩部和背部，均可实现较强的装饰效应。使用折纸造型具有的装饰性特征进行毛衫花型设计，通过组织结构呈现的肌理效果，可起到较强的装饰作用。

1. 折纸造型及元素提取

图3-1-5所示为云朵、花朵和蜗牛折纸作品。由折纸云朵造型中提炼泡泡状单元体、由折纸花朵造型的外轮廓及中央提取回形纹、由折纸蜗牛造型中提取波

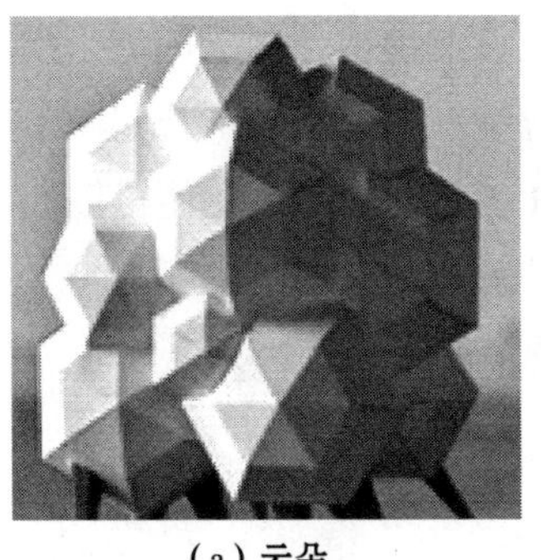
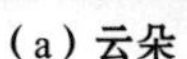
（a）云朵

（b）花朵

（c）蜗牛

图3–1–5　折纸作品

浪纹当作设计元素[10]，融合毛衫组织肌理特征进行二次设计，形成具备装饰性特征的毛衫花型图案。

2. 花型图案及组织结构设计

基于折纸造型具有装饰性特征及图3–1–5所呈现的折纸作品中提炼的设计元素分别设计出泡泡形、“回”字纹及波浪纹花型图案，三种图案如图3–1–6所示。三种花型图案运用构成与组合方法设计。把折纸云朵中的单元实行分解和重构，把折纸云朵单元从三维罗列重构成二维渐变式罗列结合，保持折纸云朵单元的立体效应设计成泡泡形状花型图案，图案如图3–1–6（a）所示。把折纸花朵的轮廓和花蕊外型进行重构融合构成“回”字形，以防止“回”字反复罗列出现的单一感，选取一定尺寸的斜向线条把垂直方向呈现的“回”字分开，增强花型的艺术美感，图案如图3–1–6（b）所示。把折纸蜗牛造型纵向的廓形线沿横向重组能构成波浪纹形态花型图案，图案如图3–1–6（c）所示。

图3–1–6（a）所示白色部分显示凸起泡泡效应，泡泡像折纸云朵，选择空气层提花进行编织，两面白色线圈位置相应另一面是卡其色线圈，正反面线圈在白色和卡其色交汇位置进行连接，除此之外不连接，白色线圈编织位置和卡其色线圈编织位置线圈的密度比是2∶1，因此白色线圈位置显示凸起泡泡状。

图3–1–6（b）所示蓝白色部分选择变化双反面进行编织，蓝色部分是反面线圈显示凸起，白色部分是正面线圈显示凹进，绿色部分显示凸起扭曲的绳索形态，选择浮线提花进行编织，又让长浮线作为斜向线状排列，因浮线位置张力小，外表像扭曲的绳索形态。

图3–1–6（c）所示红色部分显示凸起的波浪纹形状，选择空气层组织进行编织，前针床排满针，后针床四隔四进行抽针，前针床持续编织十个横列呈现凸起

横条，后针床有织针位置编织拉长的线圈，因为张力大使凸起横条向下凹进，没有排针位置相应的横条向上凸起，呈现波浪纹效果，每编织一个空气层凸起横条后针床全体往右或往左移动三针，再编织两个横列的1+1双反面，因此使得波浪纹立体效应显著。

三种花型图案都展示折纸造型呈现装饰性和反复连续性两方面特征。

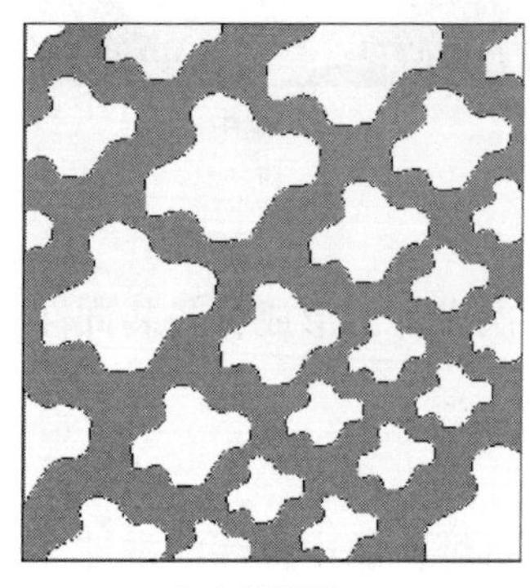

（a）泡泡形

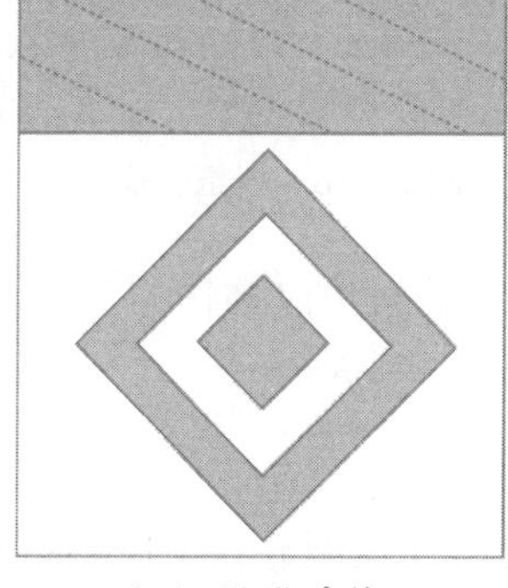

（b）“回”字纹

（c）波浪纹

图3-1-6 基于装饰性的花型图案

3. 原料与编织设备

泡泡形、“回”字纹及波浪纹三种花型织物编织原料和设备见表3-1-2。

表3-1-2 花型织物所用原料与编织设备

花型	编织设备型号	原料
泡泡形	LXC-252SC-12G	20.8tex×2（1根）白色纱线，100%棉 20.8tex×2（1根）卡其色纱线，100%锦纶
“回”字纹	LXC-252SC-16G	20.8tex×2（1根）毛/腈混纺纱线，50%腈纶、50%羊毛
波浪纹	LXC-121SC-12G	20.8tex×2（2根）毛/腈混纺纱线，50%腈纶、50%羊毛

4. 花型制板工艺

制作泡泡形、“回”字纹及波浪纹花型织物的电脑横机编织制板工艺，工艺如图3-1-7所示。

5. 编织花型小样

选用表3-1-2所示原料与设备编织泡泡形、“回”字纹及波浪纹花型织物如图3-1-8所示。

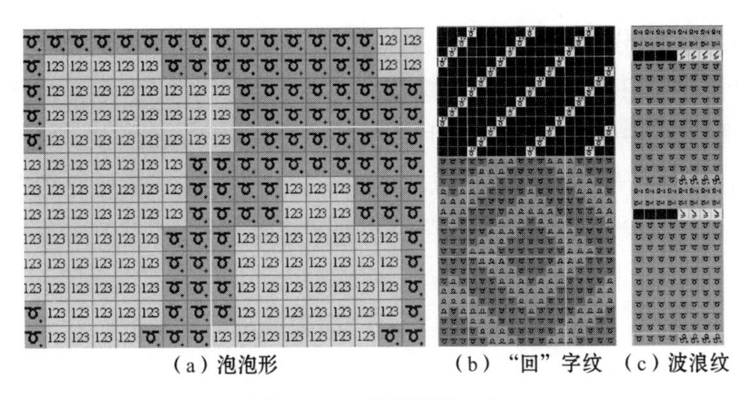

（a）泡泡形　（b）“回”字纹　（c）波浪纹

图3-1-7　花型制板工艺

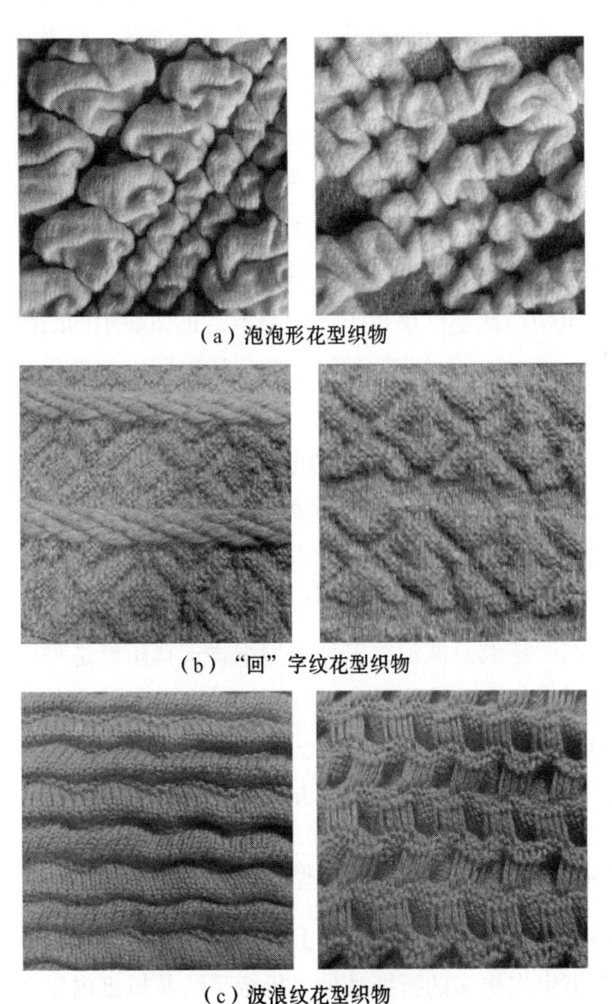

（a）泡泡形花型织物

（b）“回”字纹花型织物

（c）波浪纹花型织物

图3-1-8　花型织物正面与反面

6. 花型织物分析

泡泡形花型织物选择空气层组织及提花组织进行编织，织物正反面都显示凹凸褶皱肌理效果，褶皱区域像似一片片折纸云朵。花型构成方式是将泡泡形单元体进行等比缩放和规则排列，形成丰富的视觉变化，构成整体有次序与有节奏的装饰。花型设计讲究细部设计，强调泡泡的精致感觉，装饰比较女性化，表现出成熟女性优雅稳重的气质风范。花型明暗对比强烈但富有层次感，整体又富有节奏感，和谐统一。能够应用于毛衫全局或细部装饰设计上，显示出优雅浪漫风格。

“回”字纹花型织物选择变化双反面与浮线提花组织进行编织，正面凸起的菱形沿水平方向重复排列，纵向被凸起的扭曲浮线隔开，将光滑平面转化为褶皱装饰效果，扭曲浮线的插入塑造出断层褶皱效果外观，似浮在织物表面的扭绞麻绳，让人产生若即若离感觉；扭曲浮线将整个织物均等断开，既保持原有花型的形态，又增加了装饰性的肌理效果，使得花型整体相得益彰，浮线的扭绞和面的配比体现了设计的均衡感。织物相对厚重，适用于毛衫细部设计，表现出英伦风格，不适用于整个衣身设计，避免产生累赘感。

波浪纹花型织物选择空气层组织进行编织，正面显示凹凸波浪形条纹效果，反面是凹坑效应，将二维的平面效果转化为三维空间立体效果，塑造出波浪纹效果外观，加强织物花型表达的视觉效应，使毛衫花型的表现形式新颖独特。该花型是通过折纸手法再现自然界水面波纹的形态，是一种创造性思维。对于水面波纹的流动形态既有具象的表达，也有抽象的概括。整体花型体现线和面的和谐统一、节奏感和韵律感的形式美。该织物应用在毛衫局部花型设计，体现甜美浪漫风格，不适宜应用在整个衣身，避免产生笨重感。

泡泡形和“回”字纹及波浪纹三种花型织物选择折纸造型折叠、接合和弯曲等工艺技法，显示折纸造型装饰性和反复连续性两方面特点。花型设计蕴含了折纸的文化，把中国传统手工艺融入其中，既发扬了中国传统文化，又对毛衫花型进行创新设计，增加了毛衫花型的设计方法。

三、基于折纸造型创意性的花型设计

在折纸作品折纸元素的规律性基础上进行改造、甚至推翻原有折纸作品进行重新创造，可以衍生出更多的折纸品种。折纸手法及折纸内容在人们不断的研究和探索中不断发展，体现出折纸元素有很大的创意空间。毛衫的发展需要有独特的创意，在其花型设计中可以运用多种手法打破既定模式，运用折纸元素的可塑性能充分发挥创意。

1. 灵感来源及元素提取

图3-1-9所示孔雀、螺旋和蝴蝶折纸作品。从折纸孔雀开屏上提取网状元素、从折纸螺旋中提取螺旋元素及从折纸蝴蝶的翅膀形状提炼四叶边元素，并将这些元素作为创意元素进行创新设计，设计具有创意性的毛衫花型图案[10]。

（a）孔雀

（b）螺旋

（c）蝴蝶

图3-1-9　折纸作品

2. 花型图案及组织结构设计

基于折纸造型具有创意性特征及图3-1-9所呈现的折纸作品中提炼的设计元素分别设计出渔网图案和麦穗图案及纽扣花花型图案，三种图案如图3-1-10所示。图案设计应用形象联想方法，采用结构主义方法论里突变的设计方法。折纸孔雀屏形似网状，将网状图案进行变化、融合形成渔网花型图案，如图3-1-10（a）所示；折纸螺旋形似麦穗，将螺旋在某些部位分解成两个螺旋进行相对交叉配置形成麦穗花型图案，如图3-1-10（b）所示；折纸蝴蝶形似纽扣花，将蝴蝶翅膀形状拉长变细做横纵向对称排列形成纽扣花花型图案，如图3-1-10（c）所示。

图3-1-10（a）中圆点处呈镂空状，采用挑花组织编织，蓝色区域中菱形角处呈凸起扭曲状，采用绞花组织编织[12]，菱形重复排列形成渔网状。

图3-1-10（b）中粉红色区域呈现大小两种凸起螺旋扭曲交叉，形状似麦穗。大螺旋处为6×6绞花，由工艺正面线圈构成，向上编织时分成两个小螺旋花纹，分别采用3×3绞花，此外部分是后针床编织而成工艺反面线圈。正面线圈显示的绞花在织物表面凸起，反面线圈呈现凹进，形成浮雕效应。

图3-1-10（c）中红色部分显示凸起的褶皱，褶皱似折纸中的折叠效果，褶皱处花型似中国盘扣中的纽扣形状。为突显纽扣花形状，该位置选择空气层组织进行编织，反面编织一个横列黑色线圈，正面编织黄色、红色线圈各一个横列，纽扣花处正反面线圈密度为2：1，故呈现褶皱浮雕效应；其余处反面编织黑色与黄色的两色均匀提花，正面则编织黑、黄、红三色不均匀提花。

三种花型图案都展示折纸造型呈现创意性和反复连续性两方面特征。

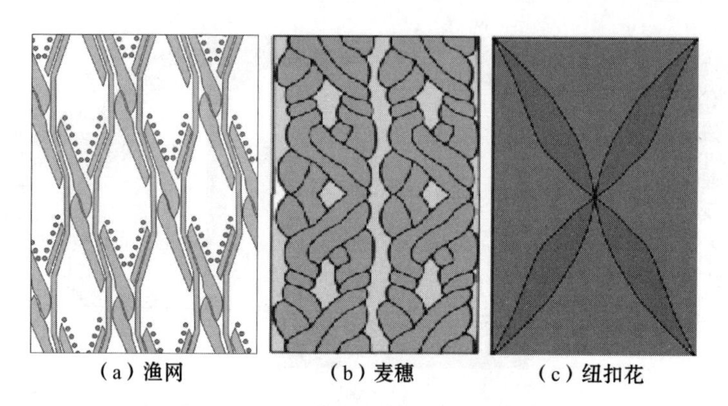

（a）渔网　（b）麦穗　（c）纽扣花

图3-1-10　基于创意性的花型图案

3. 原料与编织设备

编织渔网、麦穗和纽扣花的花型织物所用原料与编织设备见表3-1-3。

表3-1-3　花型织物所用原料与编织设备

花型	编织设备型号	原料
渔网	LXC-252SC-16G	20.8tex×2（1根）棉/毛混纺纱线，55%棉、45%毛
麦穗	LXC-252SCV-14G	33.3tex×2（1根）锦/腈混纺纱线，66%腈纶、34%锦纶
纽扣花	LXC-252SCV-14G	33.3tex×2（1根）红色纱线、100%锦纶； 20.8tex×2（1根）黄色纱线，100%羊毛； 20.8tex×2（1根）黑色纱线，30%羊毛、70%腈纶

4. 花型制板工艺

制作渔网、麦穗和纽扣花花型织物电脑横机编织制板工艺如图3-1-11所示。

5. 编织花型小样

编织渔网、麦穗和纽扣花花型织物如图3-1-12所示。

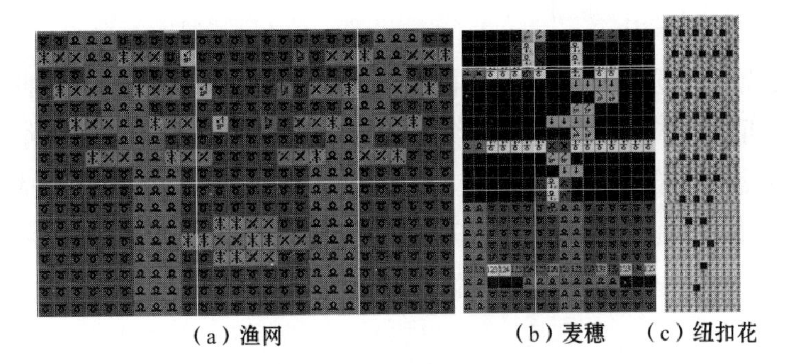

（a）渔网　（b）麦穗　（c）纽扣花

图3-1-11　花型制板工艺

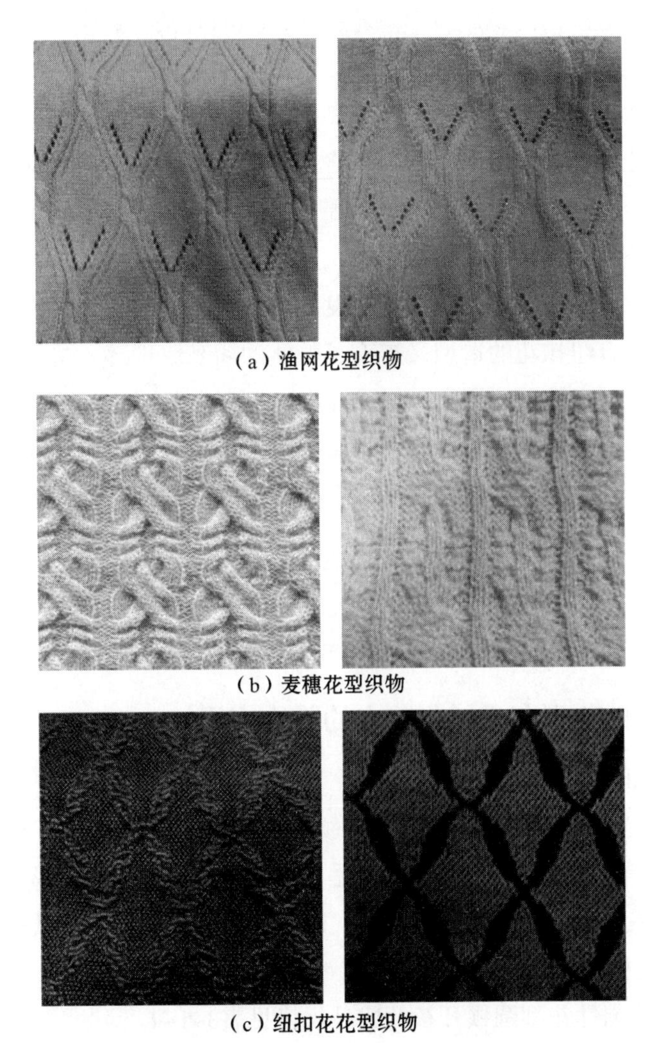

（a）渔网花型织物

（b）麦穗花型织物

（c）纽扣花花型织物

图3-1-12　花型织物正面与反面

6. 花型效果分析

渔网花型织物选择移圈组织进行编织，正反面都显示镂空且扭曲的条纹外观，正面像折纸孔雀造型内的网状形态轮廓线，花型是通过简单的折纸孔雀形成的网状造型设计出几何图形六边形，六边形图案横纵向有规律排列形成了凹凸镂空渔网花型图案，镂空的衬托使得织物花型若隐若现，凹凸条纹突出六边形的造型，中间的扭曲效应更是起到锦上添花的作用，花型织物运用到毛衫设计中呈现柔和、优雅大方感。

麦穗花型织物选择绞花组织和双反面组织进行编织，正面显示扭曲螺旋外观，像折纸螺旋造型内的螺旋线形态轮廓线，反面有条纹效应。花型既有螺旋上升的层次感，又具有反复排列的韵律感，整体图案与留白保持平衡，和谐统一，从一个角度看似麦穗造型，换一个角度又似螺旋上升折纸造型，富有创意感。花型用在毛衫设计中，呈现出田园休闲风格。

纽扣花花型织物选择空气层组织和提花组织进行编织，工艺正面显示褶皱形态纽扣花肌理外观，像一只只折纸蝴蝶，反面显示纽扣花提花效应，纽扣花花型随意简单有创意，褶皱的形态设计越能发挥锦上添花的成效，整个造型像是折纸造型的蝴蝶，既有纽扣花的造型又扩充了整体的褶皱肌理感，这种再创花型设计体现折纸造型的创意性。运用在毛衫设计中，呈现出田园甜美风格。

渔网、麦穗及纽扣花三种花型织物选择折叠、接合和弯曲等现代折纸造型工艺技法实现设计，渔网花型织物表达镂空扭曲条纹造型，麦穗花型织物表达扭曲螺旋造型，纽扣花花型织物表达弯曲折叠肌理效应，展示出折纸造型创意性和反复连续性两方面特点，将中国传统手工艺与现代编织技术结合为毛衫花型设计拓宽了思路。

四、装饰性花型在毛衫服装中的装饰应用

1. 设计说明

采用折纸造型装饰性花型设计的圆领开衫如图3-1-13所示。该款服装运用图3-1-8（a）所示毛衫花型，面料主色是白色，同时交错红色，整体显现酒红和白色，面料质感厚重，适合秋冬季穿着，服装下摆造型设计为折纸褶裥造型。

2. 成品规格

折纸造型装饰性花型圆领开衫的成品规格见表3-1-4。

（a）正面

（b）背面

图3-1-13　折纸造型装饰性花型圆领开衫

表3-1-4　折纸造型装饰性花型圆领开衫的成品规格　　单位：cm

序号与部位	尺寸	序号与部位	尺寸	序号与部位	尺寸
①衣长	82	⑥袖长	60	⑪腰宽	46
②胸宽	46	⑦袖阔	13.5	⑫前领深	5
③摆宽	46	⑧袖口	9	⑬后领深	3
④肩宽	37	⑨袖罗纹高	0.5	⑭领高	1
⑤挂肩	19.5	⑩下摆罗纹高	0.5	⑮领宽	24

3. 成品密度

折纸造型装饰性花型圆领开衫的成品密度见表3-1-5。

表3-1-5　折纸造型装饰性花型圆领开衫的成品密度

密度	纬平针	双面提花
成品横密（针/10cm）	60	75
成品纵密（转/10cm）	44	50

4. 原料与编织设备

该款服装所用原料为20.8tex × 2（48公支/2）（1根）白色纱线，成分为100%

棉和20.8tex×2（48公支/2）（1根）酒红色纱线，成分为100%锦纶，编织设备为LXC-252SCV-14G。

5. 上机工艺图

折纸造型装饰性花型圆领开衫的上机工艺图如图3-1-14所示。

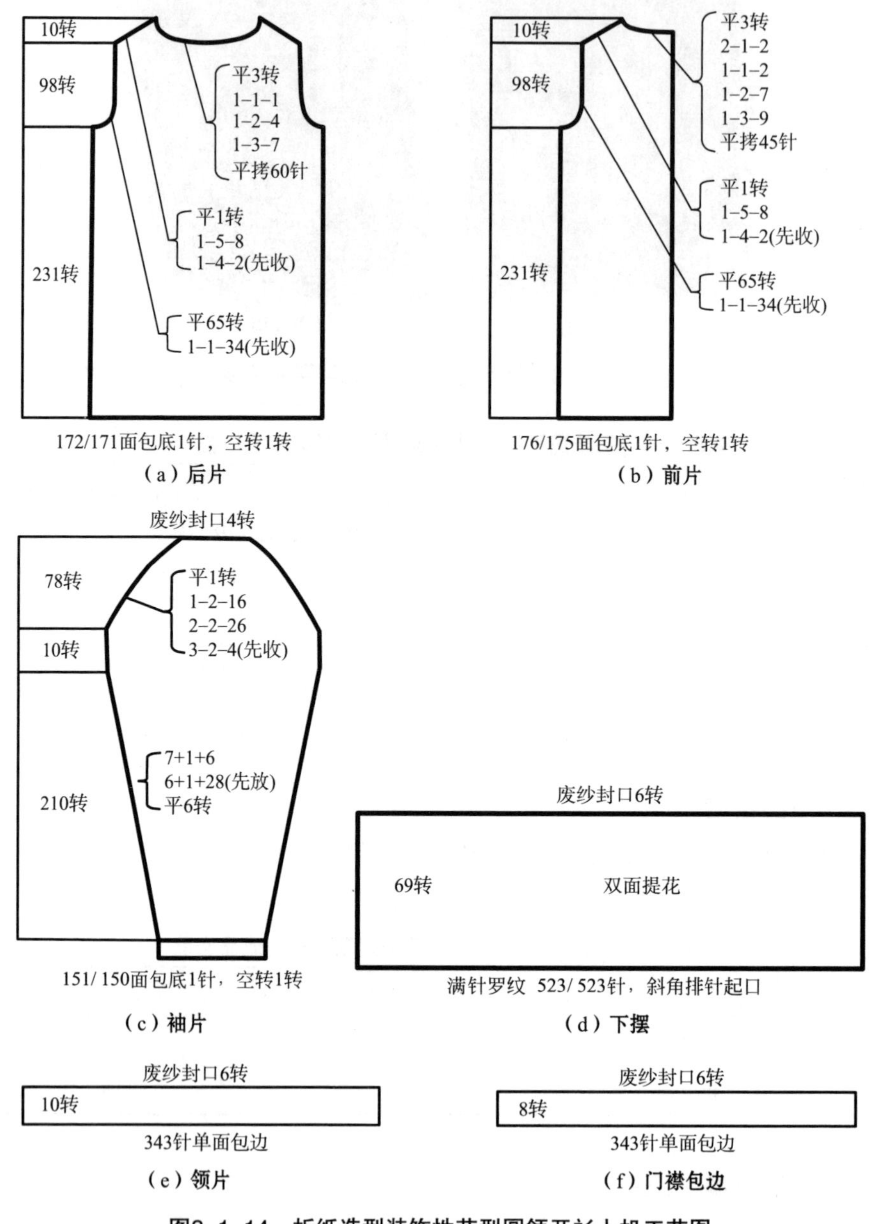

图3-1-14 折纸造型装饰性花型圆领开衫上机工艺图

6. 上机程序图

折纸造型装饰性花型圆领开衫的上机程序图如图3–1–15所示。

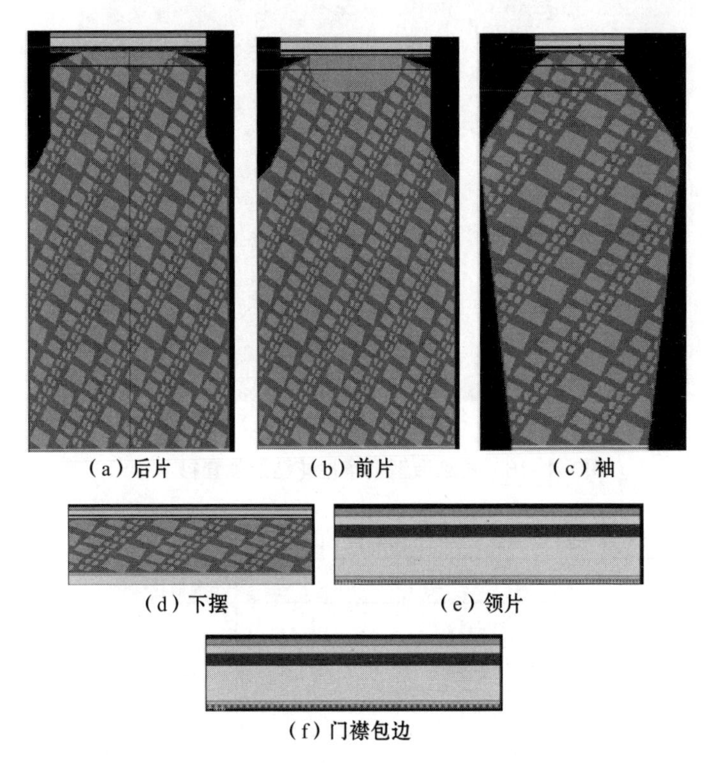

图3–1–15　折纸造型装饰性花型圆领开衫上机程序图

五、创意性花型在毛衫服装中的装饰应用

1. 设计说明

采用折纸造型创意性花型设计的圆领套衫如图3–1–16所示。此款为毛衫连衣裙，白色和粉色的拼接方式为近几年的流行趋向。采取了腰部收紧的方式来突出女性的身材，底边采用2+2罗纹收口，白色和粉色都采用图3–1–12（b）所示的基于折纸造型的创意性毛衫花型。

2. 成品规格

折纸造型创意性花型的圆领套衫成品规格见表3–1–6。

（a）正面

（b）背面

图3-1-16　折纸造型创意性花型圆领套衫

表3-1-6　折纸造型创意性花型圆领套衫成品规格　　单位：cm

序号部位	尺寸	序号与部位	尺寸	序号与部位	尺寸
①衣长	82	⑥袖长	61	⑪腰宽	40
②胸宽	43	⑦袖阔	14	⑫前领深	5
③下摆宽	46	⑧袖口	7.7	⑬后领深	2
④肩宽	36	⑨袖罗纹高	2	⑭领高	1.6
⑤挂肩	19.5	⑩下摆罗纹高	5	⑮领宽	24

3. 成品密度

折纸造型创意性花型圆领套衫的成品密度见表3-1-7。

表3-1-7　折纸造型创意性花型圆领套衫的成品密度

密度	2+2罗纹	绞花
成品横密（针/10cm）	—	68
成品纵密（转/10cm）	100	34

4. 原料与编织设备

该款服装所用原料为33.3tex×2（30公支/2）（1根）锦/腈混纺纱线，成分为66%腈纶、34%绵纶，编织设备为电脑横机，型号为LXC-252SCV，机号为14G。

5. 上机工艺图

折纸造型创意性花型圆领套衫的上机工艺图如图3-1-17所示。

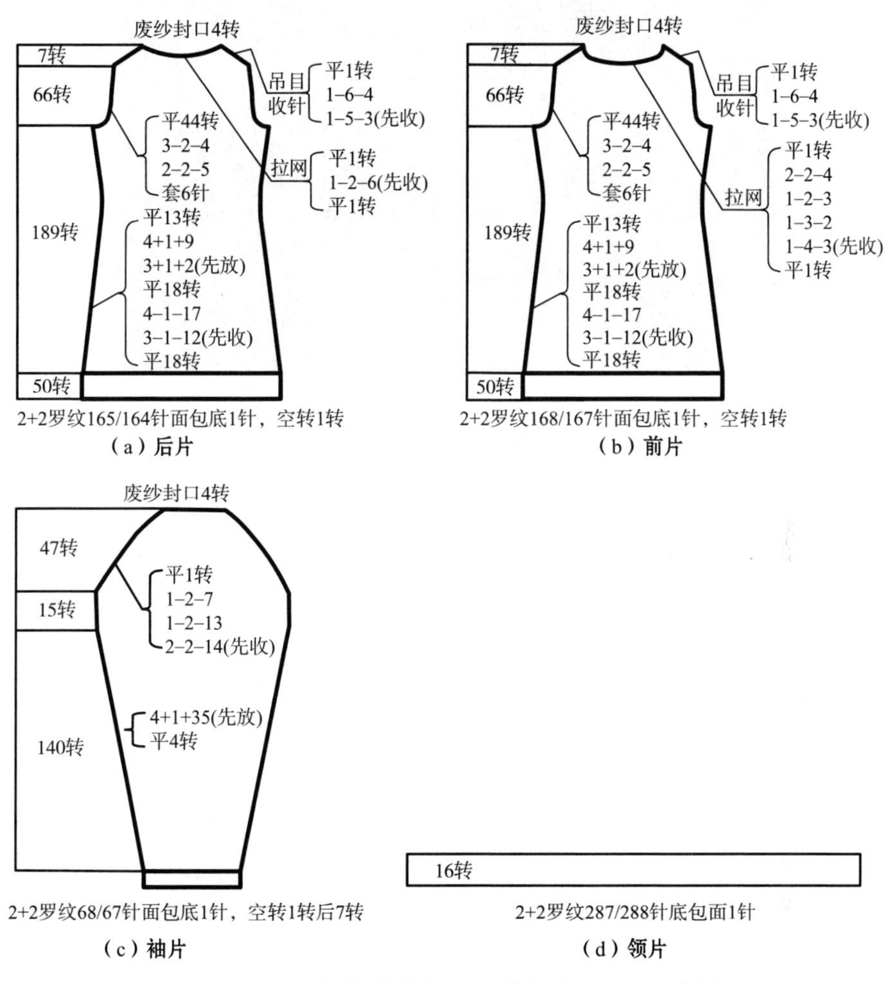

图3-1-17　折纸造型创意性花型圆领套衫上机工艺图

6. 上机程序图

圆领套衫的上机程序图如图3-1-18所示。

六、本节小结

（1）基于折纸造型空间立体造型的花型设计运用提炼变形方法，通过提炼折纸作品外轮廓经过变形形成单体形态，再进行单体的重复和次序性排列进而获

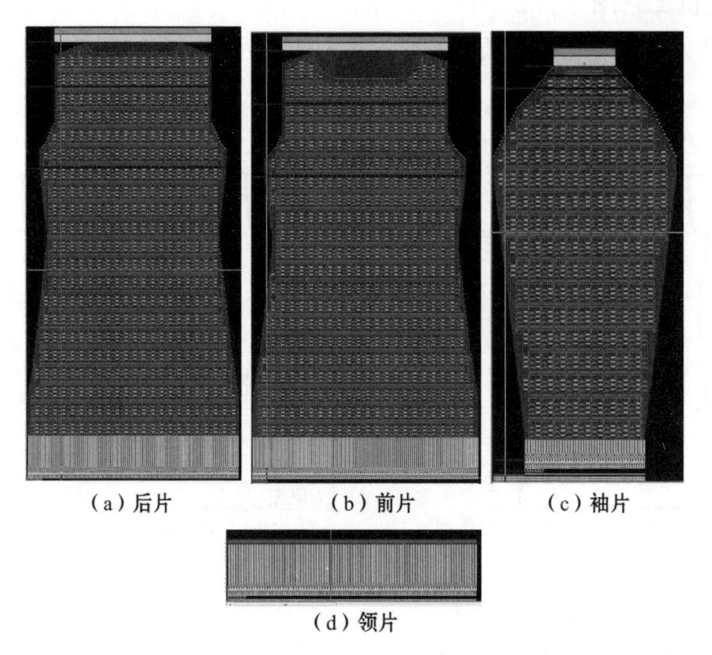

图3-1-18 折纸造型创意性花型圆领套衫上机程序图

得毛衫花型图案；

（2）基于折纸造型装饰性的花型设计采用构成和组合手法，将折纸作品的外轮廓线或单元轮廓线进行分解、重构得到毛衫花型图案；

（3）基于折纸造型创意性的花型设计运用形象联想方法，采用结构主义方法论中的突变设计方法，将折纸作品的形进行变化、融合，得到毛衫花型图案；

（4）在设计出毛衫花型图案的基础上，结合花型肌理效果选择适宜的组织结构、纱线及机型，绘制电脑横机图案制板工艺文件并织造毛衫花型实样。

从古至今，巧妙的视觉创意手法总是备受服装设计师和消费者青睐，在毛衫服用性能的基础上把折纸造型形成工艺技法与特点融入毛衫花型创设中，挖掘传统工艺价值元素，并进行整理归纳，探究传统技艺与毛衫花型创意设计的契合点，探索其艺术价值和商业价值，使毛衫花型设计更加多维化，进而实现毛衫服装文化增值效应。折纸造型融入毛衫花型设计中，展示了毛衫服装的文化积淀和艺术感及审美内涵，并传达给消费者中国传统技艺的文化内涵及人文活力。

第二节　基于折纸褶裥的毛衫服装花型设计及其装饰应用

折纸是对纸张进行折、叠及弯等操作后获得不同造型的一种传统技艺，褶裥造型为折纸工艺中常见的造型。褶裥为服装造型里多用的面料塑形方法，通过在平面的面料表面上细细打褶，给予二维面料立体造型，使其具有披挂于人体上便可独立塑造立体空间的能力，并且还是改变面料原有形态特性与外貌特点的主要手法之一。两者在手法上有很多相似之处，所以服装设计师常将折纸呈现的造型和折纸的艺术美感应用于现代女装的表达中。毛衫服装为织可穿服装，采用电脑横机，选择不同组织结构能够编织各种效果的花型，褶裥效果为毛衫服装的表面视觉效应之一，即是在服装缝制过程或衣片编织过程中，利用组织结构设计成型方法，使毛衫服装编织成型的衣片直接形成类似褶裥的外观视觉效应，使毛衫服装的外观更有装饰性与立体感。本节主要介绍将折纸中的褶裥运用到毛衫服装的褶裥效应花型设计中，设计出不同形态与排列规律的褶裥效应花型，并详细探究其形成原理与编织方法，为毛衫服装的花型设计和创新提供参考。

一、碎抽褶褶裥效应花型设计与工艺

折纸时使褶裥宽窄不一，即可形成图3-2-1所示花型图案，把该图案设计成碎抽褶褶裥装饰效应花型。

图3-2-1　碎抽褶褶裥效应花型图案

1. 原料与设备

（1）原料：55.6tex × 2（18公支/2）灰、浅紫两色的拼纱，纱线成分是60%羊毛和40%涤纶组成；62.5tex × 2（16公支/2）咖色的黏/棉/锦混纺纱线，纱线成分是50%黏胶纤维、42%棉纱及8%锦纶组成。

（2）编织设备：电脑横机，机号为5G。

2. 花型工艺

该款花型织物由变化双反面组织编织形成，上机编织制板工艺如图3-2-2所示，其中最小的重复线圈单元内含23个横列和82个纵行，分散6个局部编织位置，花型经过局部编织产生凹凸褶裥效应。其中一个局部编织位置制板工艺如图3-2-3所示，图中黑色小方格代表该处织针不参加编织，此外织针都进行编织，第1横列编织中的第5针和第12针不参加编织，此外织针均编织正面线圈；第2横列编织中的第1针至第4针、第6针至第11针及第13针至第20针这些织针进行翻针到后针床而编织反面线圈，而第5针和第12针这两针作空针起针参加编织反面线圈；第3横列至第8横列共6个横列编织中工作的织针都编织正面线圈，其中第17～20针编织成圈1次，第1～3针接连编织成圈2次，第15～16针接连编织成圈3次，第4针接连编织成圈4次，第3横列后针床上第5针编织成圈后再翻针到前针床，与前针床第5针上的拉长线圈一同继续接连编织成圈3次，第6～11、第13～14针连续编织成圈6次，第12针的翻针过程与第5针相同，翻针后继续接连编织成圈5次。在此局部编织部位，两侧的织针编织线圈横列数少，而

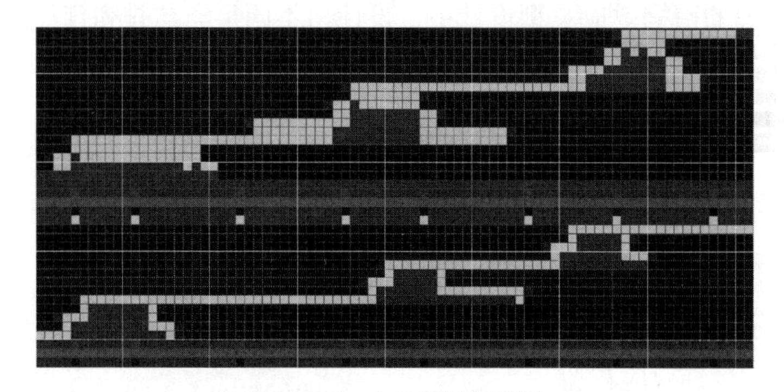

图3-2-2　上机编织制板图

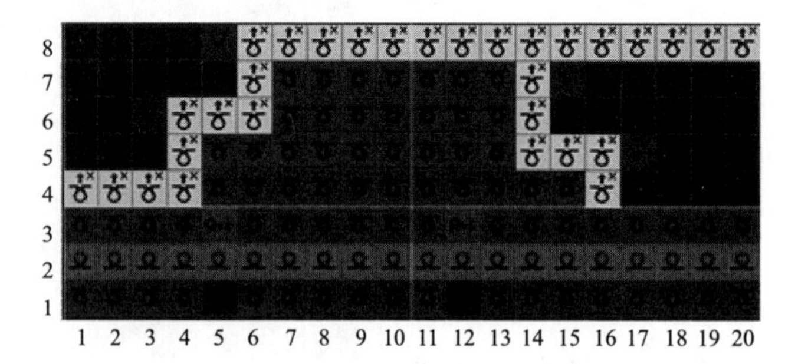

图3-2-3　局部上机编织制板图

中间位置的织针编织线圈横列数多，正面线圈横列和上下穿套的反面线圈横列于交汇位置朝工艺正面卷边，形成了显著的褶裥效应。因为拉长线圈纱线张力大，把上下与之穿套的线圈纱线抽紧，致使左右两边呈现的褶裥装饰效应愈加显著。

3. 纱线配置

编织时一共选用三把纱嘴穿纱，一把纱嘴负责起针与落布，其上穿废纱，一把纱嘴穿灰、浅紫两色拼纱纱线，另外一把纱嘴穿咖色黏/棉/锦混纺纱线，图3-2-3所示制板图中的第1、2横列用咖色黏/棉/锦混纺纱线编织，此外的横列用灰、浅紫两色拼纱纱线编织。

4. 花型实物效果图

图3-2-4所示为碎抽褶形态褶裥装饰效应花型实物，织物组织重复线圈单元中6个局部编织位置因拉长线圈纱线张力的影响，形成没有规律的褶裥装饰效应，工艺反面的褶裥装饰效应比工艺正面显著。此款织物应用于毛衫服装中，使服装造型别致，展示随性、休闲风格。

（a）工艺正面

（b）工艺反面

图3-2-4　碎抽褶褶裥效应花型实物

二、荷叶边褶裥效应花型设计与工艺

把折纸产生的褶裥左右对称配置设计，可形成如图3-2-5所示花型图案，该图案能设计出荷叶边褶裥效应花型。

1. 原料与设备

（1）原料。156.3tex × 1（6.4公支/1）混纺纱线，颜色为段染，纱线成分由75%羊毛和25%黏胶纤维组成。

（2）编织设备。电脑横机，机号为5G。

2. 花型工艺

该款花型装饰织物采用复合组织编织形成，上机编织制板工艺如图3-2-6所

图3-2-5　荷叶边褶裥效应花型图案

示。双反面组织配置在织物两边，空气层组织在中间。其中最小的重复单元内含16个横列和108个纵行。因为中间区域是空气层组织编织一转形成一个横列线圈，两边是双反面组织编织两转形成三个横列线圈，织物内中间的线圈横列个数和两边的线圈横列个数比例是2∶3，所以一定的线圈转数里，双反面形成的线圈横列数比空气层形成的线圈横列数多，空气层线圈和双反面线圈连接位置纱线张力大线圈被抽紧缩小，但另一边线圈表现出自由状态，进而形成了荷叶边褶裥装饰效应。

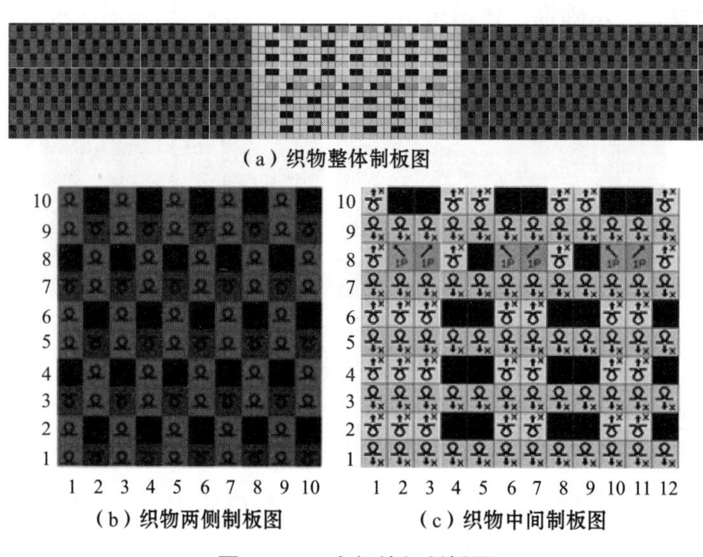

（a）织物整体制板图

（b）织物两侧制板图　　（c）织物中间制板图

图3-2-6　上机编织制板图

3. 纱线配置

编织时共选用两把纱嘴，一把纱嘴负责起针与落布，其上穿废纱，另一把纱嘴负责花型编织，其上穿段染色混纺纱线。

4. 花型实物效果图

图3-2-7所示为荷叶边褶裥效应花型实物，此款褶裥效应属于无规律的自由

褶裥装饰效应，通过两个针床之间翻针、转移线圈及组织改变等手法展示荷叶边形态的褶裥造型。花型适合使用于毛衫服装的袖口与下摆等位置，同时能应用到如胸部、腰部、臀部等一些尺度变动较大的部位，营造出自在、温馨、浪漫的风格。

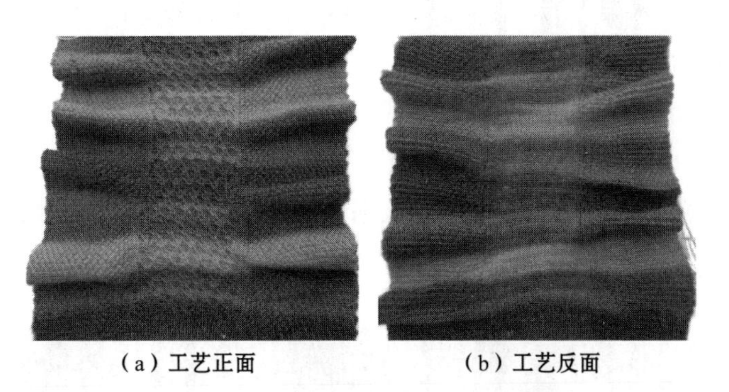

（a）工艺正面　　（b）工艺反面

图3-2-7　荷叶边褶裥效应花型实物

三、梯形褶裥效应花型设计与工艺

把折纸呈现的褶裥横向配置，可形成如图3-2-8所示花型图案，根据图案能设计出梯形褶裥效应花型。

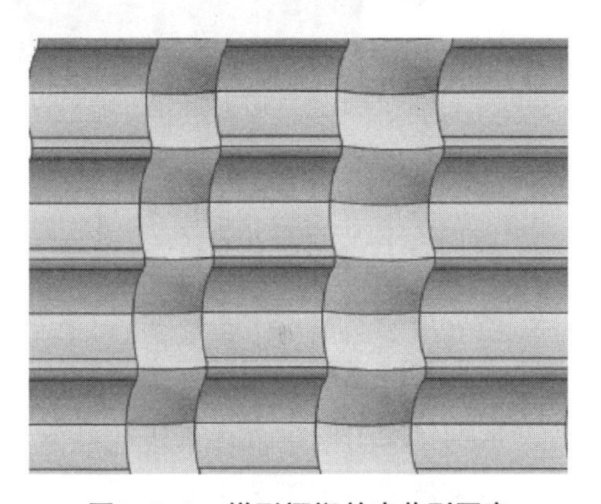

图3-2-8　梯形褶裥效应花型图案

1. 原料与设备

（1）原料。71.4tex × 1（14公支/1）浅灰色和浅黄色的混纺纱线，纱线成分由30%腈纶、30%涤纶、25%棉及15%羊毛组成。

（2）编织设备。电脑横机，机号为7G。

2. 花型工艺

此款花型采用变化平针和抽针罗纹编织形成，上机编织制板工艺如图3-2-9所示。其中最小的重复单元内含8个横列和20个纵行。工艺正面呈现水平方向褶裥装饰效应，工艺反面呈现凹凸方格和垂直方向条纹效果。第 1 横列至第 3 横列的编织中前针床的第1 ~ 3针、第7 ~ 9针及第13 ~ 17针编织成圈在工艺反面为方格的凸起位置，第4横列编织满针罗纹的第1 ~ 3针、第7 ~ 9针及第13 ~ 17针在后针床编织成圈并在工艺反面为方格的凹进位置。第1横列至第4横列后针床上第4～6针、第10～12针及第18～20针编织成圈显示为工艺反面垂直方向条纹。第5横列至第8横列前针床的第1～3针、第7～9针及第13～17针编织成圈，第4～6针、第10～12针及第18～20针不编织显示浮线形态，而后针床上织针均不参加编织，因此与之对应前针床编织的四个横列线圈和浮线凸起，显示褶裥装饰效应。

3. 纱线配置

编织时共选用三把纱嘴，一把纱嘴负责起针与落布，其上穿废纱。另外两把纱嘴负责花型编织，其上分别穿浅灰色纱线和浅黄色纱线，图3-2-9所示制板图中第 1 横列至第 4 横列用浅黄色纱线编织，第 5 横列至第 8 横列用浅灰色纱线编织。

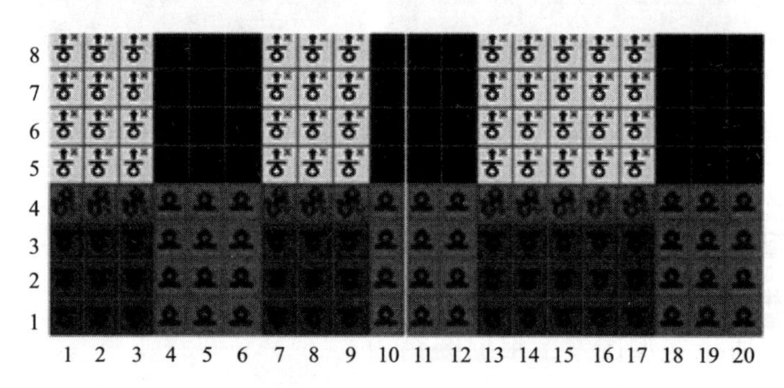

图3-2-9　上机编织制板图

4. 花型实物效果图

梯形褶裥效应花型实物如图3-2-10所示，此款装饰效应属于有规律褶裥装饰效果，在某些横列编织过程中，后针床上的织针握持线圈连续多次不参加编织，但对应前针床上的织针连续多次编织有抽针的平针组织，导致这个位置的平针组织线圈和浮线显现工艺正面凸起，显示梯形褶裥装饰效应，该款花型织物适宜于休闲风格设计的毛衫服装。

四、菱形褶裥效应花型设计与工艺

把折纸呈现的褶裥在指定区域系结再有规律地排列，可形成如图3-2-11所示花型图案，该图案能设计出菱形褶裥效应的花型[27]。

1. 原料与设备

（1）原料。295.3tex × 1（2英支/1）（1根）蓝色和黑色两色纱线无捻并

（a）工艺正面

（b）工艺反面

图3-2-10　梯形褶裥效应花型实物

线，纱线成分由10%马海毛、15%羊毛、27%涤纶、20%锦纶、3%金银丝及25%腈纶等组成；17.2tex×2（58公支/2）（3根）黄色混纺纱，纱线成分由70%羊毛与30%锦纶组成。

（2）编织设备。电脑横机，机号为3.5G。

2. 花型工艺

此款花型采用挑花组织编织形成，上机编织制板工艺如图3-2-12所示。其中最小的重复单元中内含10个横列和20个纵行。图3-2-12所示制板图中第1行色码编织第1线圈横列，第4～7行色码编织第2～5线圈横列，第9行色码编织第6线圈横列，第12～15行编织第7～10线圈横列，第2行、第3行、第10行、第11行和第16行

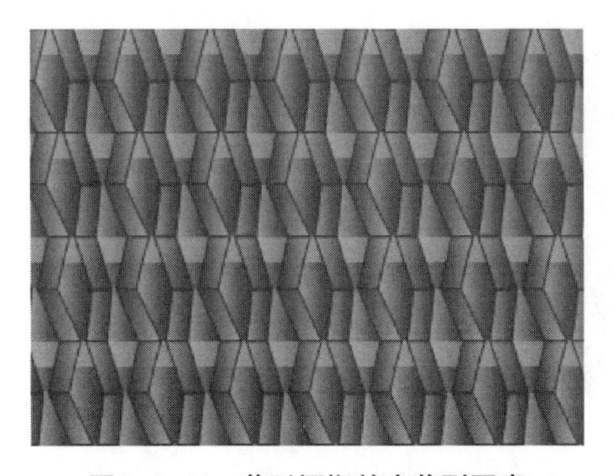
图3-2-11　菱形褶裥效应花型图案

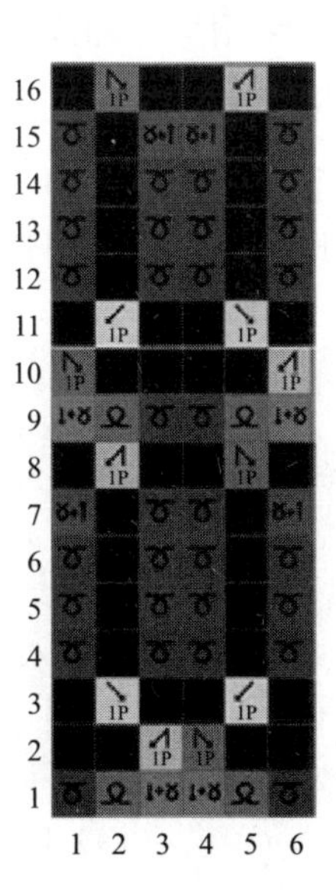
图3-2-12　上机编织制板图

均是移圈行。第1行中前针床上的第3～4针进行编织，其上线圈转移至第2针和第5针上，第4～7行编织时，第2针和第5针不参加编织，此位置织针握持线圈持续4次不编织，使得其上线圈被拉长，第8行分别将线圈转移至第1针和第6针上，拉长线圈与第1横列相比分别朝左和朝右转移2个针距距离，从而产生“菱形”下半部分两条边形态。第9行中前针床上的第1针和第6针不参加编织，其上线圈转移至第2针和第5针上，第12～15行编织时，第2针和第5针不编织，此位置织针握持线圈持续4次不编织，使得织针上的线圈被拉长，第16行分别将线圈转移至第3针和第4针上，拉长线圈与第6横列相比分别朝右和朝左转移2个针距距离，从而产生“菱形”上半部分两条边形态。选择纬平针组织使用细度不一样的纱线编织成圈，其线圈构成了该花型的底布，上述拉长线圈是细度大的粗纱编织而成，其产生的“菱形”纹案凸起于底布之上，从而形成菱形褶裥装饰效应花型。

3. 纱线配置

编织时共选用三把纱嘴，一把纱嘴负责起针与落布，其上穿废纱。另外两把纱嘴负责花型编织，其上分别穿黄色纱线、蓝色和黑色两色纱线无捻并线，图3-2-12所示制板图中第1行、第9行、第12～15行由蓝色和黑色两色纱线无捻并线编织，第4～7行由黄色纱线编织。

4. 花型实物效果图

菱形褶裥效应花型实物如图3-2-13所示，此款装饰效应属于有规律的褶裥装饰效应，采用翻针和线圈转移等编织方法形成褶裥装饰效应，织物工艺正面显示拉长线圈，其显露于底布之上，因拉长线圈的纱线张力较大，使得织物工艺反面显示沿水平方向的凹凸条纹效果，在蓝黑色线圈中有黄色点缀，织物全局呈现怀旧图案风韵感，能应用到设计怀旧格调的毛衫服装。

（a）工艺正面

（b）工艺反面

图3-2-13　菱形褶裥效应花型实物图

五、斜纹褶裥效应花型设计与工艺

图3-2-14　斜纹褶裥效应花型图案

把折纸产生的褶裥在一些位置系结并排列成斜线形状，能形成如图3-2-14所示的斜纹花型图案，该图案能设计出斜纹褶裥效应花型[27]。

1. 原料与设备

（1）原料。80tex×2（12.5公支/2）（1根）浅蓝色的混纺纱线，纱线成分为40%羊毛、30%锦纶、30%黏胶纤维；55.6tex×1（18公支/1）（1根）杏色的混纺纱线，纱线成分为60%锦纶、15%羊毛、25%黏胶纤维。

（2）编织设备。电脑横机，机号为7G。

2. 花型工艺

此款花型采用双反面组织编织形成，上机编织制板工艺如图3-2-15所示。花型地组织为2+2普通双反面结构，花型织物两面显示横向凹凸条纹褶裥效果。其中最小的重复单元中内含44个线圈横列和11个线圈纵行，花型织物部分编织制板工艺如图3-2-16所示。第1横列和第2横列的编织中后针床上织针持续编织杏色2个横列线圈，第3横列和第4横列中第1～9针和第12～20针进行翻针到对应的前针床后连续编织浅蓝色2个横列线圈，而第10～11针和第21～22针未进行翻针，对应的前针床上的织针未钩纱空针起针进行编织，在第3横列的第10～11针和第21～22针显示浅蓝色的浮线，第4横列编织产生浅蓝色的悬弧线段；后针床上的第10～11针和第21～22针在第2横列编织的杏色线圈被握持，在第3～4横列杏色线圈被拉长，拉长线圈纱线张力大，把第2横列和第5横列上该针上与之穿套的线圈抽紧，织物在这个位置工艺反面表现凹下。只有空针起针的那些织针向右移动2个针距，第

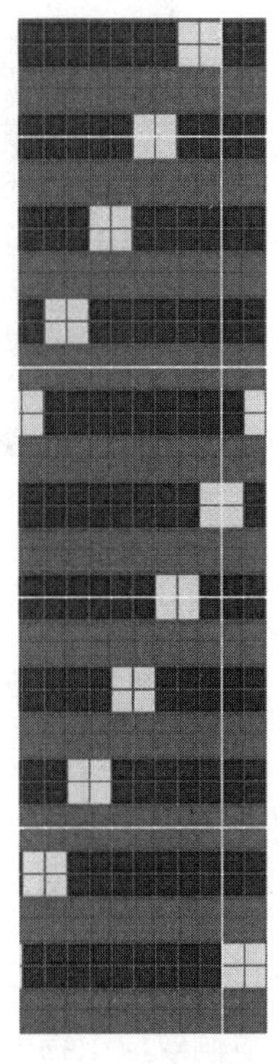

图3-2-15　上机编织制板图

5、第6与第7、第8横列的成圈状态依次同第1、第2与第3、第4横列类似。花型成圈规律同后针床织针成圈规律，前针床织针成圈相比于前一次向右移动两个针距距离，一共移动11次即可编织成花型最小的重复单元。花型的工艺反面呈现拉长线圈、工艺正面的悬弧和浮线都显示斜线排列。斜纹效应和褶裥效应融合形成斜纹褶裥装饰效应，工艺正面显示向右斜纹褶裥装饰效应，而工艺反面显示向左斜纹褶裥装饰效应。

3. 纱线配置

编织时共选用三把纱嘴，一把纱嘴负责起针与落布，其上穿废纱。另外两把纱嘴负责花型编织，其上分别穿浅蓝色纱线和杏色纱线，图3-2-16所示第1、第2、第5、第6、第9及第10等行编织杏色纱线，其余行编织浅蓝色纱线。

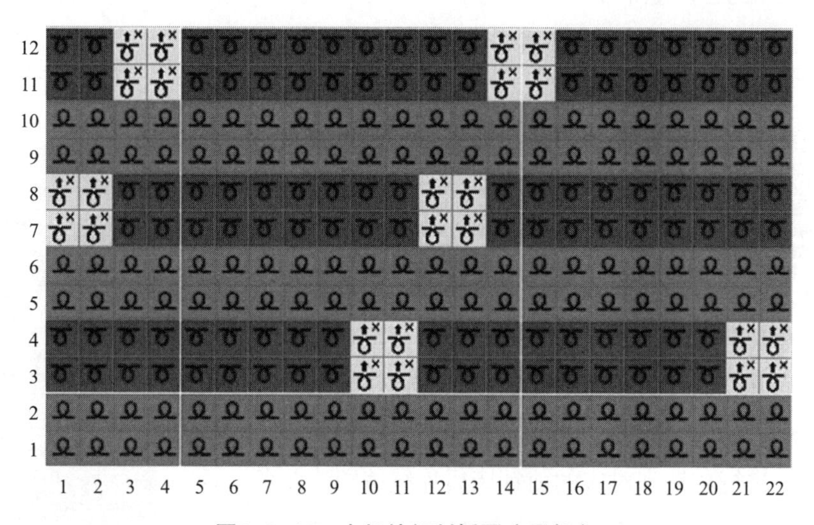

图3-2-16　上机编织制板图（局部）

4. 花型实物效果图

斜纹褶裥效应花型实物如图3-2-17所示，此款装饰效果属于有规律褶裥装饰效果，编织过程中采用翻针和不翻针的方法，把2+2双反面组织形成的横向的褶裥效应花纹采取规律性的位移“系结”，浅蓝色的悬弧和浮线显示为工艺正面的结点，呈现右斜纹，杏色的拉长线圈显示为工艺反面的结点，显示左斜纹。该款斜纹褶裥效应织物的正反面均可作为服用正面使用，立体效果与花色效果明显，适合应用于粗犷风格毛衫服装。

（a）工艺正面

（b）工艺反面

图3-2-17 斜纹褶裥效应花型实物

六、梯形褶裥效应花型在毛衫中的装饰应用

1. 设计说明

采用梯形褶裥效应花型设计的毛衫如图3-2-18所示。将图3-2-10所示的梯形褶裥效应花型应用在领口与袖口。领口用双层的花型织物进行套口，袖口采用单层套口缝的工艺手法，通过整烫使边口的凹凸横条纹效应形成小喇叭状的造型，喇叭袖有温馨洒脱之感，格外女性化，下摆采用粉色原身出边2+2罗纹。边

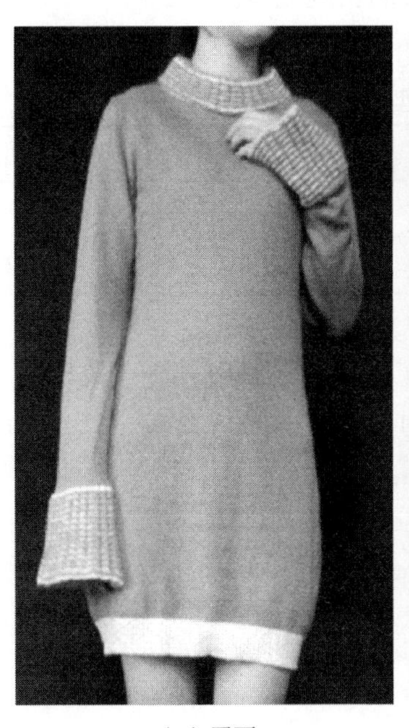
（a）正面

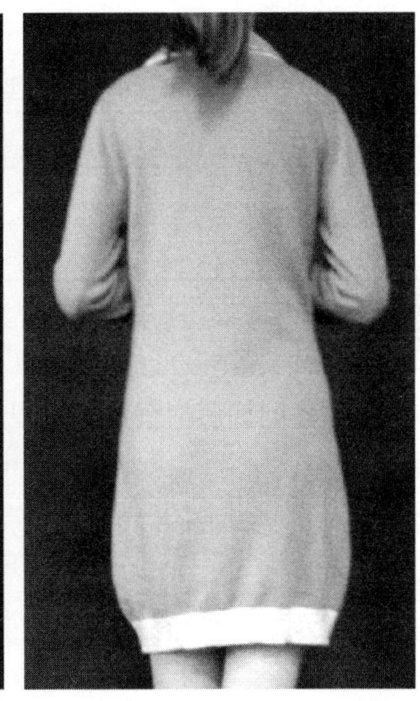
（b）背面

图3-2-18 梯形褶裥效应花型喇叭袖口毛衫

口颜色为灰色与粉色，丰富了毛衫的色彩，灰色自然沉稳，粉色温和柔软，两者搭配，相得益彰。此款毛衫通过灰色与粉色搭配及凹凸梯形褶裥效应肌理纹样设计所形成的边口造型，使毛衫整体高雅而有活泼感。

2. 成品规格

梯形褶裥效应花型喇叭袖口毛衫成品规格见表3-2-1。

表3-2-1　梯形褶裥效应花型喇叭袖口毛衫成品规格　单位：cm

部位	尺寸	部位	尺寸	部位	尺寸
衣长	80	胸宽	43	腰宽	40
肩宽	37	挂肩	19.5	领宽	21
腰高	38	前领深	5	后领深	3
领高	5	袖长	62	袖阔	14
袖口宽上/下	9.8/18	下摆宽	36	袖口高	12

3. 成品密度

梯形褶裥效应花型喇叭袖口毛衫的成品密度见表3-2-2。

表3-2-2　梯形褶裥效应花型喇叭袖口毛衫的成品密度

密度	纬平针	梯形褶裥效应花型	2+2罗纹
成品横密（针/10cm）	46	34	
成品纵密（转/10cm）	33	52	46.7

4. 原料与编织设备

原料与编织设备同梯形褶裥效应花型。

5. 上机工艺图

梯形褶裥效应花型喇叭袖口毛衫的上机工艺图如图3-2-19所示。

6. 上机程序图

梯形褶裥效应花型喇叭袖口毛衫的上机程序如图3-2-20所示。

七、本节小结

近年来，毛衫服装创新设计的多元化重点体现在款式造型设计和色彩设计两

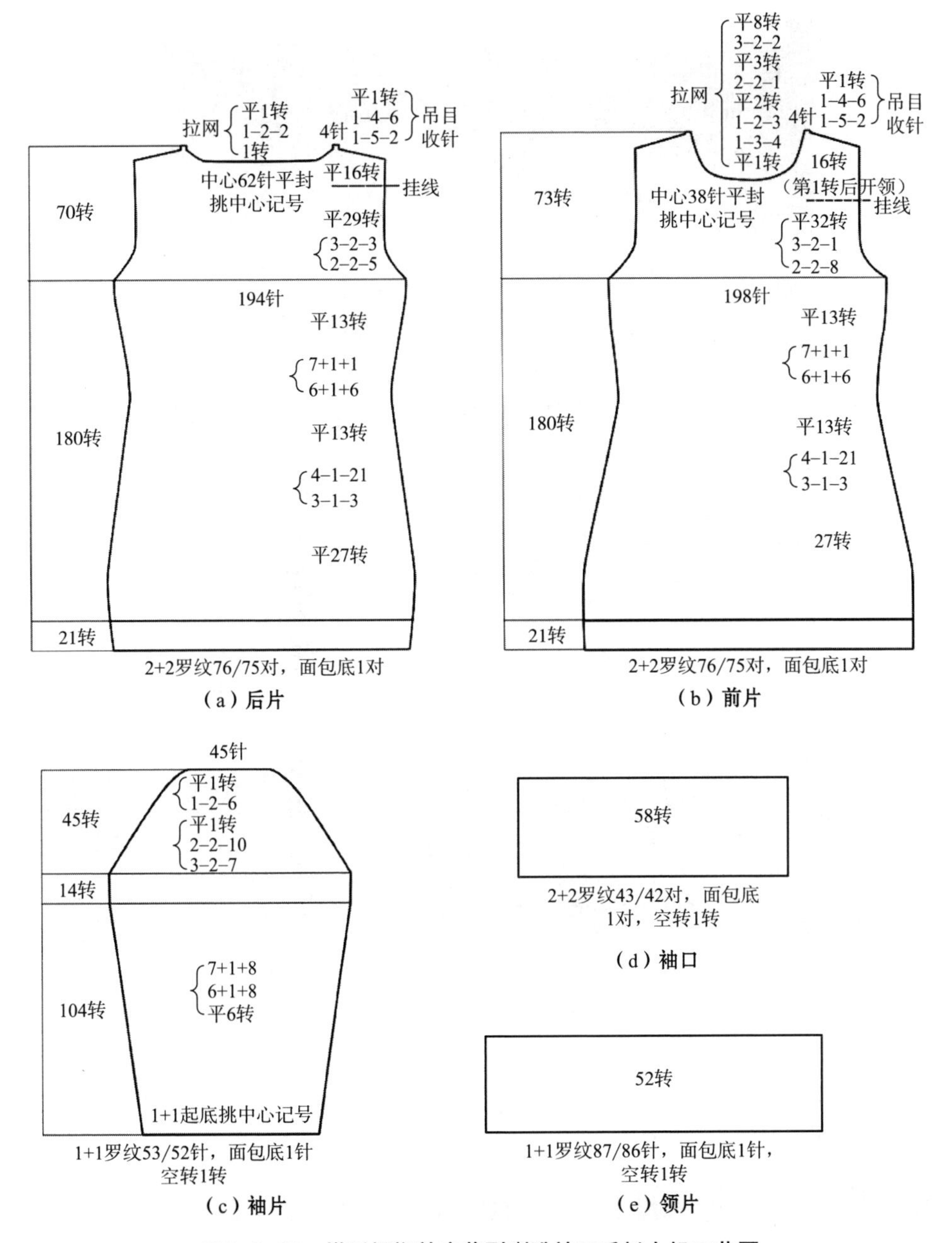

图3-2-19　梯形褶裥效应花型喇叭袖口毛衫上机工艺图

方面，花型肌理外观效果的新颖性不显著。折纸褶裥是传统折纸技艺中最常见的形态之一，与服装中的褶裥在形态上类似[27]，将其造型特点与毛衫服装编织设备功能结合，融入毛衫服装的花型设计中，可开发出各种形态和风格的花型，进

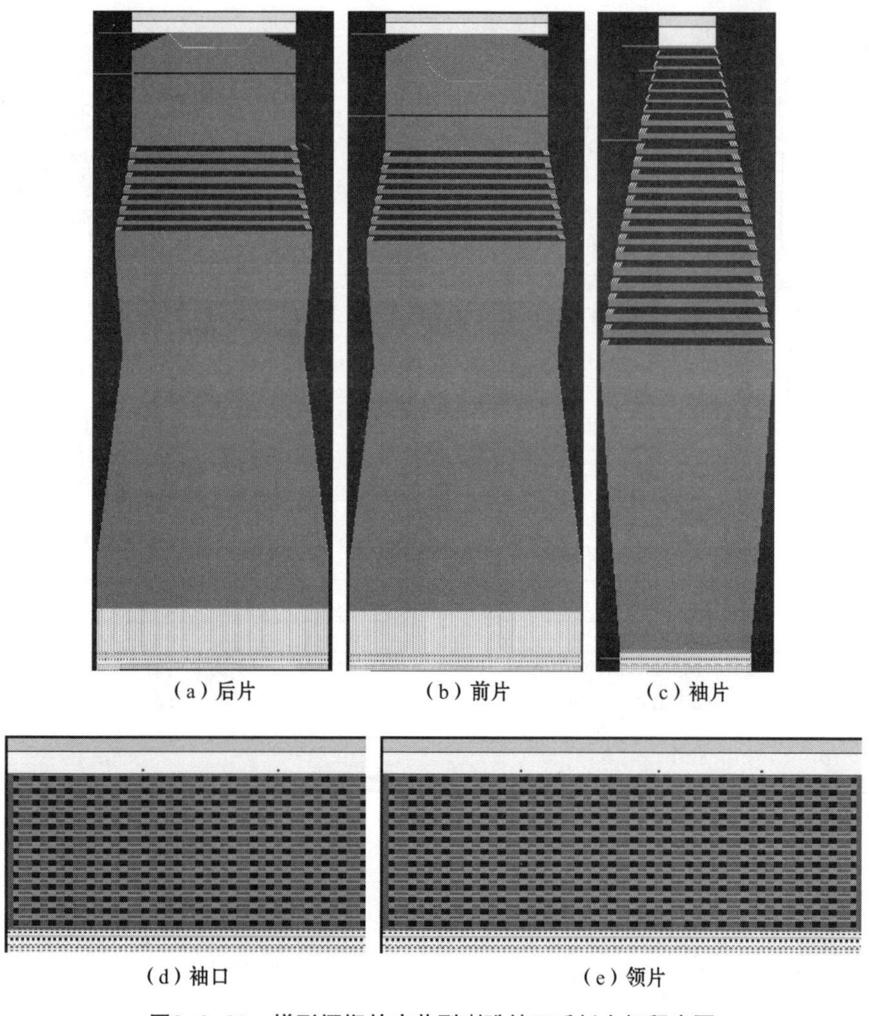

（a）后片 （b）前片 （c）袖片

（d）袖口 （e）领片

图3-2-20 梯形褶裥效应花型喇叭袖口毛衫上机程序图

一步丰富毛衫服装花型的肌理效应，有助于毛衫服装在花型设计上的多元化。

第三节 毛衫服装褶裥效应花型的编织工艺设计与装饰应用

褶为面料后整理或服装缝制等工序中的一类方法，是服装全部或部分依照一定顺序折叠所形成的折痕。裥指的是衣服上打的褶子。褶裥一般是作装饰用的垂挂的叠缝装饰，褶裥装饰效应是毛衫服装花型的一种肌理效应[28]，一些线圈在织物表面凸起形成犹如褶裥的外观，编织成圈时对组织结构进行设计能形成形态各异的褶裥效应。常见的有碎抽褶褶裥装饰效应、荷叶边褶裥装饰效应、横向褶裥装饰效应、菱形褶裥装饰效应及斜纹褶裥装饰效应等，褶裥分为规则褶与不规则褶两种，根据毛衫服装设计风格的不同将其进行部分或全局运用，使毛衫服装富有装饰性与立体感。

在毛衫服装组织结构确定基础上设计编织工艺能形成褶裥效应。编织工艺不同，褶裥效应表现形式不同，其影响因素包括纱线、编织设备的机号和编织转数及密度等。横机机号与编织用纱线的线密度相对应，编织转数的改变一般指花型组织的改变，织物密度表达织物的稀疏紧密程度。在运用电脑横机编织毛衫工艺中，线圈的相对大小多用度目数值的不同表达，度目值变化能使织物稀密发生变化，在横机机号确定的情况下，横机工作时均有度目数值的适宜范围，如果选定的度目数值不在适宜范围，编织时衣片会出现脱散或者纱线断裂的现象，甚至还会发生横机撞针情况。编织工艺各个因素的改变在一定程度上影响织物显示的褶裥效果，对于编织工艺各因素不同条件下形成的不同褶裥效果，分析褶裥效果呈现的视觉冲击，可为褶裥类纹样和相应编织工艺的设计提供借鉴。

一、横向与纵向褶裥效应花型设计

1. 横向褶裥效应花型

（1）原料。41.7tex×1（24公支/1）卡其色羊毛/兔毛混纺纱线，纱线成分由78%羊毛与22%兔毛组成；41.7tex×1蓝色羊毛/黏/腈/兔毛混纺纱线，纱线成分由60%羊毛、20%黏胶纤维、12%腈纶及8%兔毛组成。

（2）编织设备。电脑横机，机号为12G。

（3）花型编织工艺。花型上机制板工艺如图3-3-1所示，其中最小的重复单元内含6个横列和3个纵行。双层袋形织物编织方法是：第1横列和第2横列编织时前针床上的第1针成圈，第2针和第3针均不参加编织，而后针床上对应的第1针不参加编织，第2针和第3针成圈；第3横列编织时把后针床织针上的线圈翻针到前针床对应的织针上，编织1个横列的平针线圈；第4横列和第5横列编织时前针床第1针不参加编织，第2针和第3针成圈，而后针床第1针成圈，第2针和第3针不参加编织；第6横列编织时把前针床上的线圈翻针到后

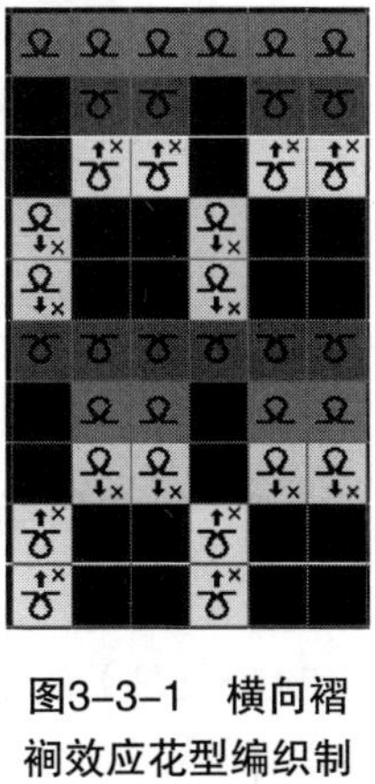

图3-3-1　横向褶裥效应花型编织制板图

针床对应的织针上，编织一个横列的平针线圈，因纬平针具有显著的卷边性，结合双层袋形织物的凹凸肌理，织物显示了与折扇外观相似的褶裥肌理效应。

（4）纱线穿纱配置。编织时共选用三把纱嘴穿纱，一把纱嘴负责起针与落布，其上穿废纱，另外两把纱嘴负责两色编织，一把纱嘴穿一种颜色纱线，双层袋形编织区域每横列分别在两个针床编织两种不同的颜色，纬平针区域交叉换至对侧针床上分别编织。

（5）实物效果图。横向褶裥效应织物如图3-3-2所示，花型组织包括双层袋形和单层平针两种组织，单层平针把双层袋形相互连接，第 3 横列由前针床织针编织单层平针线圈，把第 1 横列和第 2 横列两个针床编织的双层袋形织物进行连接，单层平针横列朝织物工艺反面方向凹进。第 6 横列由后针床织针编织单层平针线圈，把第 4 横列和第 5 横列两个针床编织的双层袋形织物进行连接，单层平针横列朝织物工艺正面方向凸起，而且正面凸起沿垂直方向循环排列，所以在织物两面都产生像折扇外形的水平方向有规则褶裥效应，织物反面呈现褶裥效应的地方刚好和正面交错排列，褶裥形态尖锐且空间感强，适宜于造型宽松且立体感强的粗犷风格毛衫。

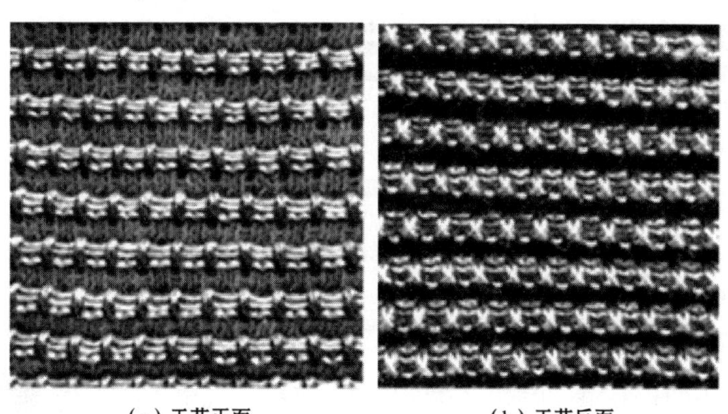

（a）工艺正面　　（b）工艺反面

图3-3-2　横向褶裥效应花型实物

2. 纵向褶裥效应花型

（1）原料。41.7tex × 1（24公支/1）和41.7tex × 2（24公支/2）及41.7tex × 3（24公支/3）的卡其色羊毛/兔毛混纺纱线，纱线成分由78%羊毛与22%兔毛组成；41.7tex × 1和41.7tex × 2及41.7tex × 3的黑色羊毛/羊绒混纺纱线，纱线成分由70%羊毛和30%羊绒组成。

（2）编织设备。电脑横机，机号分别为12G、7G及5G。

（3）花型编织工艺。花型上机制板工艺如图3-3-3所示，此花型选择双反面组织，其中最小的重复单元内含10个横列和10个纵行，第1横列后针床编织成圈，第2横列后针床的第1～9针编织成圈，前针床的第10针编织成圈，第3横列后针床的第1～8针编织成圈，前针床的第9～10针编织成圈，以此类推，每一横列后针床都有一针翻针到前针床进行编织，直至后针床上剩余一针编织成圈。第2横列至第9横列中都有工艺正面和工艺反面线圈，织物表面正面线圈呈现凹进，反面线圈呈现凸起，形成非常突出的凹凸肌理效应。

图3-3-3　纵向褶裥效应花型编织制板图

（4）纱线穿纱配置。编织时共选用三把纱嘴穿纱，一把纱嘴负责起针与落布，其上穿废纱，另外两把纱嘴负责两色编织，一把纱嘴穿一种颜色纱线，两把纱嘴进行交替编织。

（5）实物效果图。纵向褶裥效应织物如图3-3-4所示，织物两面外观肌理效应一样，因为纬平针织物沿横列方向朝织物工艺正面卷边，沿纵行方向朝织物工艺反面卷边，因此织物形成了横列和纵行两个方向的褶裥肌理效应，而且从织物外表上纵行方向比横列方向呈现更为突显的褶裥肌理效应，另外织物把褶裥最小单元沿水平方向重复排列，因此织物显示出垂直方向的规律褶裥肌理效应。花型褶裥表现强烈的空间感，适宜运用到宽松和粗犷风格的毛衫中。

（a）工艺正面

（b）工艺反面

图3-3-4　纵向褶裥效应实物

二、编织工艺对褶裥效应的影响

1. 纱线与针床机号对褶裥效应的影响

（1）实验准备。因为机号确定的横机适合编织纱线的线密度是有一定的范围，通过多次编织实验明确不同机号与适宜编织纱线细度的对应关系，机号和纱线对应关系见表3-3-1。

表3-3-1 针床机号与纱线配置表

针床机号	纱线
12G机	41.7tex × 1（24公支/1）米白色混纺纱线，41.7tex × 1灰色混纺纱线
7G机	41.7tex × 2（24公支/2）米白色混纺纱线，41.7tex × 2灰色混纺纱线
5G机	41.7tex × 3（24公支/3）米白色混纺纱线，41.7tex × 3灰色混纺纱线

不同机号与不同纱线相互搭配运用的度目数值有差异，在本文实验中不同的机号都选择最适宜的度目数值。横向褶裥是沿着横列方向排列，当横机机号变化，对褶裥形态的表达影响甚微，纵向褶裥是沿着纵行方向排列，机号发生变化，邻近两个褶裥中间的尺寸随之改变，褶裥形态的整体表达也随之变化，因此本文实验研究机号改变对纵向褶裥效应的影响[28]。

（2）实物编织。选择表3-3-1所示纱线使用12G、7G及5G电脑横机进行编织。纱线与机号对织物褶裥效应的影响如图3-3-5所示，各图所取面积均为25cm^2。

（3）实验分析与结论。

①由图3-3-5中实物效果图显示，不论使用高机号还是低机号的横机编织该种花型，其织物都呈现褶裥效应；

②纱线较粗，选用低机号编织，所编织物较厚，花型结构单元的尺寸大，织物风格粗犷，而纱线较细，则选用高机号编织，所编织物的厚度薄但致密，花型结构单元的尺寸小，织物风格细腻；

③若织物中花型结构单元所含线圈个数相同时，选用低机号编织的花型单元较选用高机号的水平尺寸大，而当织物宽度相同时，选用低机号编织的织物褶裥个数较选用高机号的少，低机号上的褶裥呈现稀疏状，高机号上的褶裥呈现致密状，因此选用高机号编织的褶裥效应较低机号显著。

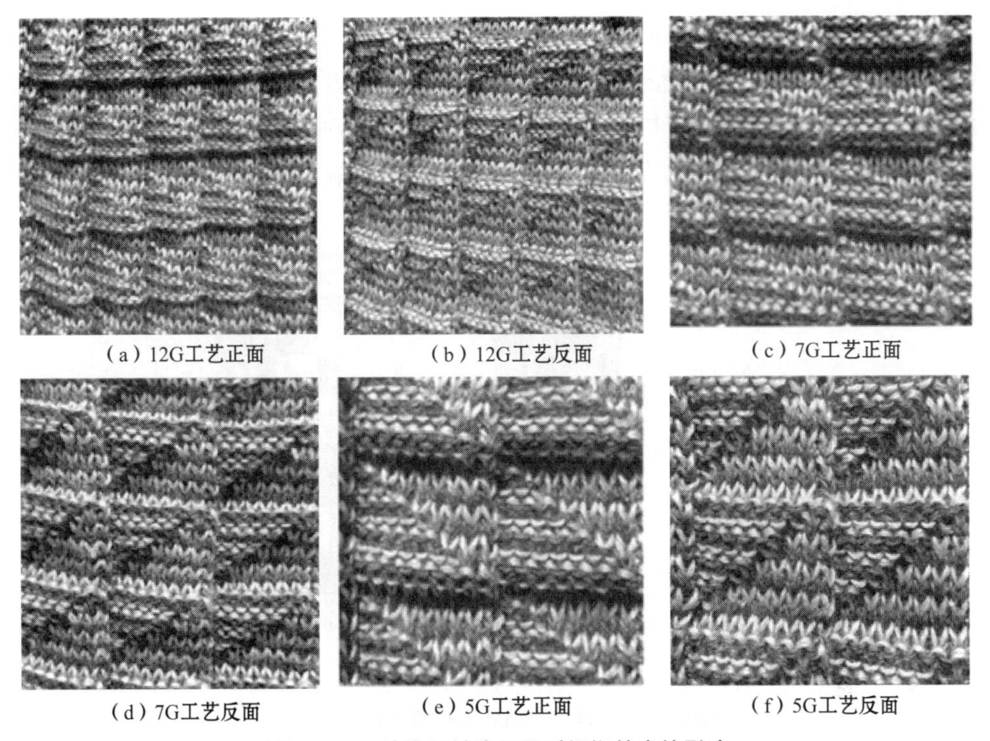

（a）12G工艺正面　（b）12G工艺反面　（c）7G工艺正面

（d）7G工艺反面　（e）5G工艺正面　（f）5G工艺反面

图3-3-5　纱线及针床机号对褶裥效应的影响

2. 编织转数对褶裥效应的影响

（1）实验准备。编织转数发生变化，横向褶裥效应的花型中两个相邻褶裥之间的尺寸也会改变，褶裥整体的形态也随之变化，而编织转数发生变化，对纵向褶裥效应的表达影响甚微，因此下面研究编织转数的改变对横向褶裥效应的影响。

把图3-3-1所示花型当作第一类横向褶裥效应花型，在图3-3-1所示编织工艺上进行改变，将编织转数变化后可获得两种横向褶裥效应花型，并进行比较研究，制板工艺如图3-3-6所示。把图3-3-6（a）所示花型1从下向上划分为四个区域，第1～2横列是第1个区域，该区域编织空气层结构，第3横列是第2个区域，该区域前针床织针编织纬平针结构，第4～5横列是第3个区域，该区域也编织空气层结构，第6横列是第4个区域，该区域后针床织针编织纬平针结构。图3-3-6（b）所示花型2中第1～10横列是不改变花型1的第2个区域和第4个区域的横列数，将第1个区域和第3个区域的横列数都提高到两倍，第11～24横列是不改变花型1的第2个区域和第4个区域的横列数，将第1个区域和第3个区域的横列数都提高到三倍。图3-3-6（c）所示花型3是在花型1的基础上改变空气层区域，将横列数都提高到四倍，而空气层结构区域呈现出褶裥效应。可见，花型2与花型3相对于花型1，没有改变纬平针横列数，对空气层横列数进行变化。选择12G横机及最适宜的编织密度进行编织，研究三种花型的褶裥效应变化。

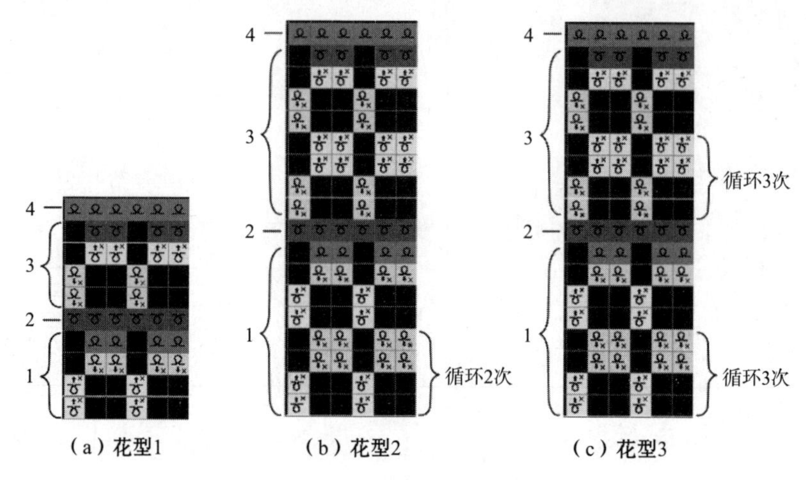

图3-3-6　横向褶裥效应花型编织制板图

（2）实物编织。在12G电脑横机上用表3-3-1所示纱线选用最适宜的度目值编织以上三种花型织物。改变编织转数对褶裥效应的影响如图3-3-7所示，各图选取面积均为25cm²。

（3）实验分析与结论。

①如果编织相同转数的纬平针，空气层区域的编织转数选择2～8转都能产生或强或弱的褶裥效应；

②编织空气层结构的转数由2转提高至6转时，织物呈现的褶裥横向尺寸变大，相对于织物平面，褶裥凸起的高度也变高，褶裥效应更显著；

③当编织空气层结构的转数大于6转，即使褶裥的横向尺寸变大，但由于褶裥本身的重量变大，自身重力的影响也会减小在织物平面上的褶裥高度，此时褶裥效应会减弱。

3. 编织密度对褶裥效应的影响

（1）实验准备。改变电脑横机的度目数值可以改变织物密度，若选择的度目数值增大，则织物密度会减小。通常度目数值的变化范围大于5时，织物的密度则会发生改变，为了突显实验效果，编织时选择的度目数值之差设置为10。

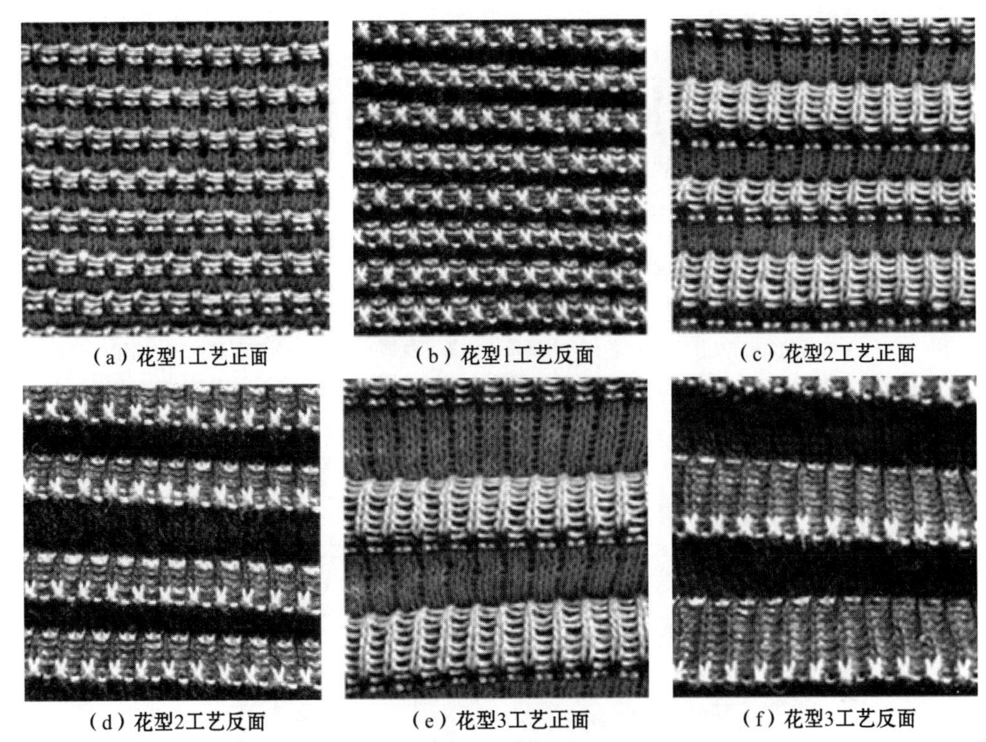

（a）花型1工艺正面　（b）花型1工艺反面　（c）花型2工艺正面

（d）花型2工艺反面　（e）花型3工艺正面　（f）花型3工艺反面

图3-3-7　编织转数对褶裥效应的影响

（2）实物编织。通过分析纱线和机号对褶裥效应的影响可知，选用12G横机编织的褶裥效应较显著，因此选用12G编织机进行编织来研究密度对纵向褶裥效应的影响；通过分析转数对褶裥效应的影响可知，第二种花型编织的褶裥效应显著，因此选择编织第二种花型来研究密度对横向褶裥效应的影响。通过编织实践可知，纵向褶裥效应花型设定度目值较合适的范围是80～110，横向褶裥效应花型设定度目值较合适范围是95～125，把两个范围的度目值之差均选择10，在设定条件下一一编织出对应的褶裥效应织物。改变编织密度对纵向与横向褶裥效应的影响分别如图3-3-8和图3-3-9所示，各图选取面积均为25cm^2。

（3）实验结果分析与结论。

①因纬平针织物沿横列方向朝工艺正面卷边，纵行方向朝工艺反面卷边，由于卷边方向不同形成了纵向褶裥效应，在确定机号的横机上编织，使用的纱线线密度也一样时，当编织密度变大，织物的线圈长度随之变小，花型组织中最小重复单元线圈中边缘线圈的纱线受力变大，在下机后回复原状的力变大，纬平针结构沿着纵行方向的卷边性变大，增大了纵向褶裥效应；

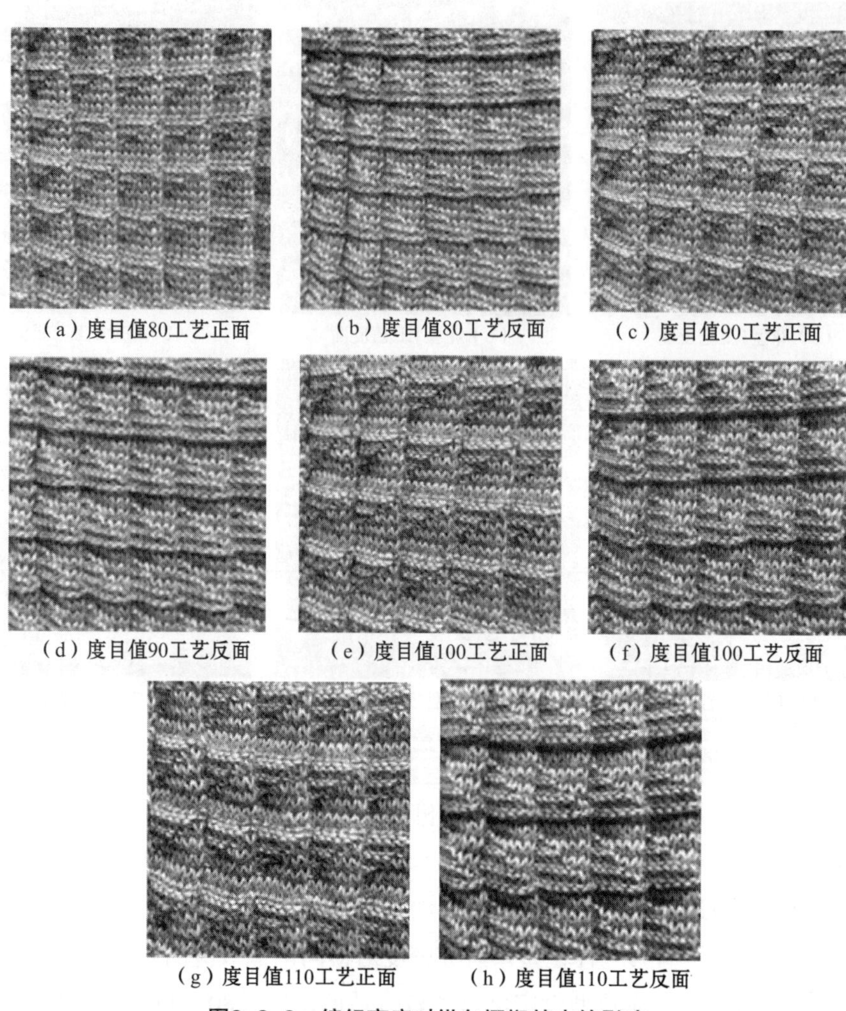

（a）度目值80工艺正面　（b）度目值80工艺反面　（c）度目值90工艺正面

（d）度目值90工艺反面　（e）度目值100工艺正面　（f）度目值100工艺反面

（g）度目值110工艺正面　（h）度目值110工艺反面

图3-3-8　编织密度对纵向褶裥效应的影响

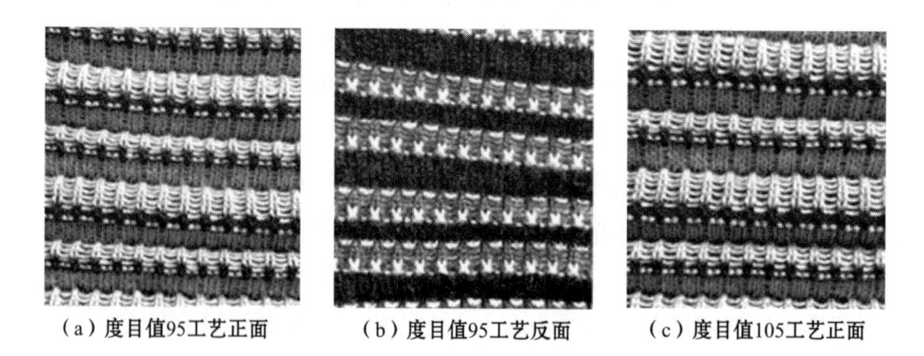

（a）度目值95工艺正面　（b）度目值95工艺反面　（c）度目值105工艺正面

（d）度目值105工艺反面

（e）度目值115工艺正面

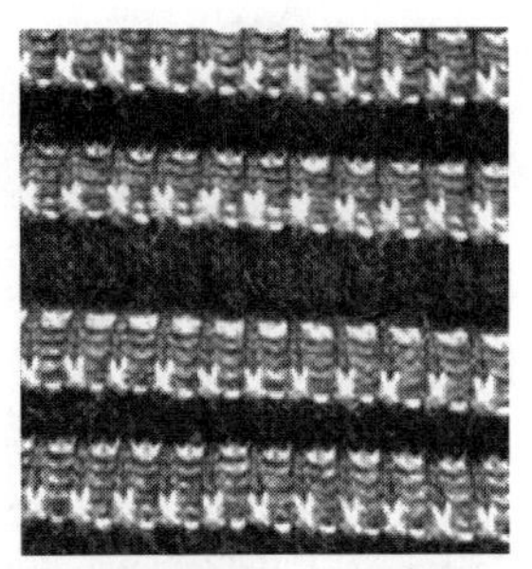
（f）度目值115工艺反面

（g）度目值125工艺正面

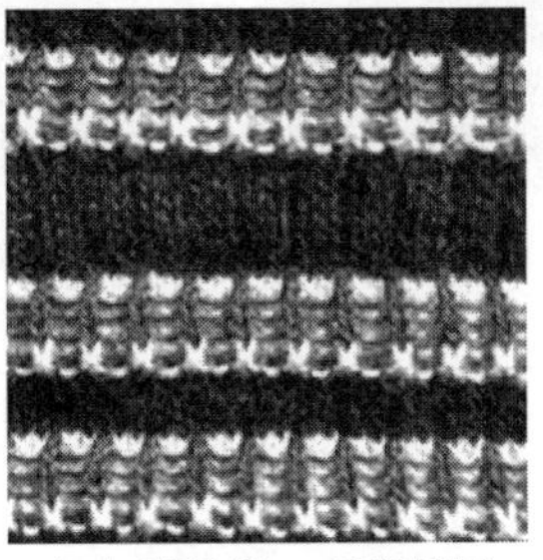
（h）度目值125工艺反面

图3-3-9　编织密度对横向褶裥效应的影响

②当编织密度变大时，横向褶裥效应织物的线圈高度随之变小，褶裥沿垂直方向的高度和凸出平面的高度均变小，降低了横向褶裥效应；

③当编织密度变小时，线圈高度随之增大，织物结构松弛，未充满系数也变大，纱线相互接触面积变小，组成线圈的纱线相互间的摩擦力变小，线圈受到外力冲击时易出现变形，褶裥结构稳定性减弱。

三、横向褶裥效应花型在毛衫服装中的装饰应用

1. 设计说明

横向褶裥效应花型高领套衫如图3-3-10所示。该款服装运用图3-3-2所示花型，衫身、袖子及领子采用虚线提花组织，下摆与袖口采用2+2罗纹，下摆和袖口采用双层套口。毛衫设计采用解构设计手法，衫身编织方向为胸宽方向，使得横向褶裥在服装前后片外观上呈现纵向褶裥效应。毛衫款式为H型造型，选用复古高领，保暖时尚，毛衫款式比较宽松，有助于遮掩身材的缺陷，横向褶裥花型在衫身上的纵向使用降低了宽松款式带来的臃肿感，横向褶裥花型的装饰效果使整件服装可爱且俏皮。色彩上蓝白色调的组合，低调高雅且呈现文静质感。

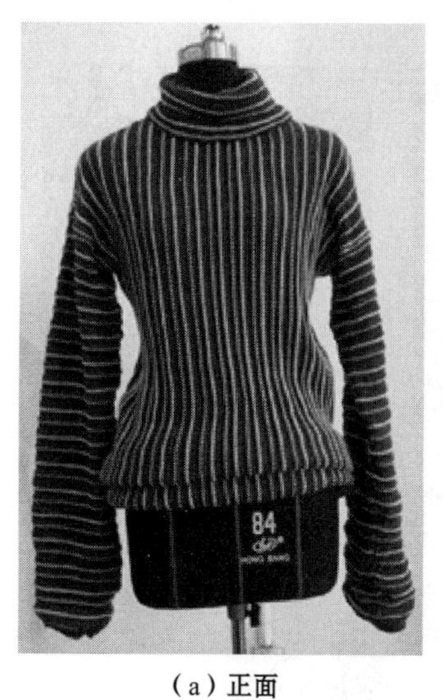

（a）正面

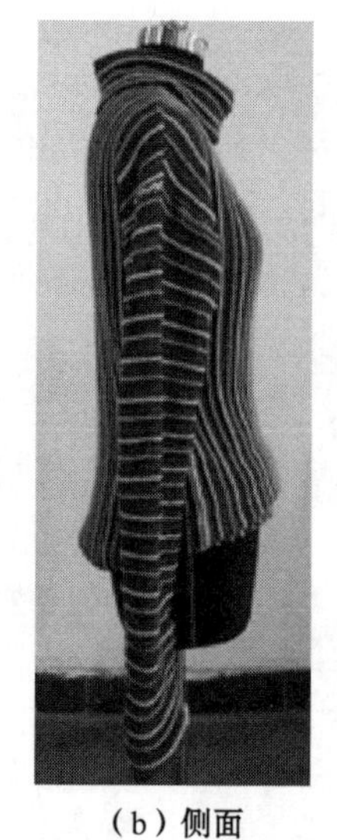

（b）侧面

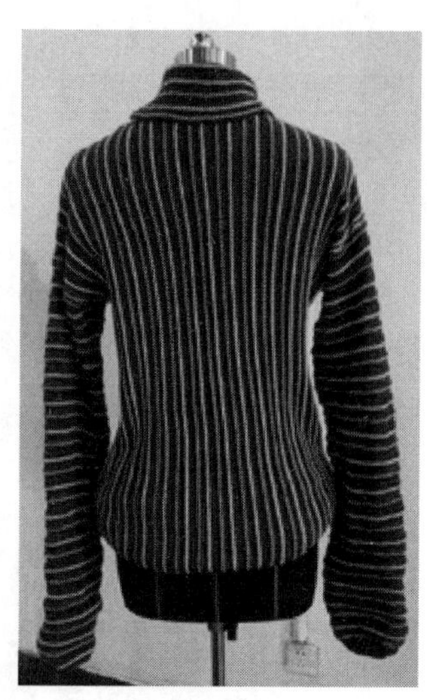

（c）背面

图3-3-10　横向褶裥效应花型高领套衫

2. 成品规格

横向褶裥效应花型高领套衫成品规格见表3-3-2。

表3-3-2　横向褶裥效应花型高领套衫成品规格　　单位：cm

序号与部位	尺寸	序号与部位	尺寸	序号与部位	尺寸
①胸宽	54	⑥袖口罗纹高	4	⑪后领深	3
②领宽	21	⑦袖长	60	⑫下袖口宽	10
③肩宽	56	⑧衣长	68	⑬下摆罗纹高	5
④前领深	7	⑨袖宽	18	⑭下摆宽	45
⑤上袖口宽	18	⑩肩斜	7		

3. 成品密度

横向褶裥效应花型高领套衫成品密度见表3-3-3。

表3-3-3　横向褶裥效应花型高领套衫成品密度

密度	2+2罗纹	横向褶裥效应花型
成品横密（针/10cm）	68	54
成品纵密（转/10cm）	45	32.5

4. 原料与编织设备

所用原料为41.7tex×2（24公支/2）蓝色和白色纱线，成分为100%棉。编织设备为LXC-252SCV-7G型电脑横机。

5. 上机工艺图

横向褶裥效应花型高领套衫上机工艺图如图3-3-11所示。

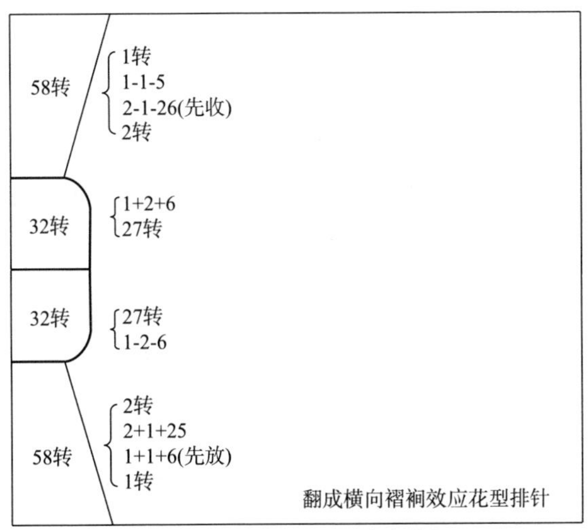

1+1罗纹378/378针，斜角排针

（a）后片

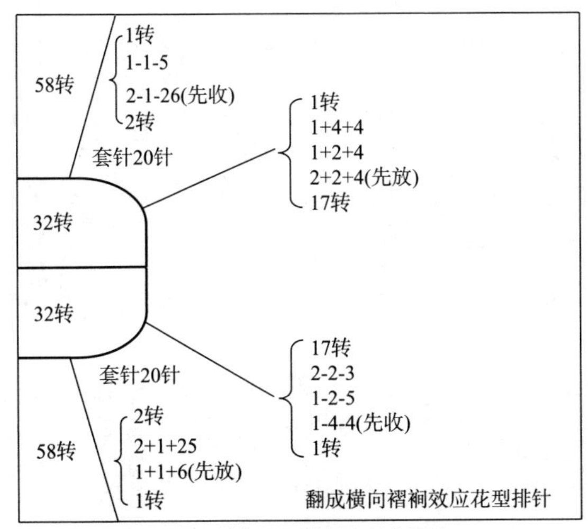

1+1罗纹378/378针，斜角排针

（b）前片

图3-3-11

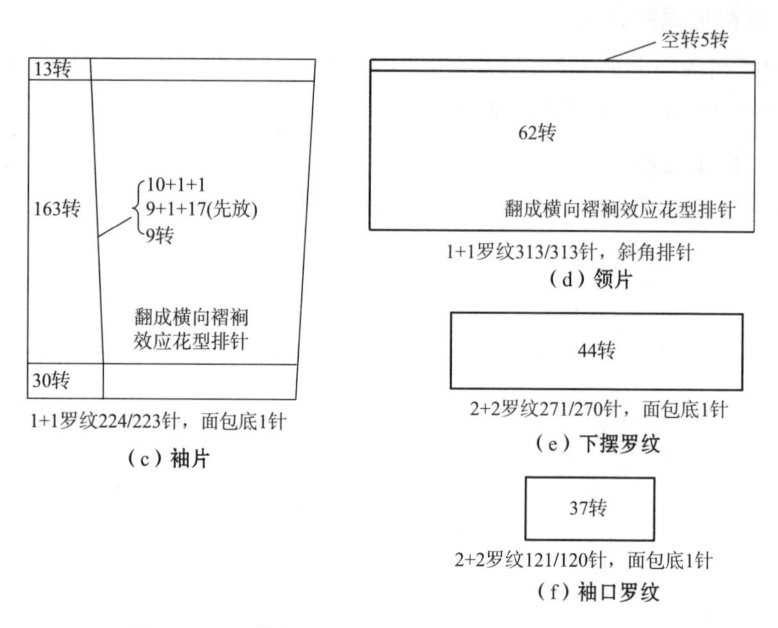

（c）袖片

（d）领片

（e）下摆罗纹

（f）袖口罗纹

图3-3-11　横向褶裥效应花型高领套衫上机工艺图

6. 上机程序图

横向褶裥效应花型高领套衫上机程序如图3-3-12所示。

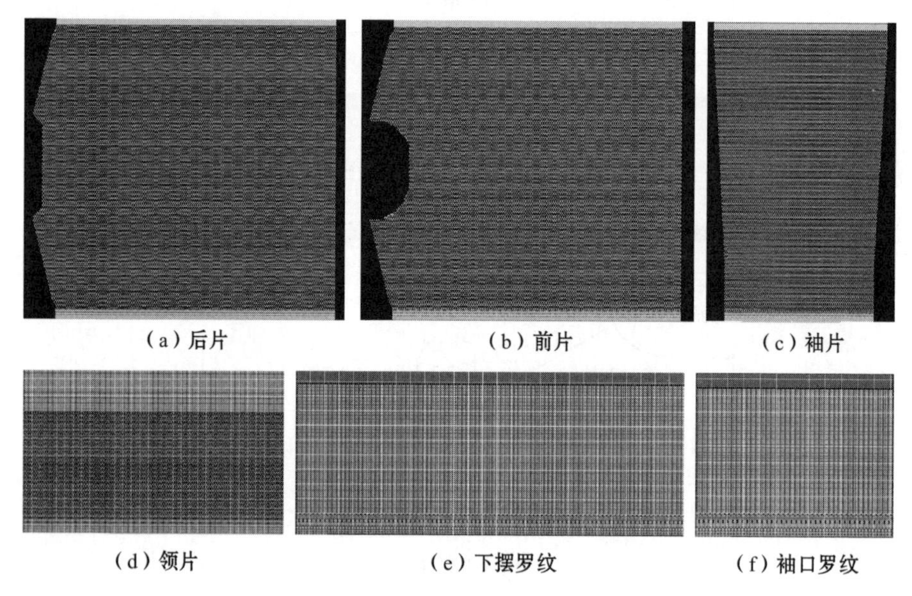

（a）后片　（b）前片　（c）袖片

（d）领片　（e）下摆罗纹　（f）袖口罗纹

图3-3-12　横向褶裥效应花型高领套衫上机程序图

四、纵向褶裥效应花型在毛衫服装中的装饰应用

1. 设计说明

纵向褶裥效应花型插肩袖圆领长套衫如图3-3-13所示。服装款式为长款连衣裙，在H型廓型基础上腰部进行收腰设计，袖子为插肩长袖，无领。衫身采用图3-3-4所示双反面组织形成的纵向褶裥效应花型，呈现凹凸肌理外观。袖子采用纬平针组织，领口和袖口采用平针单层包边，下摆采用2+2罗纹。选用灰色和白色，服装整体色彩较柔和。采用纵向褶裥效应花型进行装饰设计，可引导视线由上向下，突出穿着者的修长身材。

（a）正面

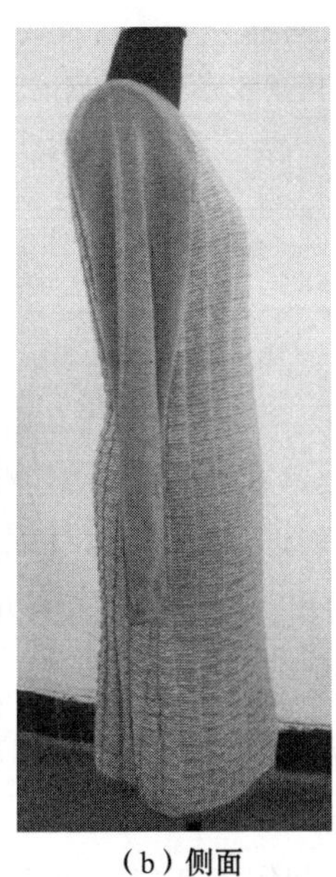

（b）侧面

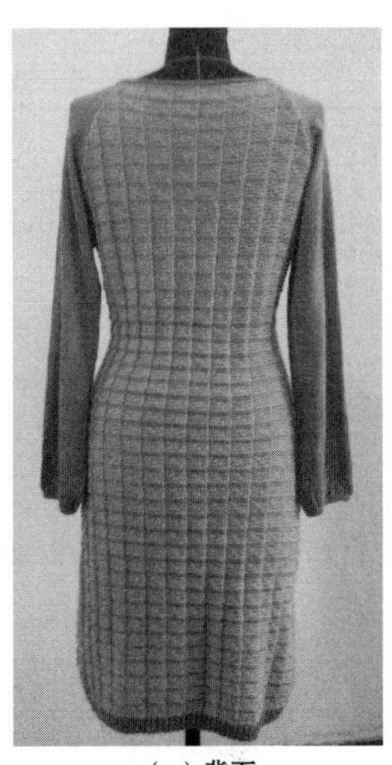

（c）背面

图3-3-13　纵向褶裥效应花型插肩袖圆领长套衫

2. 成品规格

纵向褶裥效应花型插肩袖圆领长套衫成品规格见表3-3-4。

表3-3-4　纵向褶裥效应花型插肩袖圆领长套衫成品规格　　单位：cm

序号与部位	尺寸	序号与部位	尺寸	序号与部位	尺寸
①胸宽	44	③腰位	39	⑤上袖口宽	18
②领宽	26	④前领深	6	⑥袖长后中量	66

续表

序号与部位	尺寸	序号与部位	尺寸	序号与部位	尺寸
⑦挂肩	22	⑪腰宽	41	⑮下摆宽	45
⑧领高	1.7	⑫后领深	3	⑯臀宽	47
⑨身长	95	⑬下袖口宽	11		
⑩袖宽	18	⑭下摆罗纹高	3		

3. 成品密度

纵向褶裥效应花型插肩袖圆领长套衫成品密度见表3-3-5。

表3-3-5　纵向褶裥效应花型插肩袖圆领长套衫成品密度

密度	2+2罗纹	纵向褶裥效应花型	纬平针
成品横密（针/10cm）	46	44	60
成品纵密（转/10cm）	45	22	37

4. 原料与编织设备

所用原料为41.7tex×2（24公支/2）白色纱线，41.7tex×1（24公支/1）和41.7tex×2（24公支/2）灰色纱线，成分由50%棉和50%腈纶组成。编织设备选用的型号为LXC-252SC的电脑横机，机号为7G和12G。

5. 上机工艺图

纵向褶裥效应花型插肩袖圆领长套衫上机工艺图如图3-3-14所示。

6. 上机程序图

纵向褶裥效应花型插肩袖圆领长套衫上机程序如图3-3-15所示。

五、本节小结

毛衫服装在整个服装中的比例越来越高，特别是在风格多样化的女装中。随着服装日益时尚化，毛衫设计逐渐系列化、时装化及个性化[28]。毛衫设计中组织与花型多样，毛衫组织新组合，花型日新月异，给予毛衫丰富的肌理效果。褶裥效应花型的运用能改变毛衫外表和轮廓，在平面衣片表面运用褶裥的空间肌理效应，赋予毛衫强烈的艺术效果。本节设计了两种褶裥效应花型，并对花型的编织工艺进行实践分析，得出褶裥效应的变化与编织工艺之间的关系，为褶裥效应的花型设计和编织提供参考，同时也丰富了毛衫的装饰手法。

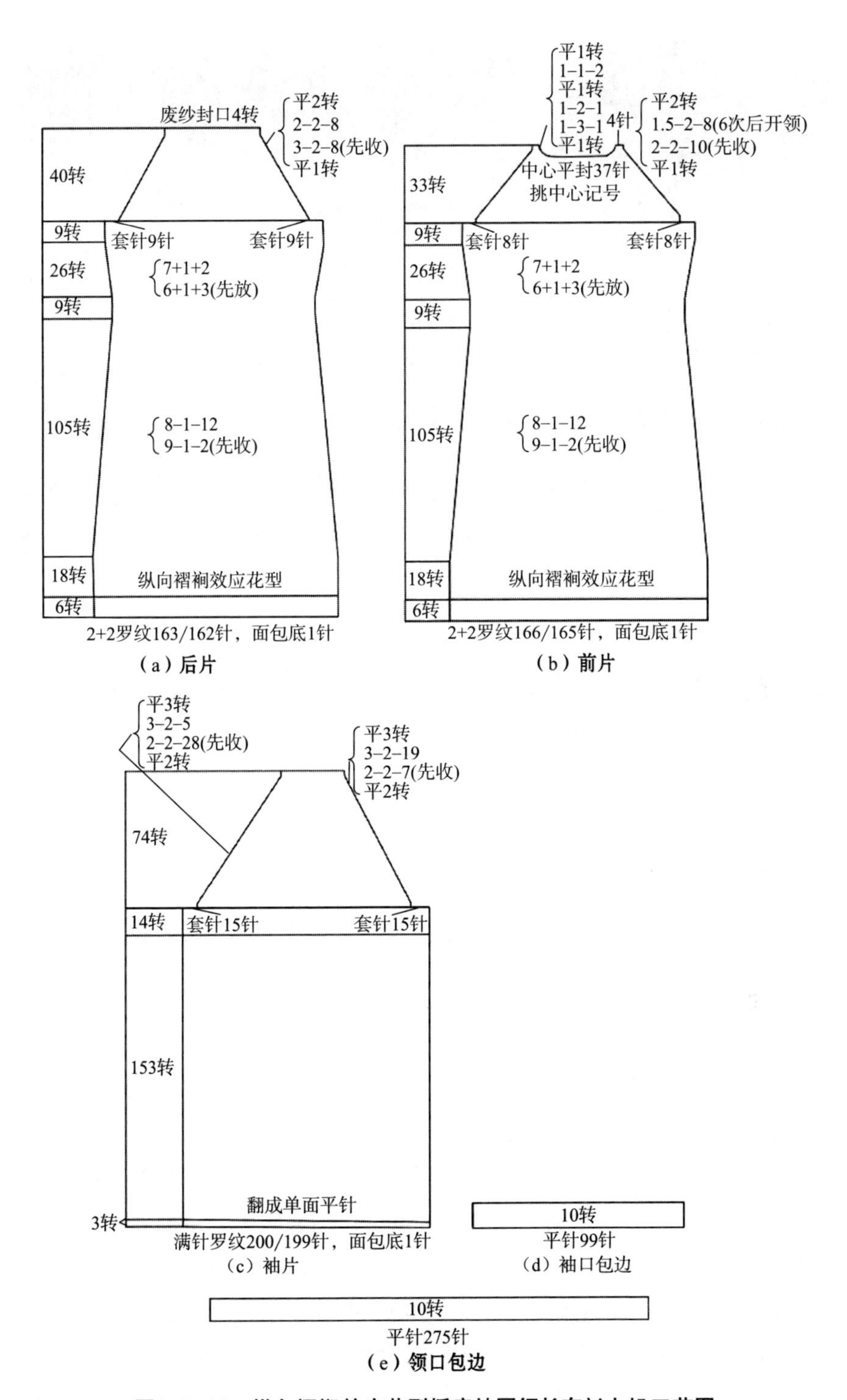

图3-3-14　纵向褶裥效应花型插肩袖圆领长套衫上机工艺图

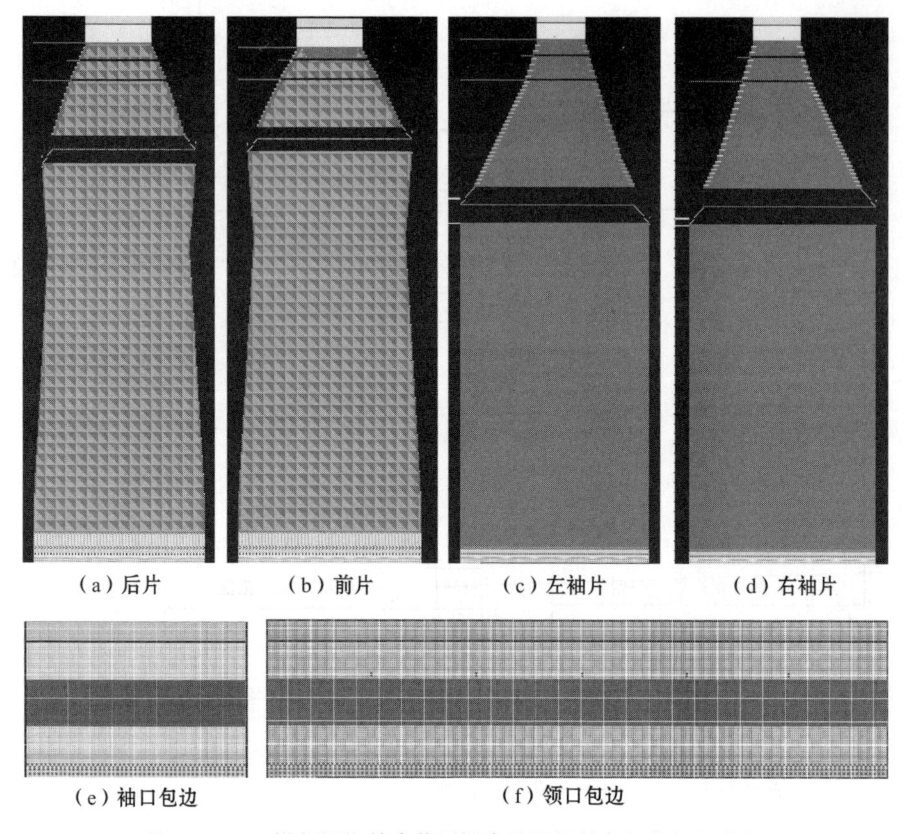
(a)后片　(b)前片　(c)左袖片　(d)右袖片

(e)袖口包边　(f)领口包边

图3-3-15　纵向褶裥效应花型插肩袖圆领长套衫上机程序图

第四节　基于剪纸纹样的毛衫服装花型设计及其装饰应用

剪纸也称“刻纸”，是一种把纸当作加工对象，使用刀或者刻刀等工具进行创作的民间艺术，它以讲究的刀法、玲珑剔透的艺术表现和强调影廓的造型，形成一种独特的艺术形式，千百年来深受广大人民的喜爱，是流传最广的民间艺术之一。伴随服装设计的多元化和国际化，剪纸文化普遍应用在服装设计中，把服装设计理念和剪纸元素巧妙融合，用剪纸元素进行点缀，结合服装的特征和风格，采用凹凸、刺绣、镂空、分解等多样化的表现方式，设计适合大众审美、充满创新理念的服装。现阶段用于服装上的剪纸题材多为植物、几何、动物、器皿等元素。

毛衫是成型编织的毛针织类服装，通过电脑横机编织形成，生产工艺流程短、效率高，目前在服装行业中发展迅速。随着编织技术的提高和电脑横机功能的逐步完善，可以编织轻薄型毛衫服装，改变毛衫以保暖为主的单一服用功能，促进毛衫向时尚化、系列化及运动化方向发展，毛衫设计也日趋丰富。毛衫设计包括款式、色彩及花型三部分，花型设计尤其关键。剪纸作品呈现镂空、纹案及凹凸等效果，把这些效果运用到毛衫花型设计中，能够丰富毛衫的肌理效果，提高毛衫服装的艺术品位，适应毛衫多元化发展的趋势。本节根据剪纸纹样设计毛衫花型纹案，制定出花型编织工艺，编织花型实物，为毛衫的花型设计提供参考，并且有助于传统手工艺在毛衫装饰设计中的传承与创新。

一、基于人文建筑类剪纸纹样的花型设计

1. 灵感来源

古往今来，具有跨时代性与文化底蕴的人文建筑均和剪纸艺术有着密切的关联，在剪纸艺术范畴刻画人文建筑类的图案具有恢宏大气和对称严谨的特性。从该类图案中提炼重要元素与设计灵感，进行概括简化与元素整合，设计出富有创意的花型且运用于毛衫中，并且使人们了解传统建筑和民间剪纸艺术，从而达到传承和弘扬传统文化的目的。

2. 剪纸图案分析

传统建筑受到道家思想影响，考究统一、四平八稳、阴阳八卦、互生互克，这些特点对剪纸艺术布局与艺术特色有着浓厚的陶染。八卦包含的元素由象、数及理等组成，它形成空间与时间一体化的思维模式，该种模式作为中国传统建筑遵循法天象地设计构想的理论根据，法天象地也是中国传统建筑的一种模式。图3-4-1（a）所示“八卦图”造型图案能展示波澜壮阔、淳朴雄健、宽广大气的特征；图3-4-1（b）所示“虎纹”造型图案能展示威武与尊严，一般作为保卫家业和庇佑安康，这两类图案作为镇宅吉祥物在传统建筑中普遍使用。该两种剪纸纹样都用匀称均衡作为艺术表现形式，细致描绘了传统建筑的宏伟，表达了人们对宁静和平生活的憧憬之情。

3. 剪纸元素提炼与花型图案设计

根据图3-4-1所示纹样轮廓，将剪纸纹样的外轮廓曲线分解出来，运用组合与构成等现代设计方法，对于图案各部分进行形的重组，设计并绘制出雕花造型花型图案，如图3-4-2所示。

4. 花型编织工艺

根据雕花花型图案制定出花型上机相关参数，编织工艺如图3-4-3所示。

（a）八卦图

（b）虎纹

图3-4-1　人文建筑类剪纸纹样

图3-4-2　雕花造型花型图案

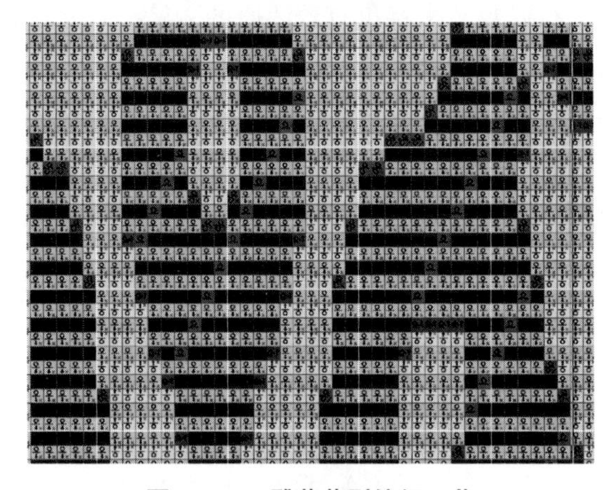

图3-4-3　雕花花型编织工艺

5. 花型编织

（1）原料。19.7tex × 2（30英支/2）80%腈纶、20%羊毛紫色混纺纱线；12.3tex（48英支/2）80%腈纶、20%羊毛黄色纱线。

（2）编织设备。电脑横机，型号为LXC-252SC，机号为14G。

花型实物如图3-4-4所示。

图3-4-4　雕花花型实物

6. 花型织物分析

花型主要色彩采用黄色，运用提花和空气层两种组织编织形成，背景颜色由紫色纱线编织，两种深浅不同的颜色配置丰富了层次感，色调更富于变化，赋予花型浓厚民族文化特性和优良的传统手工艺美感。采用黄、紫互补色进行色彩配置，适当降低黄色和紫色互补色的纯度，不但保留了互补色呈现的视觉感官冲击，又适当调和了色彩相互间的差别。花型使用流畅的线条削弱剪纸手工艺和人文类建筑艺术特性方面的差异，不但具有剪纸手工艺的精致，而且兼具人文建筑的气势，此花型适合不同款式廓型的中老年女式毛衫。

二、基于几何图形类剪纸纹样的花型设计

1. 灵感来源

几何图形是传统文化的关键构成部分，和剪纸手工艺之间有盘根错节的关联。在剪纸手工艺范畴几何图形类型图案通常是点、线及面元素经过各种的组合和排列而形成渐变、对比、发射、密集、聚散及层次等多种效应。简单的排列能迸发未来主义的神秘色彩，其单纯与简洁等特征契合现代审美韵味，让人感受简约时尚，把几何图形内容题材的剪纸纹样运用到毛衫服装中能普遍被消费者接纳。

2. 剪纸图案分析

图3-4-5所示民间剪纸手工艺“万福图”和 “祥瑞雪花” 。纹样“万福图”具有巧夺天工的艺术特色，蝴蝶、蝙蝠和“福”是谐音，纹样中心部分由绵延不断的线段连接成几何图形，其标志“福不断” ，映射出人们对美满生活的向往。

（a）万福图

（b）祥瑞雪花

图3-4-5　几何类剪纸纹样

纹样“祥瑞雪花”镌刻细腻，小巧玲珑，雪花寓意祥瑞和丰收，六角形的轮廓寓意六畜兴旺、年年有余，展示人们盼望美好生活的愿望。

3. 剪纸图案元素提炼与花型图案设计

由纹样“万福图”轮廓，采取提取变形手法，从图中提取象征性的几何形状“福不断”内容，并进行强调、放大及突出，再进一步整理和细节描摹，配置粗细不同、错落有致的线条，设计成图3-4-6（a）所示花型图案，形态呈现竖琴纹状。选择结构主义中突变的方法，由纹样“祥瑞雪花”内提取方形铜钱和雪花图案进行解析组合，把方形和雪花尖角图案进行变化、转移及融合，设计成图3-4-6（b）所示花型图案，形态呈现漏窗纹状。此两类花型都采用线状构成方法，图3-4-6（a）所示图案选用细长状线条展示，不但可很好表达剪纸图案的特色，还能引导视线沿着线性方向不断移动，营造出一种强烈的三维效应，花型上部区域线条细度不同且显示动感与方位感的装饰效果，韵律感强；图3-4-6（b）所示图案选用粗线条绘制加强面的外形，分解成四片新的面，环绕着雪花图案，产生一种严谨的规律性与韵律感。

（a）竖琴纹

（b）漏窗纹

图3-4-6　基于几何图形类花型图案

4. 花型编织工艺

由图3-4-6所示图案制定花型编织工艺参数，花型编织工艺如图3-4-7所示。

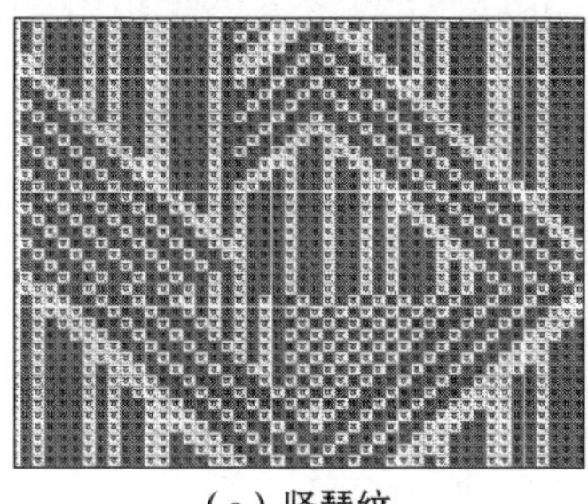

（a）竖琴纹　　（b）漏窗纹

图3-4-7　编织工艺

5. 花型编织

（1）原料。

竖琴纹花型：19.7tex × 2（30英支/2）（3根）100%腈纶卡其色纱线、36.9tex × 2（16英支/2）（2根）100%腈纶藏青色纱线；

漏窗纹花型：56.8tex × 1（17.6公支/1）（1根）紫色纱线和71.4tex × 1（14公支/1）（1根）藏青色纱线，纱线成分都是由65%羊毛和35%腈纶组成。

（2）编织设备。

竖琴纹花型：电脑横机，型号为LXC-252SC，机号为7G。

漏窗纹花型：电脑横机，型号为LXC-252SC，机号为12G。

花型实物如图3-4-8所示。

（a）竖琴纹

（b）漏窗纹

图3-4-8　花型实物

6. 花型织物分析

竖琴纹花型实物的卡其色呈现高贵、沉稳及简朴的中性化特点，藏青色也呈现中性化特征。织物运用卡其色与藏青色这两种明度层次丰富的颜色，采用提花组织编织形成，不但能保留剪纸纹样图案的民间风韵，而且没有枯燥、乏味感，个性化饱满和触感惬意。此花型使用领域宽广，可运用到内穿的男装、女装毛衫中或休闲风格毛衫外套中。

漏窗纹花型实物中色彩配置依照剪纸艺术配色原则进行“软硬兼施”，选用紫色和藏青色两种纱线采用提花组织编织形成。藏青色呈现深邃、典雅、庄敬及刚强之感，藏青色有包容特性，在紫色的渲染下突显光彩，并且又让紫色变得柔和，同样，紫色呈现热情奔放的视觉冲击减弱了藏青色呈现的神秘之感。布局运用对称、平衡、一一对应的关系，风格呈现舒缓明亮。在图案造型配置方面使用对称顺序排列手法，整体图案和谐统一，不庞杂。此花型适用于轻松明快、丰富新颖、彰显个性的休闲风格毛衫。

三、基于动植物图案类剪纸纹样的花型设计

1. 灵感来源

动植物类型图案属于自然界领域，让人联想到自然环境，是剪纸艺术类题材最为广泛的类型。当前人们对绿色低碳环保越来越重视，喂养宠物和喜爱园艺的人与日俱增，动植物类型图案普遍运用于服饰品和装饰品的设计中。由此类型剪纸图案中提炼主要自然意象进行再造设计，将其运用到毛衫中，对于剪纸类型花型的推广具有良好的推动作用。

2. 剪纸图案分析

图3–4–9（a）所示为剪纸手工艺“莲”，莲和“连”是谐音，有富足有余的祥瑞寓意，莲花是神话中观音的莲座，古往今来一直有人丁兴旺的美满寓意。图3–4–9（b）所示为剪纸手工艺“连年有余”，鱼和“余”是谐音，有连年吉祥、富足有余的寓意，展示人们对于富饶美满生活的憧憬。

3. 剪纸图案元素提炼与花型图案设计

根据图3–4–9（a）所示剪纸图案“莲”造型，采用局部代替整体的方法，选择莲花中花瓣对其形状进行改变和重新排列，设计成图3–4–10（a）所示花型图案，形态呈现孔雀屏纹状。根据图3–4–9（b）所示剪纸图案“连年有余”造型的鱼鳞片和涟漪的形状，设计成图3–4–10（b）所示花型图案，形态呈现扇贝纹状。两款花型设

计遵循形式美法则，并运用其中的对称手法，花型图案尺寸、造型及排列组合上呈现一一对应关系，进而获得视觉上的平衡、协调、整齐的美感，再使用一系列细度和长度不同的线条，打破匀称图形的单调和呆板感，呈现庄重和轻松感。

（a）莲　　（b）连年有余

图3-4-9　动植物类剪纸纹样

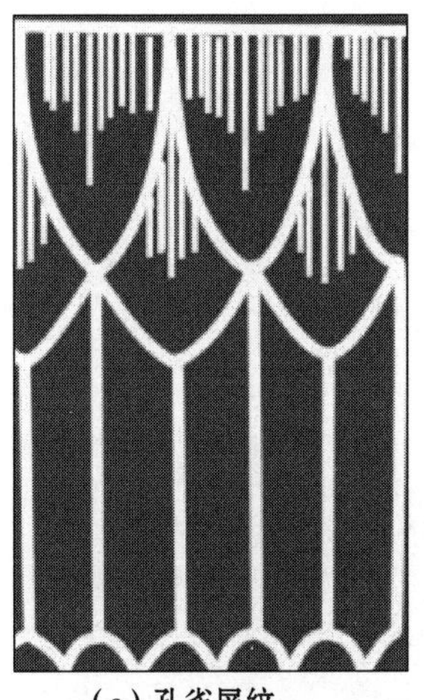

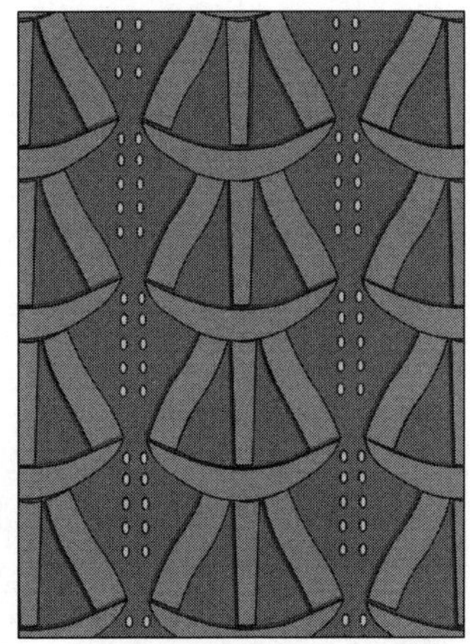

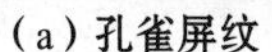

（a）孔雀屏纹　　（b）扇贝纹

图3-4-10　基于动植物类花型图案

4. 花型编织工艺

由图3-4-10所示图案制定花型编织工艺参数，花型编织工艺如图3-4-11所示。

5. 花型编织

（1）原料。

孔雀屏纹花型：23.3tex × 2（43公支/2）（1根）绿色混纺纱线，纱线成分

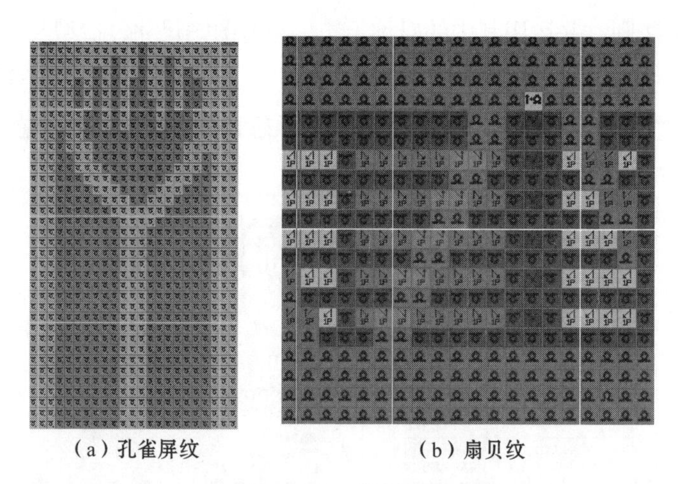

（a）孔雀屏纹　　（b）扇贝纹

图3-4-11　编织工艺

为60%涤纶和40%黏胶纤维；12.8tex（78公支）（1根）银丝纱线，纱线成分为100%聚酯纤维；

扇贝纹花型：416.7tex×1（2.4公支/1）（1根）蓝色混纺纱线，纱线成分为48%涤纶、28%黏胶、8%蚕丝蛋白、16%羊毛。

（2）编织设备。

孔雀屏纹花型：电脑横机，型号为LXC-252SC，机号为16G；

扇贝纹花型：电脑横机，型号为LXC-252SC，机号为3.5G。

花型实物如图3-4-12所示。

（a）孔雀屏纹

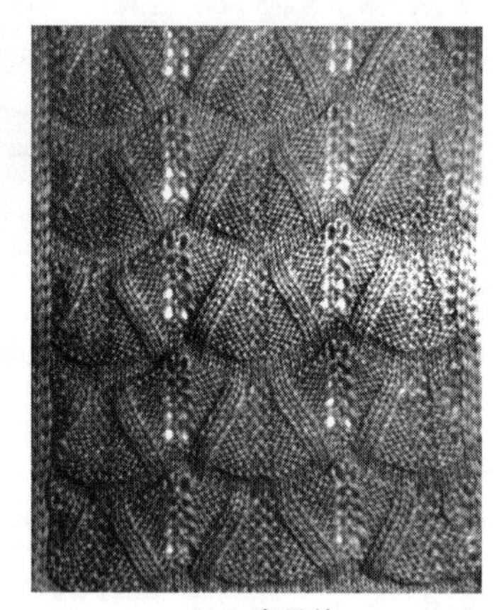

（b）扇贝纹

图3-4-12　花型实物

6. 花型织物分析

孔雀屏纹花型实物主体颜色运用大自然中常见的绿色，呈现自然、和谐感，也是绮丽典雅的象征。因为绿色色相范围变化较大，不是暖色也不是冷色，属于中性色，方便和其他色彩配色。银色不但散发着金属光泽，而且不过于浮夸，此花型使用绿色纱线和银丝线并采用提花组织编织，花型不但华美绚丽而且不失端庄，适宜运用到各种风格女式毛衫中。

扇贝纹花型实物蓝色显示宽广、高贵、沉着、冷静的视觉表现力，古往今来倍受人们的青睐，此花型使用蓝色纱线采用移圈组织编织形成，不但表达出剪纸艺术的优美寓意，也有浓郁的中国情愫。花型简练流畅，适宜各种年龄阶段不同类别人群的毛衫中。

四、扇贝纹花型在毛衫服装中的装饰应用

1. 设计说明

用扇贝纹花型装饰设计的毛衫如图3–4–13所示。将3–4–12（b）所示的扇贝纹花型应用在毛衫大身与袖子中，花型正面与反面均有明显的凹凸肌理图案，具有浮雕般的视觉效果，选用段染纱线编织，从而达到色彩渐变的效果，产生强烈的透视感和空间感，领片和袖口采用1+1罗纹。色彩以紫罗兰为主，袖口、领子辅以黑色。扇贝纹花型的肌理图案形似“扇形”，中国扇文化源远流长、博大精深，古人擅借扇之形，传物之趣，将扇形美学及其文化意义应用到毛衫的装饰肌

（a）正面

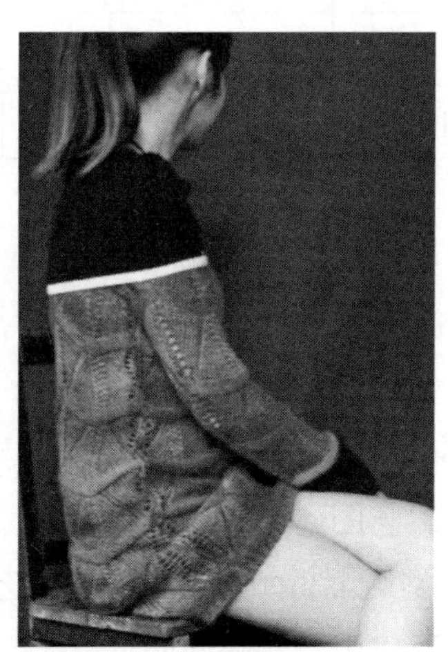

（b）背面

图3–4–13　扇贝纹花型高翻折领毛衫裙

理设计之中[29]，结合神秘雅致的钴蓝色，仿佛谱写了一曲优美的扇乐。毛衫设计呈现古典风格，毛衫端庄、高雅、淑女味道浓厚，有“水静则深”的特点。毛衫款式为高翻折领毛衫裙，领子造型为翻折领，简单时尚。

2. 成品规格

扇贝纹花型高翻折领毛衫裙成品规格见表3-4-1。

表3-4-1　扇贝纹花型高翻折领毛衫裙成品规格　单位：cm

部位	尺寸	部位	尺寸	部位	尺寸
衣长	82	胸宽	39	领宽	30
领高	25	挂肩	20	臀宽	44
袖口罗纹高	9	前领深	4	后领深	3
袖长	63	袖宽	13	下摆宽	42
袖口宽	9	下摆罗纹高	2		

3. 成品密度

扇贝纹花型高翻折领毛衫裙成品密度见表3-4-2。

表3-4-2　扇贝纹花型高翻折领毛衫裙成品密度

密度	2+2罗纹	扇贝纹花型	单畦编
成品横密（针/10cm）		21	21.7
成品转密（转/10cm）	20	12.8	35.6

4. 原料与编织设备

原料为钴蓝色纱线与黑色纱线编织，纱线成分是30%羊毛、70%腈纶，纱线支数为625tex × 1（1.6公支/1）（1根）；编织设备使用电脑横机，大身和袖子使用机号为3.5G，领子和袖口使用机号5G。

5. 上机工艺图

扇贝纹花型高翻折领毛衫裙上机工艺图如图3-4-14所示。

6. 上机程序图

扇贝纹花型高翻折领毛衫裙上机程序如图3-4-15所示。

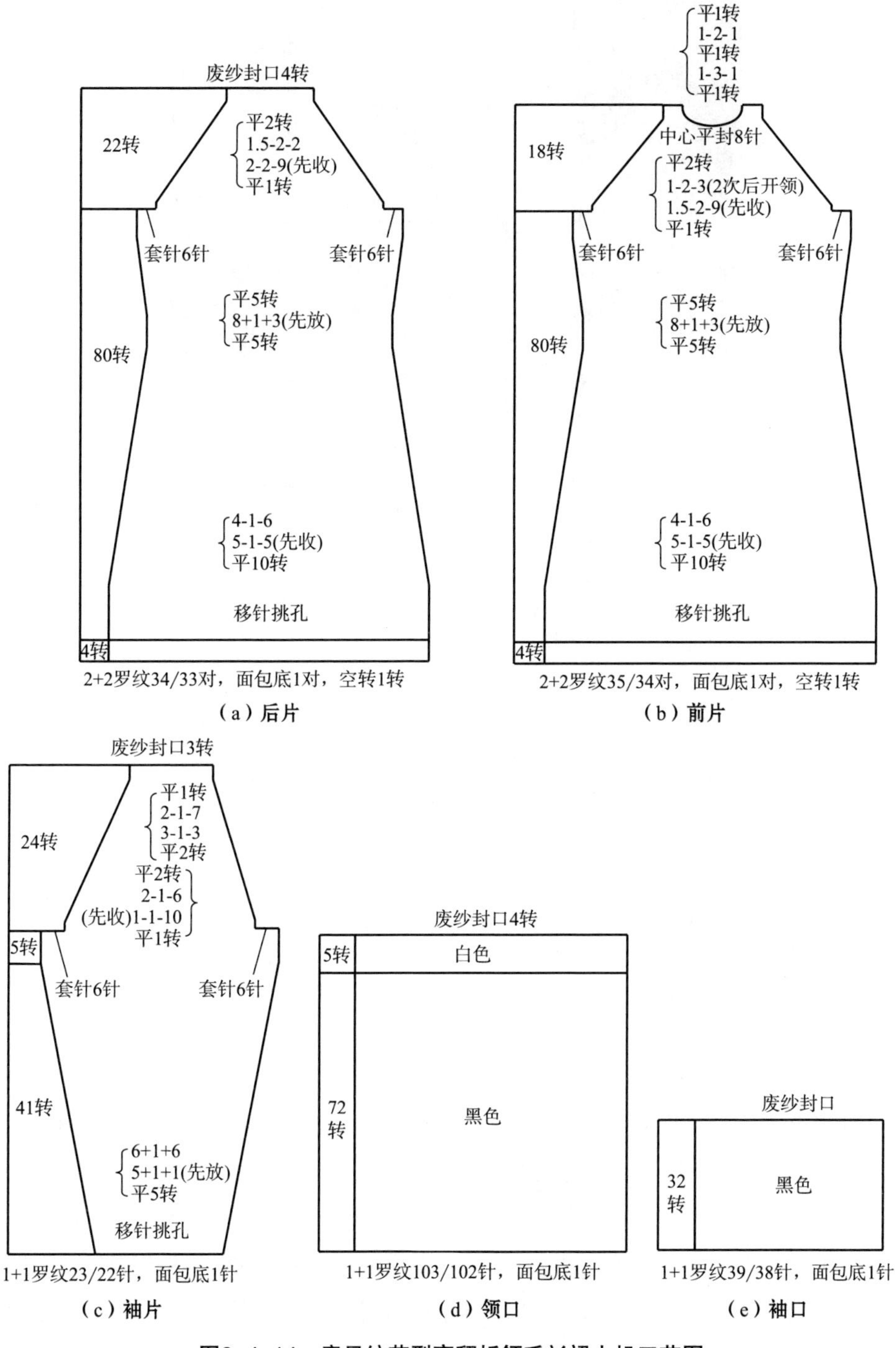

（a）后片 （b）前片 （c）袖片 （d）领口 （e）袖口

图3-4-14 扇贝纹花型高翻折领毛衫裙上机工艺图

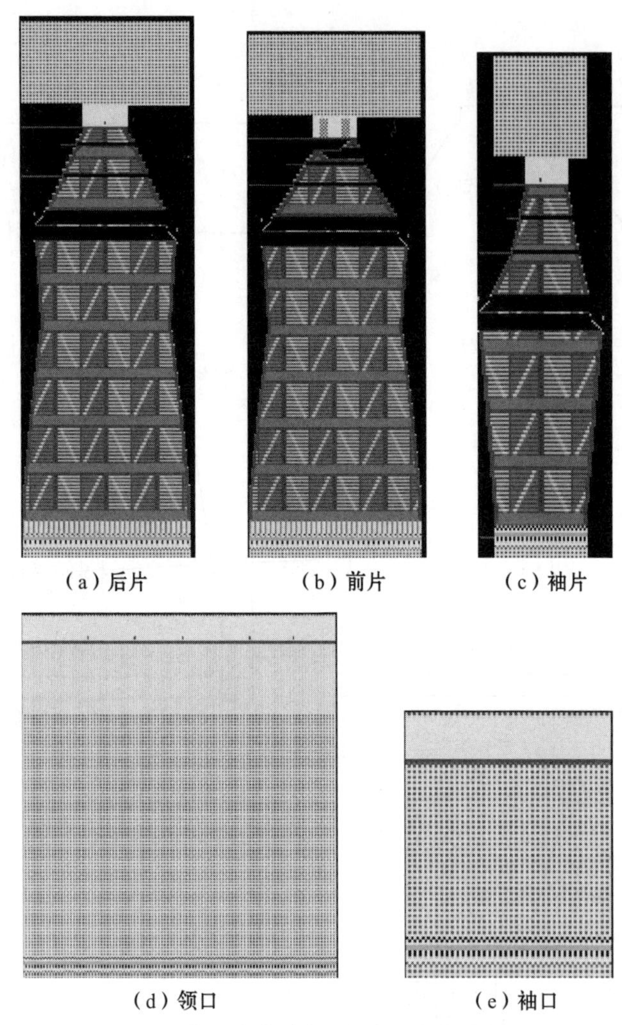

图3-4-15 扇贝纹花型高翻折领毛衫裙上机程序图

五、本节小结

剪纸艺术是中国民间传统文化的精华，其图案形态与形式的不断丰富化，展示了各个时期社会形态和文明迁徙，同时还是中国各民族长久以来生存发展历程中总结保存下来的审美和价值等观念的物化体现。毛衫是一种民间传统手工艺产物，源远流长，其独特的肌理效果一直深受服用者的喜爱。探寻剪纸民间手工艺与毛衫花型的融合点，有助于设计和开发高附加值、高品质及多元化的毛衫服装，并能弘扬民间剪纸手工艺的人文精神。

第五节　中国传统纹样花型设计及其在毛衫服装装饰设计中的应用

中国传统纹样是以现实生活中的自然现象、文字、神话传说和民间谚语等为题材，采用谐音、寓意等多种不同的艺术设计方法绘制而成的图案，与中国传统文化和民族精神密不可分，是形和意结合而成的美术形式。传统纹样伴随社会的发展、时代的进步而持续改变[30]。原始社会时期，由于人类崇拜、信仰的出现，此时纹样的特点是简洁庄严；奴隶社会时期，青铜器纹样具有庄重深厚、威严肃穆的特征；封建社会时期，出现大量精致繁复的花鸟鱼虫、飞禽走兽纹样[31]。每个时期纹样的变化都与当时人们的风俗习惯和价值取向有着密切的联系，一直是不同时期历史文化和民俗气息的视觉载体。中国传统纹样历史悠久，种类繁多，展现了民族精神文化内涵，表达出人们对美好生活的追求与憧憬。中国传统纹样中的几何纹样、植物纹样、吉祥纹样应用较为广泛。

近年来，毛衫设计正逐步与国际接轨，设计出现多元化。服饰是纹样的重要载体之一，并且纹样对服饰发挥着装饰功效[31]。本节在辨析中国传统纹样的基础上取其精华，结合传统纹样在毛衫服装中的表现手法和存在形式，分析几何纹样、植物纹样及吉祥纹样等三种传统纹样在毛衫花型和服装设计中的应用，经过制作编织工艺，对花型实样和毛衫成品进行编织，为毛衫设计提供借鉴和参考，不但是对中国传统文化领域服饰精华的传承，而且要让毛衫设计呈现文化“创造”与“传承”的双重意义和价值。

一、中国传统纹样在毛衫花型装饰设计中的应用

1. 几何纹样在毛衫花型装饰设计中的应用

几何纹样以规则或不规则几何图形的形式呈现，是对自然界的动物、植物和图腾等进行概括总结而得的抽象纹样，是中国传统的主要装饰纹样，图3-5-1所示为几何纹样。几何纹样在几经变迁、交融及承袭以后，一直是中国传统纹样的主要构成部分，承载着中华民族文化与时代精神，不仅可以直接反映自然界的万事万物，而且反映出自然现象的某种规律性。

（1）菱形纹样在毛衫花型装饰设计中的应用。菱形纹样是几何纹样中最常

图3-5-1　几何纹样

见的基本图形，在毛衫设计中应用较普遍，主要是利用改变编织用纱线与变换织物组织编织实现。应用图3-5-1（a）（b）所示菱形纹样设计的毛衫花型实物如图3-5-2所示，图3-5-2（a）所示菱形网状纹样花型是在纬平针的基础上运用移圈组织，采用单色纱线进行编织，通过组织结构变化直接将菱形纹样浮于织物表面，菱形呈反复、重叠、发散状的花型排列方式，给人以简洁、大方之感；图3-5-2（b）所示菱形镂花纹样花型通过变形与组合设计，采用三色提花组织编织而成，通过暗紫色、墨绿色和暗粉色三种具有厚重感的颜色构成，赋予毛衫民族感、复古感。该两种花型都是菱形纹样在毛衫花型上的应用，通过对菱形进行不同的排列组合，带给毛衫不同的表现形式，同时也会对毛衫的整个造型、风格产生不同的影响。菱形纹样花型编织制板程序如图3-5-3所示。

（2）云雷纹在毛衫花型装饰设计中的应用。云雷纹出现于新石器时代晚期，是陶瓷器物上的主要装饰纹样，商代的白陶器和原始青瓷上主要使用云雷纹作为装饰纹样，商代晚期较少使用，商周时期云雷纹作为辅助纹样大量使用于青铜器纹饰上，到汉代，伴随青铜器的没落，云雷纹也日渐减少使用[31]。将云雷纹运用到现代毛衫花型设计中是对青铜器文化瑰宝的传承及对极简美的反思。云

（a）菱形网状纹样　　（b）菱形镂花纹样

图3-5-2　菱形纹样毛衫花型实物

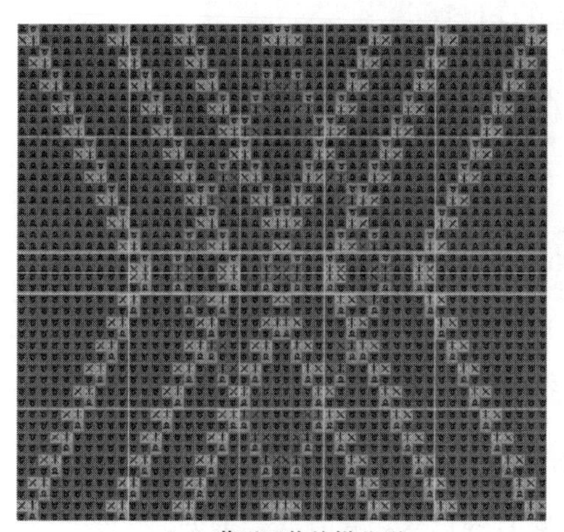

（a）菱形网状纹样花型　　（b）菱形镂花纹样花型

图3-5-3　菱形纹毛衫花型编织制板程序

雷纹使用连贯的“回”字造型线段组成，绘图时一般用二方连续或四方连续方式铺开。应用图3-5-1（c）（d）所示云雷纹设计的毛衫花型实物如图3-5-4所示，图3-5-4（a）所示花型注重传统韵味，通过连续、反复的线条沿左右两个方向勾勒出云雷纹的主要结构，再加上纱线配色的选取，足以将人们的眼光带回到青铜器时代，表现出民族风、复古风；图3-5-4（b）所示花型通过两色提花将“回”形纹沿上下左右四个方向连续排列运用于毛衫花型设计中，该花型的设计变化在于线条的韵律节奏感和传统云雷纹的发散创造，结合构成原理，赋予传统云雷纹以现代都市感。云雷纹毛衫花型编织制板程序如图3-5-5所示。

(a)二方连续式云雷纹花型

(b)四方连续式云雷纹花型

图3-5-4 云雷纹毛衫花型实物

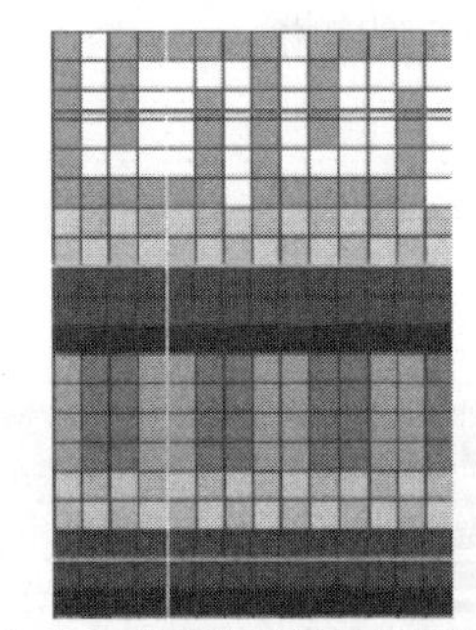
(a)二方连续式云雷纹花型

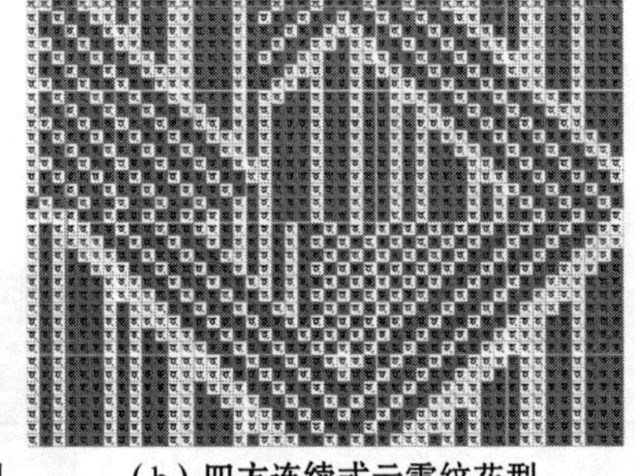
(b)四方连续式云雷纹花型

图3-5-5 云雷纹毛衫花型编织制板程序

2. 植物纹样在毛衫花型装饰设计中的应用

应用在毛衫花型设计中的植物纹样主要有缠枝纹、花卉纹，根据其“形”，分析其“意”，探究其“神”，抽象而又写实性地表达出植物纹样的多变[31]，图3-5-6所示为植物纹样。应用图3-5-6所示植物纹样设计的毛衫花型实物如图3-5-7所示，图3-5-7（a）所示花型设计来源于藤蔓形态，花型轮廓是靠错综复杂的线段构成，色彩选择黑白经典色和中国红，赋予花型传统气息，给人以复古感，运用颜色碰撞丰富构图，以线条的方式展示缠枝结构；图3-5-7（b）所示花型设计采用竹叶规律性排列，通过蓝白两根色纱并线编织而成，呈现出现代都市的节奏感，采用移圈组织编织而成；图3-5-7（c）所示花型设计是将传统文化中富贵之花——牡丹应用到毛衫花型设计中，作为百花之王的牡丹，有着圆满、浓情、富贵的寓意，其自身所具备的气质以及后人为了表达个人的情感取向而附加的寓意成为人们所青睐的对象，在此文化基础上直接将牡丹的“形”应用会略

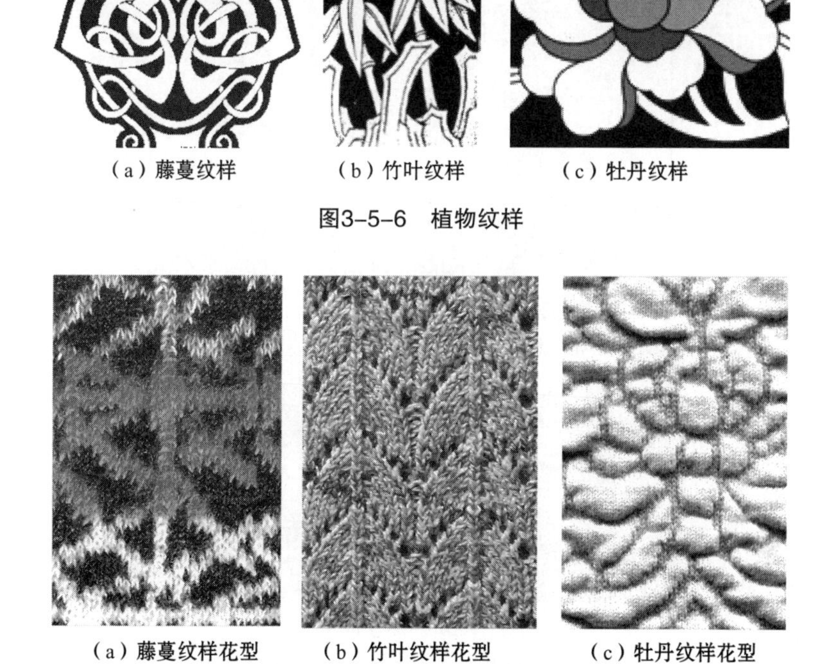

（a）藤蔓纹样　（b）竹叶纹样　（c）牡丹纹样

图3-5-6　植物纹样

（a）藤蔓纹样花型　（b）竹叶纹样花型　（c）牡丹纹样花型

图3-5-7　植物纹样毛衫花型实物

显俗气，所以这里通过色彩的变化，淡化传统思想中牡丹俗气的形象，增添其高贵典雅之气，运用空气层提花，将牡丹所蕴含高洁、端庄、秀雅之意融入花型设计中，给人以不一样的视觉享受。植物纹样毛衫花型编织制板程序如图3-5-8所示。

3. 吉祥纹样在毛衫花型装饰设计中的应用

“吉”有善和利的寓意，“祥”有吉的预兆。“吉祥”两字表达美满和祥瑞的含义。将某种东西融合在神话传说里，或使用谐音和象征等方法将它的名称贯穿起来，或将优美的故事与喜气的征兆画出图样，即为吉祥纹样的起源，图3-5-9所示为吉祥纹样。吉祥物和吉祥图案是为了表达对幸福生活的向往、对欢乐喜庆生活状态的憧憬。应用图3-5-9所示吉祥纹样设计的毛衫花型实物如图3-5-10所示，图3-5-10（a）所示花型是抽象化的祥云图案，红黑两种颜色配置呈现传统与经典风格，金丝线的穿插，使花型增添富贵之气。选用不同弹性纱

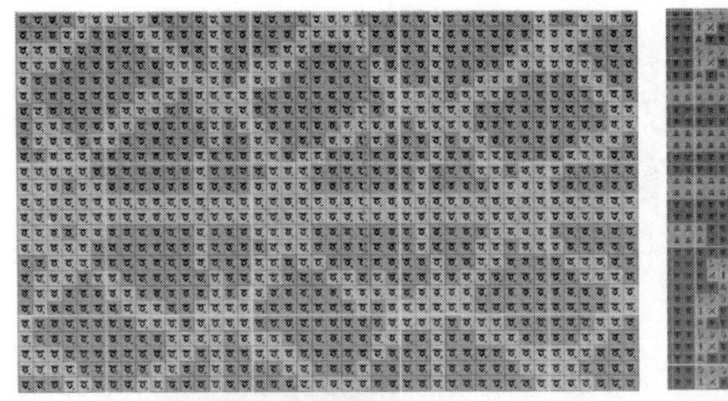

（a）藤蔓纹样花型　　（b）竹叶纹样花型

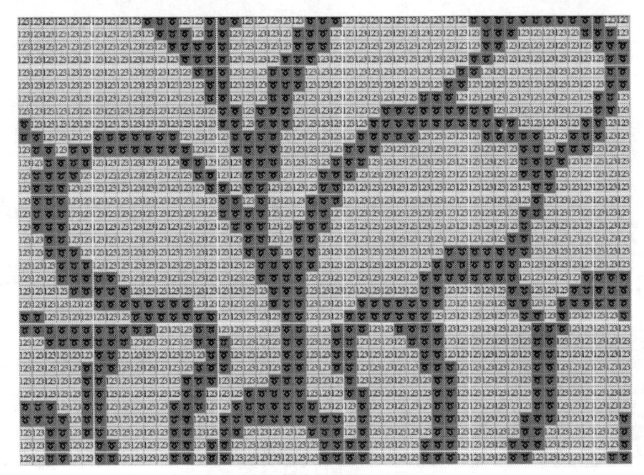

（c）牡丹纹样花型

图3-5-8　植物纹样毛衫花型编织制板程序

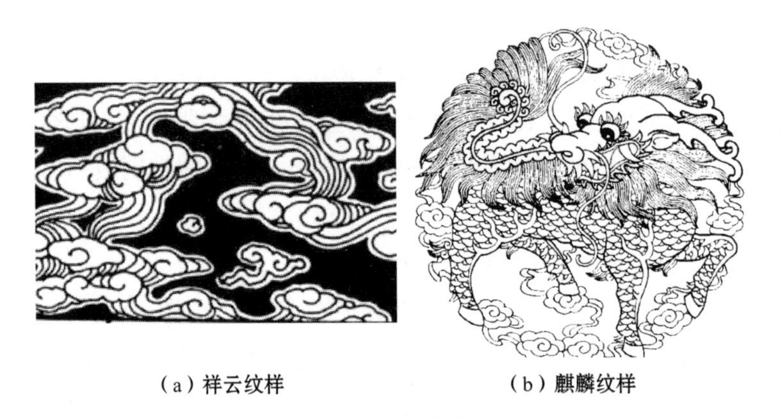

（a）祥云纹样　　（b）麒麟纹样

图3-5-9　吉祥纹样

线，采用空气层提花编织凹凸肌理效应花型实物，红色和金色丝线相对于黑色纱线弹性较小，利用其弹性的差别使花型呈现出凸起的祥云图案；图3-5-10（b）所示花型采用两色提花将具有传统吉祥意味的麒麟图案运用到毛衫花型设计中，展示了人们对吉祥动物的喜好，是人们对美满生活的憧憬，有利于传统文化的弘扬及传统吉祥寓意纹样的传承。吉祥纹样毛衫花型编织制板程序如图3-5-11所示。

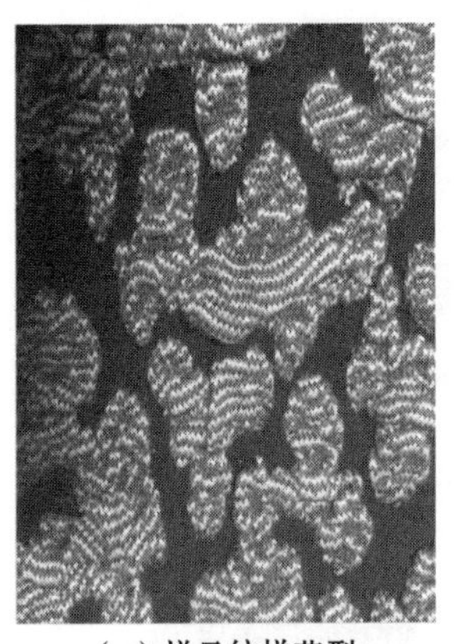

（a）祥云纹样花型　　（b）麒麟纹样花型

图3-5-10　吉祥纹样毛衫花型实物

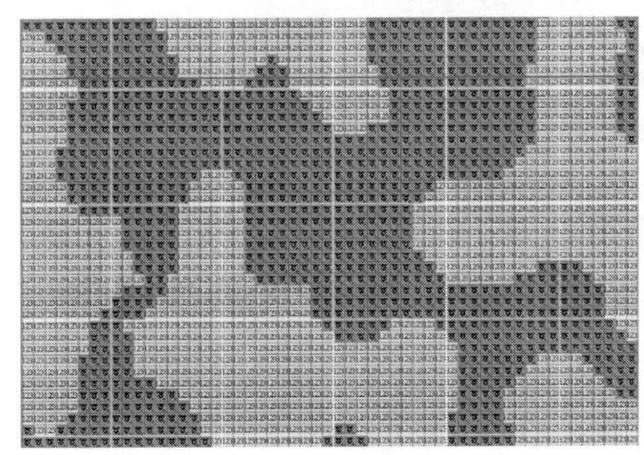

（a）祥云纹样花型

（b）麒麟纹样花型

图3-5-11　吉祥纹样毛衫花型编织制板程序

二、中国传统纹样在毛衫服装装饰设计中的应用

1. 几何纹样在毛衫装饰设计中的应用

应用几何纹样设计的燕尾毛衫裙如图3-5-12所示，其花型为图3-5-2（b）所示菱形镂花纹样花型，运用菱形的变形、组合方式，配合富有陈旧复古感色彩，将中国传统几何纹样通过提花组织融入现代毛衫设计中。此款毛衫设计特点在于传统与现代的结合，直接将传统纹样在不多加任何附带元素的状态下，融入现今比较时尚流行的前短后长燕尾裙中。该款毛衫外观呈前短后长状态，大身宽

松，袖子贴体，堆领可以有两种穿着方式，可以堆在领部，也可成为云肩。裙装较为宽松、休闲，在传统纹样与现代毛衫设计的结合下，呈现传统文化韵味，整体风格自然、淳朴。

正面

背面

图3-5-12 运用几何纹样设计的毛衫裙

2. 植物纹样在毛衫装饰设计中的应用

远古时期的服饰是没有省道和分割线的，最大的特点就是面料的一体性，是利用一整块面料，将其进行披、挂、缠、裹和系等穿着方式包裹于肌肤之上，在设计上，有意减少分割线的存在，以面料的完整性为考虑要点[31]。运用图3-5-7（c）所示牡丹纹样花型结合远古服饰基本特征设计的毛衫如图3-5-13所示，该款毛衫穿着效果与蝙蝠衫相似。传统纹样与远古服饰在现代工艺的结合下，展现出时尚且蕴含传统气息的风格，由于面料重力而自然悬垂，给人随性、自由的感觉，由于牡丹花纹样与生俱来的文化底蕴和纱线颜色的跳跃性，给该款毛衫带来一种富贵、喜庆的感觉。

三、本节小结

中国传统纹样是民族传统文化的一种物化形态，经过岁月的沉淀，源远流长，和西方文化存在不一样的审美视角与文化内涵。通过本文分析可知，运用传

正面

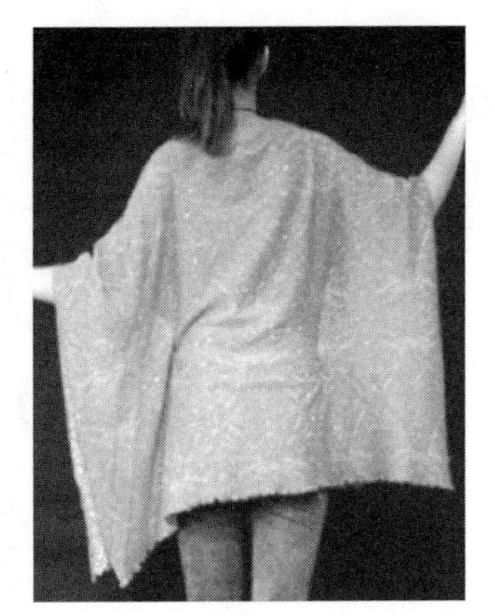

背面

图3-5-13　运用植物纹样设计的毛衫

统纹样进行现代毛衫设计时，不能生搬硬套，而是要充分理解每种纹样所承载的意义，把握其中的精髓，进行举一反三创造性地转化，才能合理地将中国传统纹样运用到毛衫花型的设计中，不但承袭了服饰文化的精髓，也是民族精神的情感积淀和约定俗成的文化认知，能给毛衫设计传递全新的设计理念。

第四章

基于纸样技术的毛衫服装领型装饰设计

第一节　毛衫服装领型分析

一、领型的重要性

服装设计中，领型为服装款式造型的焦点位置。服装通常是由领子、袖子、下摆、衣身构成，这些局部体现服装的整体效果，缺一不可，领子作为这些局部件中的“龙头”，其重要性更是显而易见。所谓“领袖”，先“领”而后“袖”，领子在整件服装造型中，起着举足轻重的作用，它是服装整体风格的导向，是整个人体的视觉中心。所以服装设计从局部来看首先考虑的是领型设计，领型设计的成功与否，关系到一件服装的整体效果[32]。如图4–1–1、图4–1–2所示，分别通过领子的造型和色彩来突出毛衫服装的整体造型与风格特点。

图4–1–1　款式造型

图4–1–2　色彩风格

二、领型的作用

随着服装产业的不断发展，人们对服装的要求早已不再停留在保暖御寒[33]，追求更高层次的美感以及舒适感是当今服装行业一直努力实现的目标。领型作为服装必不可少的细部，对服装整体效果的作用愈加突显。造型各异的领型，在服装流行趋势、穿着者的气质、脸型、爱好及年龄等一些要素作用下，可变化性较大，改变区间也非常宽泛。虽然领型千变万化，但在服装中主要有实用功能、修饰人体、美化服装及社会功能四个作用。

1. 实用功能

领型的实用功能以人为本，表现为领子可以起到很好的御寒保暖、防磨护颈作用，如图4–1–3所示毛衫的高领。

2. 修饰人体

通过服装不同的款式造型可弥补穿着者体型方面的不足，领型作为上装中最具视觉效应的部位，其修饰人体的功能更为明显，如图4–1–4所示，穿着者脸型较长，可以通过穿一字领的毛衫，在视觉上有弱化长脸型的作用，修饰人体脸型。

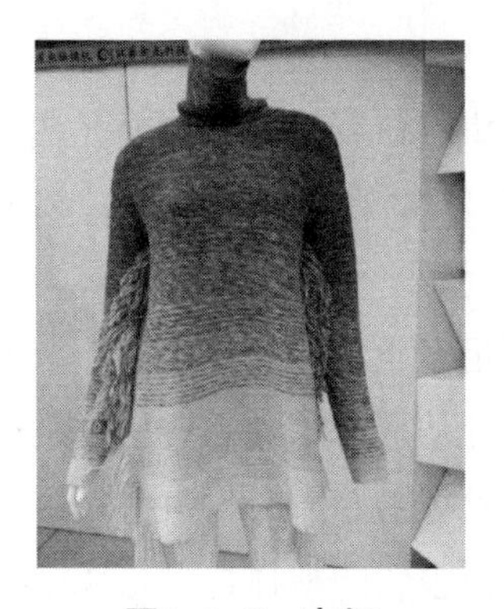
图4–1–3　高领

图4–1–4　一字领

3. 美化服装

领型的设计可增加服装的美感，发挥锦上添花的作用，领口的装饰性、补充性和强调性都是决定服装完成效果的决定因素。领子的造型不但能改变还呈现艺术效果，其变化和风格需同服装整体风格协调一致。如图4–1–5所示分别在领口钉珠或绣花，为服装增加复古或民族风的特色，起到较好的装饰效果。

（a）钉珠

（b）绣花

图4–1–5　装饰领

4. 社会功能

出席不同的场合要搭配不同的服装，这就要求穿着者出席活动时要注意一定的社会环境和风俗习惯。领型在服装设计中一直占主体地位，选择正确领型的服装更能体现一个人的着装品位，反映其社会地位和文化修养。如图4–1–6（a）

所示胸部镂空收身毛衫裙礼服，运用蓝色与银色纱线编织，银色纱线较细，胸部采用较细银色纱线选择纬平针进行编织，密度小，外观稀疏，在纬平针两面采用蓝色粗纱编织条带状，并交叉排列形成菱形网格状，外观呈现镂空效应；腰部由蓝色与银色纱线编织形成横条纹，由于两种纱线细度差距较大，横条纹呈现凹凸状；裙部编织抽针罗纹组织形成类似折纸的纵向直条纹褶，服装整体可反映出穿着者的穿着品味以及文化修养。图4-1-6（b）为白色立领毛衫礼服，肩部镂空，拖地长裙摆，呈现端庄优雅风格，展示穿着者职业女性的社会地位。图4-1-6（c）为圆领毛衫礼服，胸部开口，收腰，内侧裙收身包臀，衣身主要采用白色、红色两种纱线选择提花进行编织，肩部与腹部采用白色纱线编织变化双反面组织形成凹凸效应花纹，裙摆为白色镂空燕尾型，镂空花型犹如剪纸纹样造型，整体洒脱利落，可展示穿着者的身材曲线美，适宜穿着出席隆重的宴会。

（a）半高领

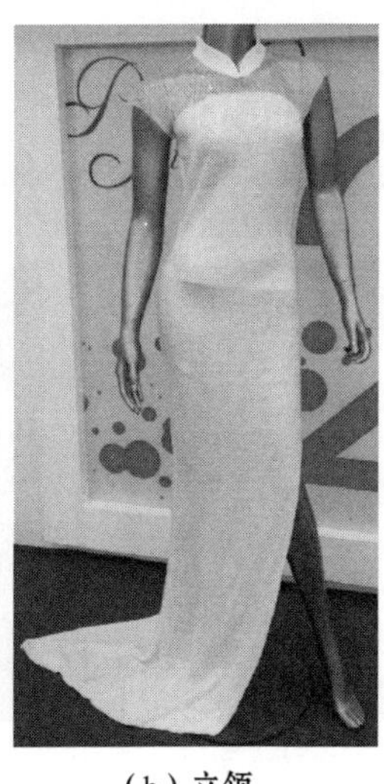
（b）立领

（c）圆领

图4-1-6 不同领型的礼服

三、毛衫服装领型分类及特点

毛衫服装领型的分类按照不同的方式有所差异。按照领的高度可以分为高领、中领及低领等；按领线可以分为方领、尖领、圆领及不规则领等；按照领的穿着状态可以分为开门领与关门领[34]；按照领的结构可以分为连身领与装领。常用的分类方式是根据有无领型分为无领与有领两种类型。常见毛衫服装的领型如图4-1-7所示。

（a）V领　（b）圆领　（c）堆堆领

（d）一字领　（e）青果领　（f）立领

（g）高领　（h）翻领　（i）娃娃领

（j）鸡心领　（k）丝巾领　（l）系带领

图4-1-7　不同领型的毛衫

1. 无领

无领领型包括各种形状的领口与外观，日常生活中常见的一字形、U形、圆形、方形、V形及船形等造型领子都属于无领范畴。无领毛衫并不是简单字面上的去除领子的服装，而是设计师们利用领圈的不同形状、不同组合来达到对人体脸型修饰的作用。

2. 有领

有领毛衫通常以领型结构分类，主要有高领、堆堆领、翻领、立领、樽领、青果领及系带领等。将纸样技术应用到如下三种领型中进行毛衫服装的装饰设计研究。

（1）驳领。驳领又称驳翻领，由翻领与驳领构成一个整体。衣片领口处缝制翻领，将衣片的挂里向外翻出来即形成驳领部分。驳领领型呈现前低后高样式的倾斜式形态[35]，前面部分平铺在人体胸部部位，后面部分带有领座。在毛衫款式中，大衣、休闲西服、简便外套等领部造型中较多选择驳领。驳领中影响其舒适性、美观性的主要因素就是倒伏量，也就是通常所说的领底口线的弯曲度。为了使制作出来的驳领更美观，更贴合人体颈部，制作时需要注意倒伏量的确定。如果领子的倒伏量偏大的话，翻领领围外围容量变大，便会出现翻折后领面与肩胸不服帖现象。如果倒伏量偏小，肩领外围容量也偏小[36]，导致肩胸部挤出褶皱，并且领嘴被拉大表面不平坦。

（2）翻领。翻领的结构分为立领与领面两部分，整个翻领结构中，立领是领底，领面是翻领。这种领型通常有小翻领、中翻领、大翻领之分，根据不同的毛衫造型选择不一样的翻领。为了简化制作，常把领座与翻领缝合成一片，即可制作出连翻立领。翻领的变化取决于翻领的造型、底领的尺寸以及翻领的松度。制作翻领需要注意的是，翻领宽在肩点内变化，制板时需要保证翻领的后领宽比领底至少宽1厘米，以便翻领翻折以后可以盖住装领线。

（3）连帽领。连帽领是一种兼具帽子功能的衣领造型，是帽身与翻折领的组合，又有着与翻折领不同的结构组成[37]，兼具美观性和保暖性，目前在毛衫市场上的使用率日趋增高。连帽领将衣领演变为服装的风帽，可戴于头上，也可垂挂于背后，这样的风格特点影响到衣身，通常以休闲运动风为主。连帽领通常有两片式和三片式之分，两种结构相似，三片式一般可在两片式的基础上，将帽顶部及后部分割变形为纵向条状形态而得到[38]。连帽领设计的重点在于帽子的长度、宽度，要求首先能够容纳人体脖子和头部的总长度，还需要考虑头部前后的尺寸，使人可以轻松随意地戴上帽子。

第二节　基于纸样技术的毛衫服装驳领装饰设计

当前毛衫服装领型通常以V领、圆领及高领等一些简易造型为主，领型不能满足现代毛衫需要。本节毛衫领型设计选取机织服装使用较多的驳领领型，此款领型非常经典，但结构复杂，在毛衫中应用不多。现阶段此款毛衫领型的编织能借鉴参考的工艺参数不够全面，实践操作存在一定的困难。梭织服装生产中纸样技术被普遍运用，呈现工艺稳定、精度高、廓型多及操作简单等特点，所以本节毛衫领型的设计与编织中应用纸样技术，探究纸样如何过渡到毛衫工艺，经过计算获得最终上机工艺，减少制作难度，实践操作时运用不同的组织结构编织驳领，并分析织物实样效果，给毛衫驳领领型编织提供借鉴。

此款驳领领型毛衫的衫身衣片采用双面提花，驳领采用双面提花、满针罗纹及阿兰花三种组织分别设计和进行实物编织。

一、设计说明

1. 实物效果图

采用双面提花、满针罗纹和阿兰花三种组织分别编织的毛衫及驳领造型如图4-2-1～图4-2-3所示。

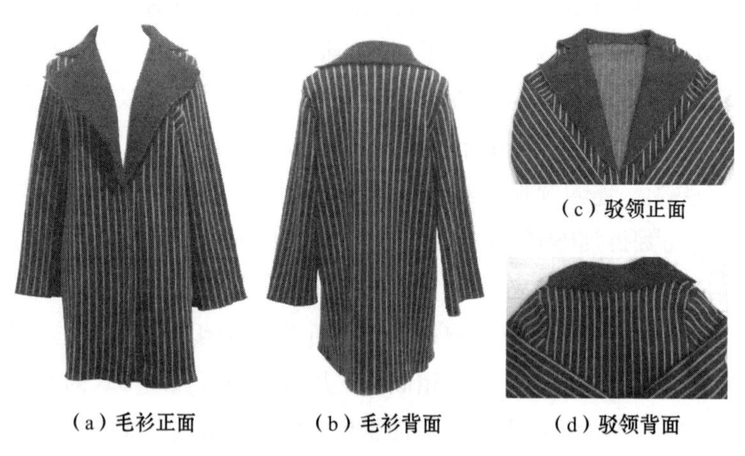

（a）毛衫正面　（b）毛衫背面　（c）驳领正面　（d）驳领背面

图4-2-1　双面提花组织驳领毛衫实物图

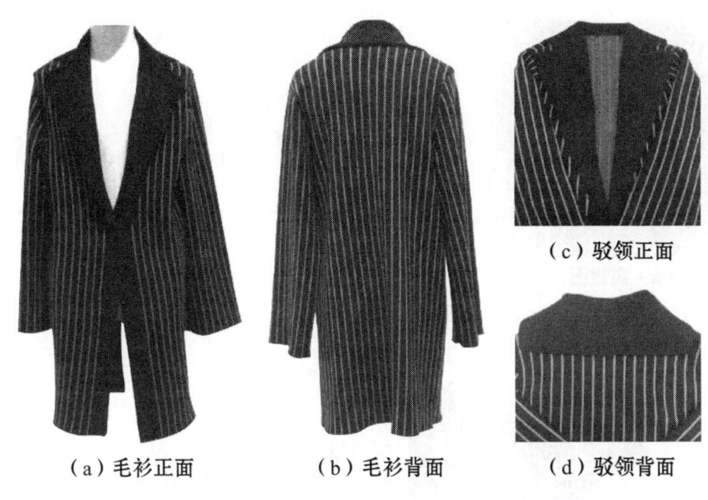

（a）毛衫正面　（b）毛衫背面　（c）驳领正面　（d）驳领背面

图4-2-2　满针罗纹组织驳领毛衫实物图

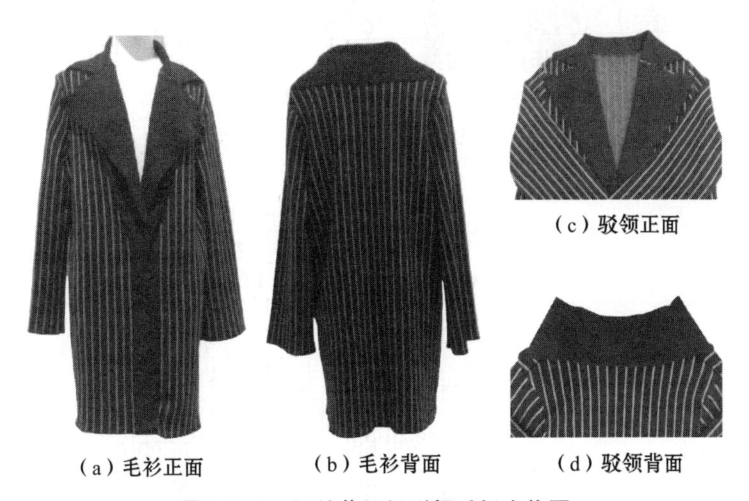

（a）毛衫正面　（b）毛衫背面　（c）驳领正面　（d）驳领背面

图4-2-3　阿兰花组织驳领毛衫实物图

2. 组织结构设计

驳领采用双面提花与满针罗纹两种组织编织的实物和编织图如图4-2-4与图4-2-5所示；驳领采用阿兰花组织编织的实物和意匠图如图4-2-6所示。

3. 款式设计

双面提花组织编织的驳领毛衫款式设计中，把领子领面部位的宽度尺寸增大，突显驳领造型在整体毛衫中的局部效果，毛衫廓型选用H型，黑色纵条纹和灰色纵条纹相间配置，毛衫整体风格特征展示中性简约式，组织结构选用比较厚实的双面提花编织，可使整体服装造型和谐统一。选择满针罗纹组织编织的驳领

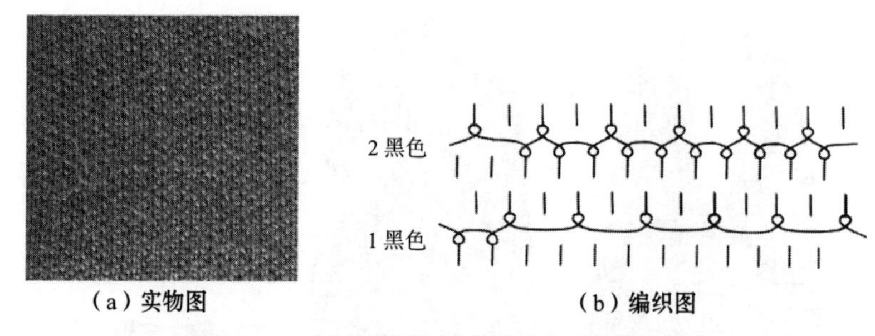

（a）实物图　　（b）编织图

图4-2-4　双面提花组织驳领实物图及编织图

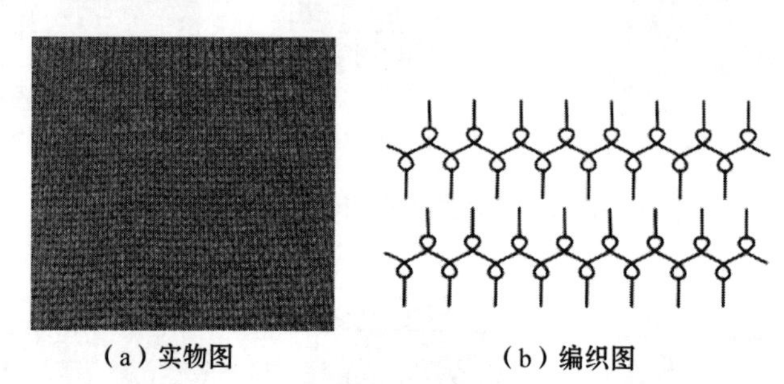

（a）实物图　　（b）编织图

图4-2-5　满针罗纹组织驳领实物图及编织图

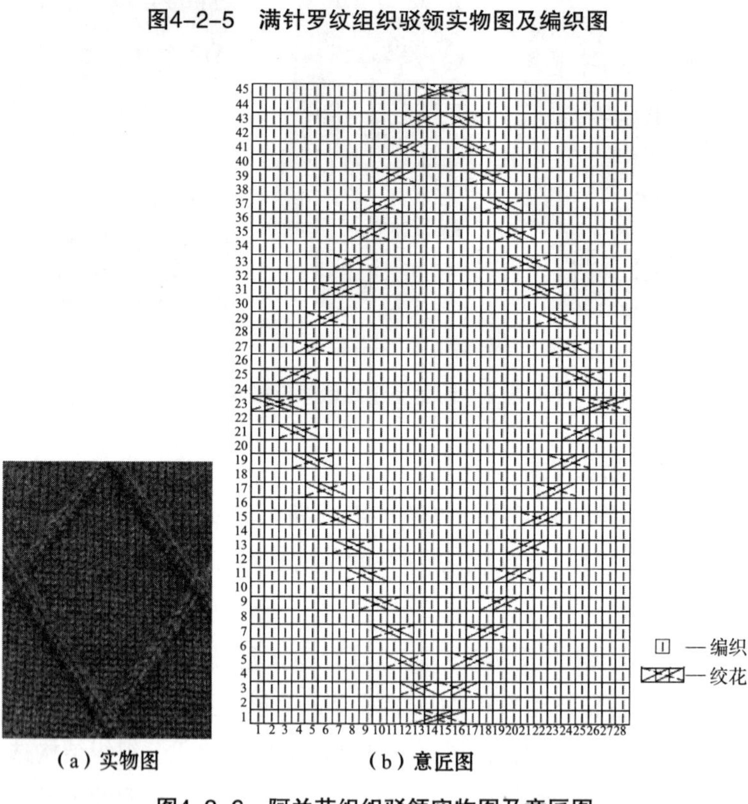

（a）实物图　　（b）意匠图

图4-2-6　阿兰花组织驳领实物图及意匠图

领型织物厚度适宜，织物两面的肌理效应相同，厚度较双面提花织物小，因其质地柔软，所以满针罗纹组织编织的驳领成衣后更为服帖，但立体效果不明显。选择阿兰花组织编织的驳领领型中，由于单面织物厚度较薄，并且织物两面的肌理效应不同，为使驳领两面花纹相同，该款驳领采用两片缝合而成。

二、成品规格

驳领毛衫成品规格见表4-2-1。

表4-2-1　驳领毛衫成品规格　　单位：cm

部位	衣长	胸围	腰围	袖长	袖口宽	驳领宽	后领长	门襟长	门襟
规格	87	94	94	58	34	16	33	45	4

三、纸样

由表4-2-1所示驳领领型毛衫的规格尺寸，采取规格演算法绘制纸样，如图4-2-7所示。

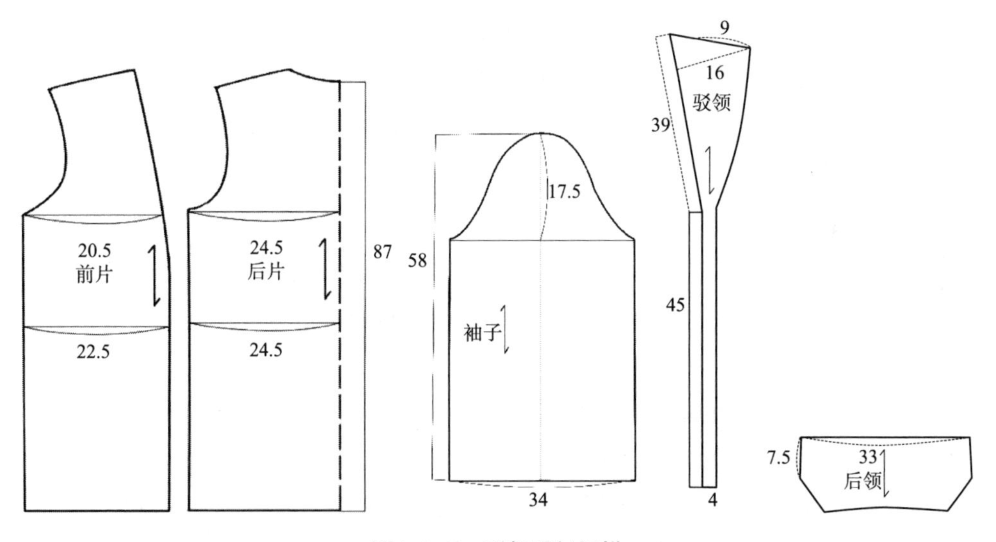

图4-2-7　驳领毛衫纸样

四、原料与编织设备

1. 原料

20.8tex×2（48公支/2）黑色和灰色纱线，纱线成分为80%羊毛与20%羊绒组成。

2. 编织设备

龙星电脑横机，型号为LXC-252SC，机号为12G。

五、编织工艺

1. 成品密度

毛衫的驳领采用双面提花、满针罗纹和阿兰花三种组织分别编织，其成品密度见表4-2-2。

表4-2-2　织物成品密度

密度	双面提花	满针罗纹	阿兰花
成品横密（针/10cm）	68.5	50.8	74.2
成品纵密（转/10cm）	50	47.6	51.9

2. 驳领纸样编织部位工艺计算分析

驳领纸样编织部位工艺计算图如图4-2-8所示。

a段横向尺寸相同，该段采取平摇方式，从下向上顺序编织，并且给下一段放针编织做准备。

b段是门襟与衣身前领边的缝合部位，此时的放针数平均分配到放针次数中，不但要使放针过程顺利编织，而且要使边缘的倾斜线段和衣身很好地吻合。进行针数和转数分配时根据实际放针针数与放针转数进行分配，放针可用多段式进行分配。

c段是驳领经翻折后显露在服装外面的一面，由此部位纸样显示的弧度走向，放针分配采取先急后缓方式，也就是编织前段放出参加编织的针数多而编织的转数少，编织后段放出参加编织的针数少而编织的转数多，从而形成向外突出的圆顺弧线。

d段是收针阶段，为使收针编织能顺利操作，如果编织转数偏少但需要收针的针数却较多，这时应采取引返编织进行收针，即局部编织达到收针效果，最后使用废纱落片再在缝盘机上套口缝合。

e段是收针操作后进行的处理，通常在收针操作后保留几根针用废纱落片，是为了避免织物在编织过程中有破损。

f段是驳领横向部分的编织工艺，为了确保后领的贴合，该部位的曲线段必须是圆顺的，领子中间部位根据实际大小编织废纱落片，而两边采取分边方式编织，分别进行分段收针分配完成编织。

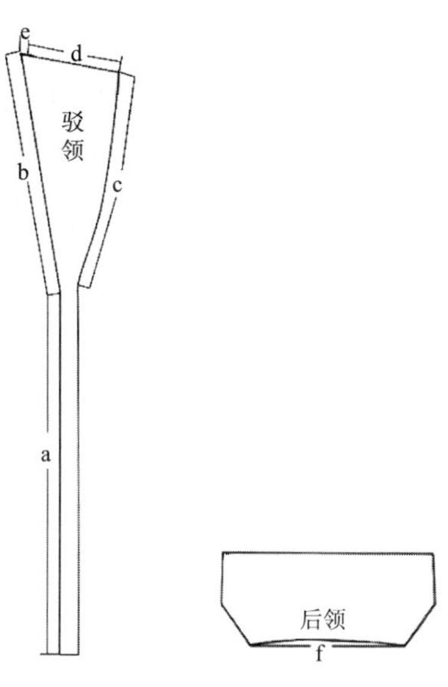

图4-2-8　驳领纸样编织部位工艺计算划分

3. 驳领上机工艺图

根据驳领纸样编织工艺和织物成品密度及规格尺寸，分别制定毛衫前片、后片、袖片的编织工艺及双面提花、满针罗纹、阿兰花三种组织分别编织的驳领编织工艺，前片、后片及袖片上机编织工艺图如图4-2-9所示；驳领上机编织工艺图如图4-2-10～图4-2-12所示。

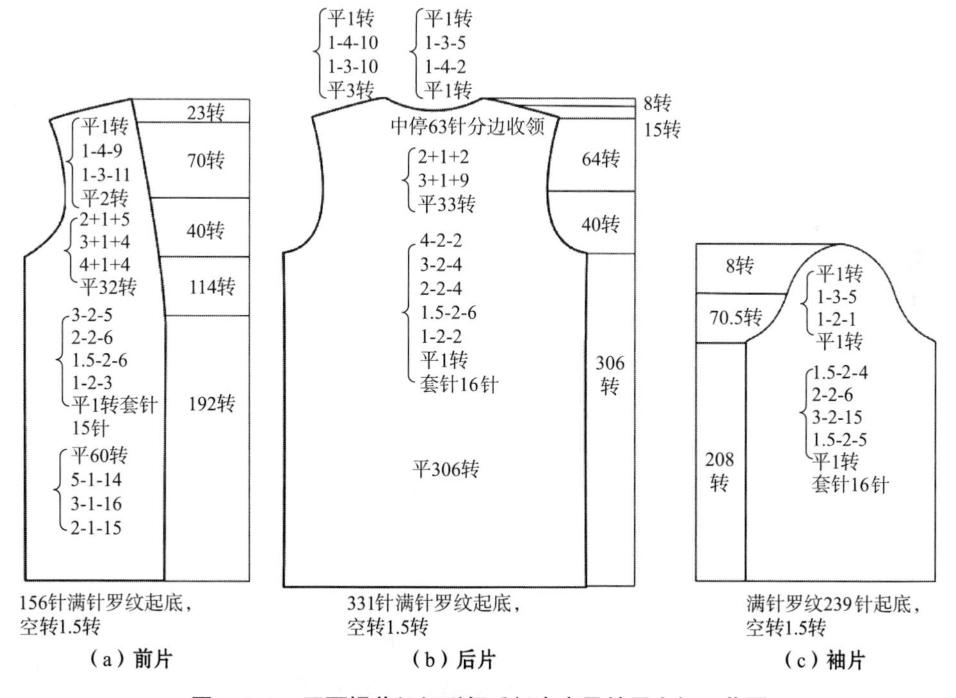

图4-2-9　双面提花组织驳领毛衫衣身及袖子上机工艺图

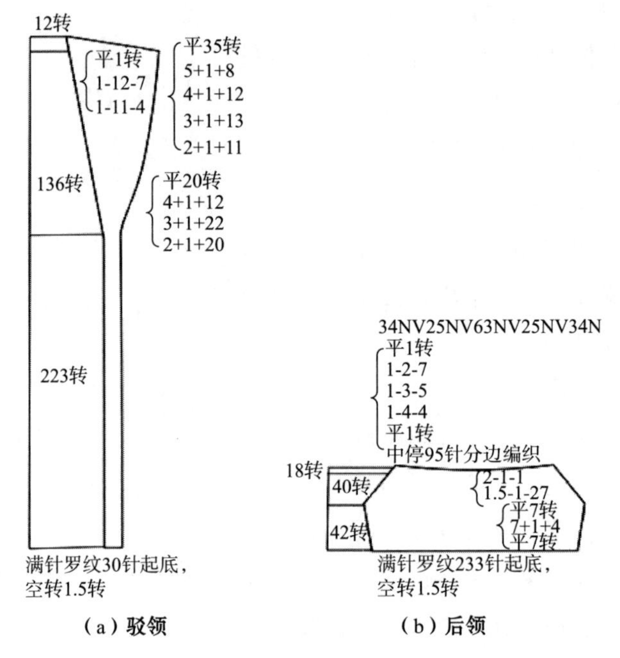

（a）驳领　　（b）后领

图4-2-10　双面提花组织驳领上机工艺图

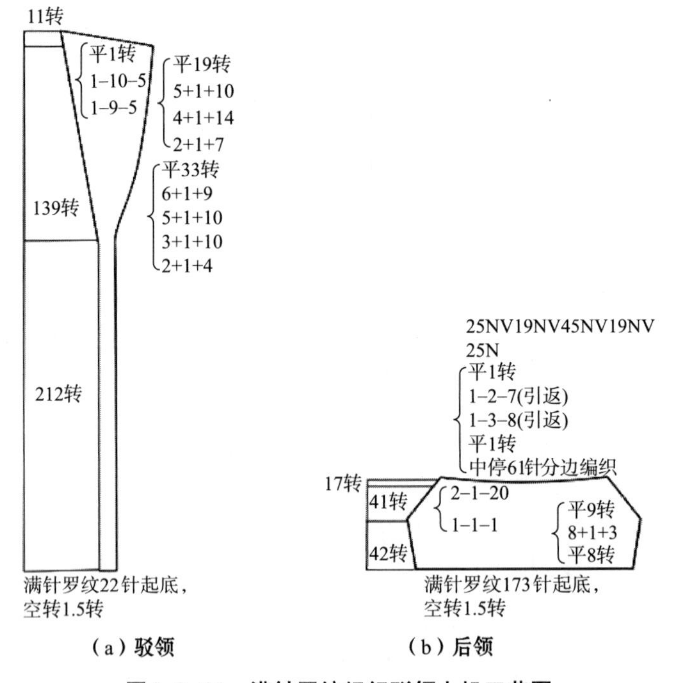

（a）驳领　　（b）后领

图4-2-11　满针罗纹组织驳领上机工艺图

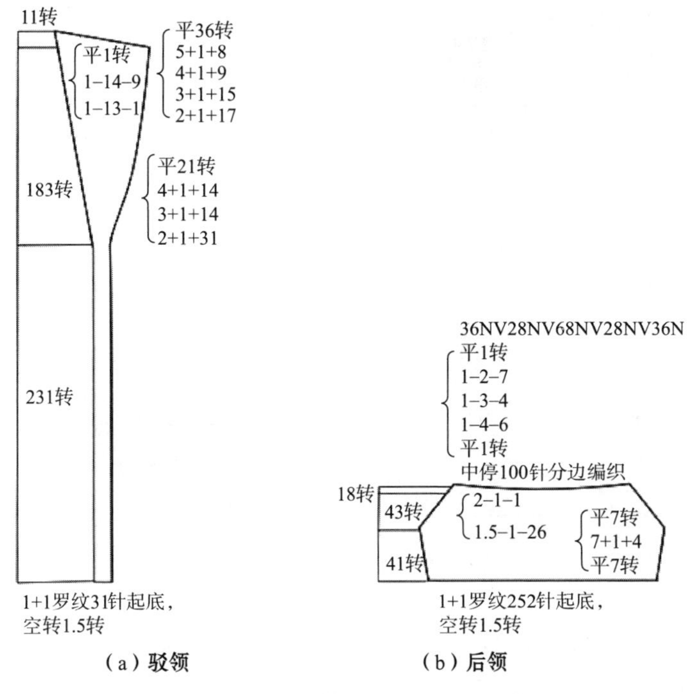

（a）驳领　　（b）后领

图4-2-12　阿兰花组织驳领上机工艺图

4. 上机程序图

毛衫采用双面提花组织编织的前片、后片及袖片的上机编织程序图如图4-2-13所示；采用双面提花、满针罗纹、阿兰花三种组织分别编织的驳领上机编织程序图分别如图4-2-14、图4-2-15及图4-2-16所示。

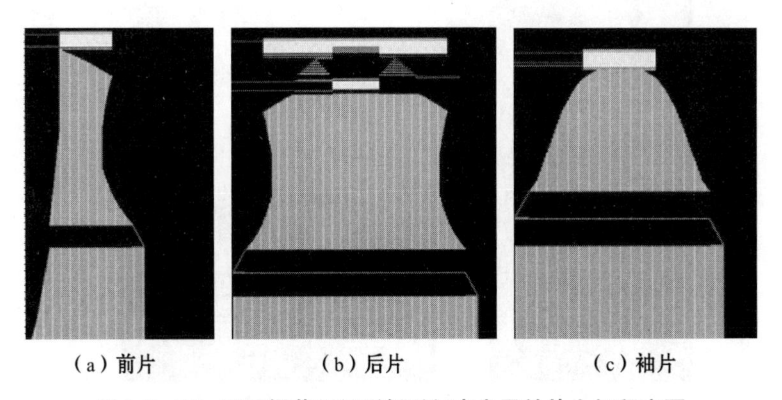
（a）前片　　（b）后片　　（c）袖片

图4-2-13　双面提花组织驳领毛衫衣身及袖片上机程序图

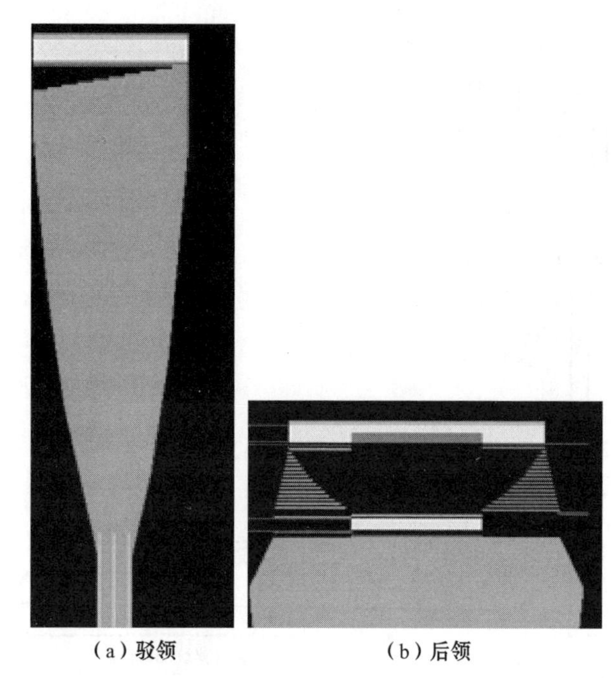

（a）驳领　　（b）后领

图4-2-14　双面提花组织驳领上机程序图

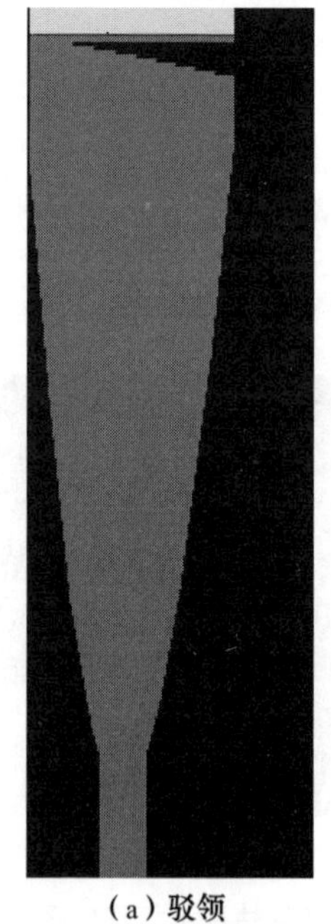

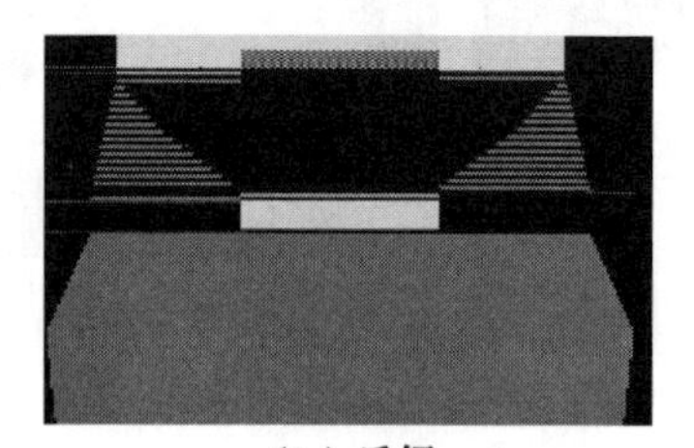

（a）驳领　　（b）后领

图4-2-15　满针罗纹组织驳领上机程序图

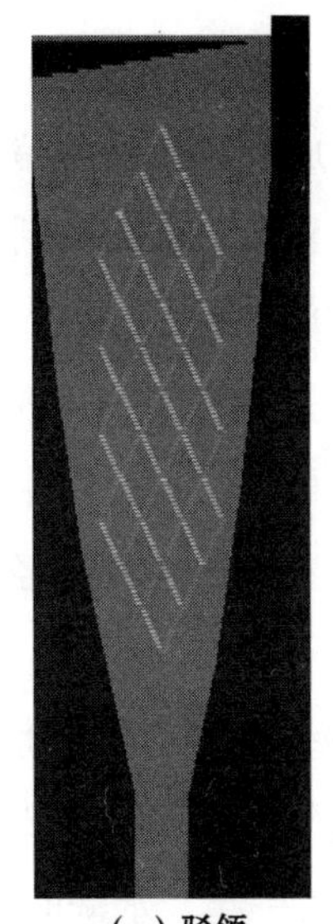
（a）驳领

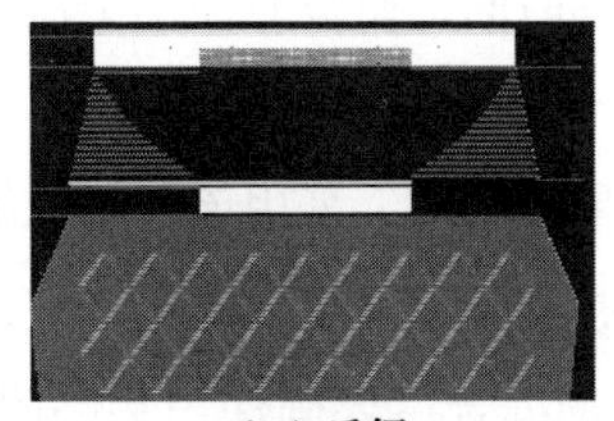
（b）后领

图4-2-16　阿兰花组织驳领上机程序图

5. 实物编织参数

采用双面提花、满针罗纹、阿兰花三种组织分别编织的驳领上机编织参数见表4-2-3。

表4-2-3　上机编织参数

段号	名称	度目值			罗拉拉力		
		双面提花	满针罗纹	阿兰花	双面提花	满针罗纹	阿兰花
1	废纱起底	80	82	82	20	20	20
2	废纱单面	100	100	—	15	15	—
	1+1罗纹起底	—	—	65	—	—	15
3	四平起底	65	65	—	15	12	—
	空转	—	—	75	-	-	15
4	空转	75	75	—	15	15	—
	1+1正式罗纹	—	—	70	—	—	15
5	衣身	79	80	97	18	18	20
10	翻针	75	75	75	0	0	0

注　—表示无数据。

六、后整理

该款驳领毛衫使用80%羊毛与20%羊绒组成的混纺纱线编织，所以水洗操作时进行柔软整理。根据毛衫重量增添柔软剂，浴比调整适宜后将织物浸泡约20分钟，再把织物烘干，最后依据规格尺寸进行熨烫定型。

采用满针罗纹编织的驳领因为驳领与衫身是两种不一样的双面提花结构，驳领的编织密度要求减小些才可和衫身特征相匹配，所以进行水洗处理需要减少柔软剂用量并减少处理时间，熨烫时使用蒸汽定型效果佳，轻轻按压，防止领子被挤压后出现变形。

阿兰花织物为单面结构，采用该种组织编织的驳领需要将两层织物缝合后领子的厚度才能与毛衫整体风格统一，领子在进行套口缝合时要考虑单面织物具有卷边性，将两片织物缝合后要确保织物贴附在一起。水洗时柔软整理可简单处理，熨烫时织物边缘要对齐，避免错开。

七、本节小结

此款毛衫领子造型设计成驳领，把领子领面部位的宽度尺寸增大，突显驳领造型在毛衫中的局部效果，廓型选用H型，前片、后片和袖片选用比较厚实的双面提花编织，黑色纵条纹和灰色纵条纹相间配置，毛衫整体风格特征展示中性简约式，选择三种组织结构分别编织的驳领所用纱线颜色主色均为黑色，保证毛衫整体风格统一。

从毛衫实物图可以看出，选择双面提花编织的驳领手感硬挺，并且延伸性小，与此款毛衫风格最为一致；选择满针罗纹编织的驳领有适中的厚度，织物两面花纹形态一模一样而且织物表面平整，厚度比双面提花的薄些，手感柔软，和衣身进行缝合后显示贴合性较好，但立体感不太突显；选择阿兰花编织的驳领，由于其组织结构是单面，织物厚度比双面提花和满针罗纹的厚度薄，而且织物两面花纹形态不一样，为确保领片厚度和毛衫整体厚度一致，驳领制作时将两片缝合形成，领子两面都呈现菱形状阿兰花肌理效应，点缀毛衫整体效应。

根据纸样的轮廓和大小对工艺分析获得的毛衫衫身和驳领的编织工艺较准确，可减少编织打样次数，生产效率得到有效提高[39]。

将纸样技术应用到毛衫驳领领型编织工艺制定中行之有效，给毛衫驳领领型编织工艺的制定提供借鉴。

第三节　基于纸样技术的毛衫服装衬衫式翻领装饰设计

毛衫服装具有松软、舒适及透气等特点，成为春夏秋冬都能穿着的服装，伴随编织技术的持续创新与完善，毛衫服装获得快速发展。近些年日益丰富起来的毛衫造型既能满足穿着舒适特性，而且向时尚化发展，关于领型设计从以前大量使用的圆领和V领等常见造型，日益出现复杂领造型设计的毛衫。对于领型设计复杂的毛衫，工艺制作和编织难度高，通常状况下需要进行领型轮廓简化[40]，但无法充分展示领部设计风格特征；也可根据规格进行剪裁完成，这样便带来材料浪费、加工过程延长。把毛衫领子根据造型特点和规格大小画出纸样，再对上机编织参数详细分析，将规格尺寸与织物密度结合，把翻领毛衫的编织工艺制作出来，不但可确保造型特征，而且可降低试样次数。本节探究把纸样使用到衬衫款翻领工艺参数的制作中，将纸样技术的稳定和精准等特性使用到衬衫款翻领造型的毛衫设计中，经过研究其生产工艺，把毛衫成品编织出来，为衬衫翻领领型毛衫的生产提供参考。

该款毛衫的翻领分别采用双面提花组织、凸条提花组织、双反面组织进行工艺制作与实物编织。

一、设计说明

1. 实物效果图

双面提花组织衬衫式翻领毛衫裙及领部造型如图4-3-1所示，凸条提花组织翻领造型与双反面组织翻领造型如图4-3-2与图4-3-3所示。

2. 组织结构设计

此款毛衫裙身选择双面提花编织而成，花型实物及意匠图如图4-3-4所示，翻领分别采用双面提花、凸条提花及双反面三种组织编织，三种花型实物和对应的意匠图依次如图4-3-5~图4-3-7所示。

3. 款式设计

该款翻领毛衫裙为修身版型，衣身部位采用黑色和玫红色，前片采用左上右

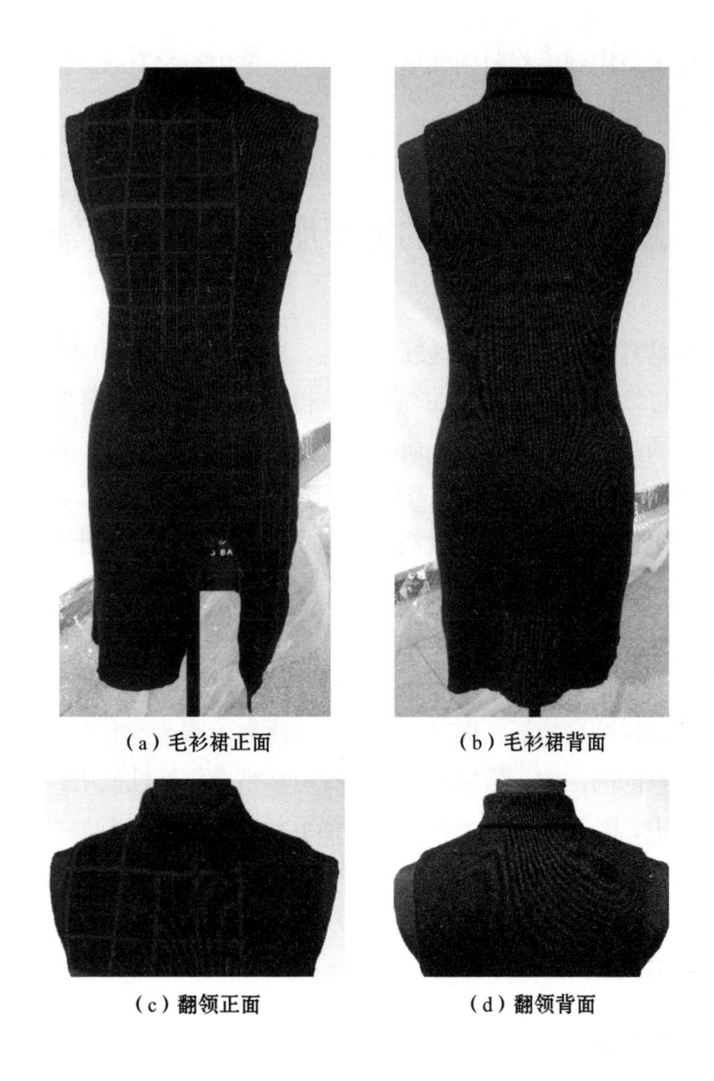

（a）毛衫裙正面　（b）毛衫裙背面

（c）翻领正面　（d）翻领背面

图4-3-1　双面提花组织衬衫式翻领毛衫裙及领部造型实物图

下的不规则玫红色方格花纹，裙底开衩。领型选用翻领，正面为黑色，整体造型优美典雅。为了与整体毛衫裙衣身组织的匹配，首选双面提花组织，毛衫裙采用黑色与玫红色条纹搭配，双面提花组织的翻领和衫身融合，不但确保翻领规格的精准度，而且和毛衫整体风格一致，达到了预期的设计制作效果。

凸条提花组织翻领采用了针织中独特的局部编织加翻针的技法实现，织物呈现局部凸起的效果，在毛衫裙整体中，领子凸条上玫红色点纹点缀了领型，此外黑色与玫红色的提花凸条效应与裙身部分的条格相呼应，增加了领子的立体效

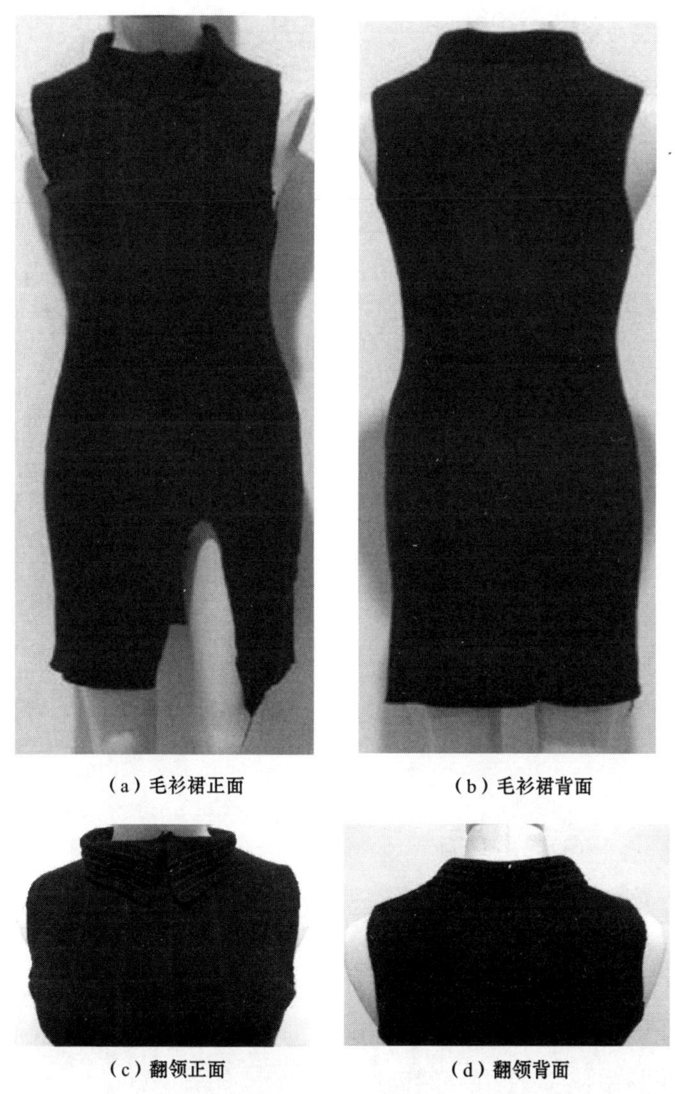

（a）毛衫裙正面　（b）毛衫裙背面

（c）翻领正面　（d）翻领背面

图4-3-2　凸条提花组织衬衫式翻领毛衫裙及领部造型实物图

果，使该款修身毛衫裙独具特色。

双反面组织以反面线圈为主，中间规律地填充正面线圈，形成纵向条纹，具有立体效应，平整织物上突出的纵向细条纹与衣身部分的玫红色格子协调统一、整体平衡。该款双反面组织翻领较双面提花组织翻领与凸条提花组织翻领轻薄，其上的正反针条格肌理明显，经过后整理的领子悬垂效果较好，略有卷边现象。

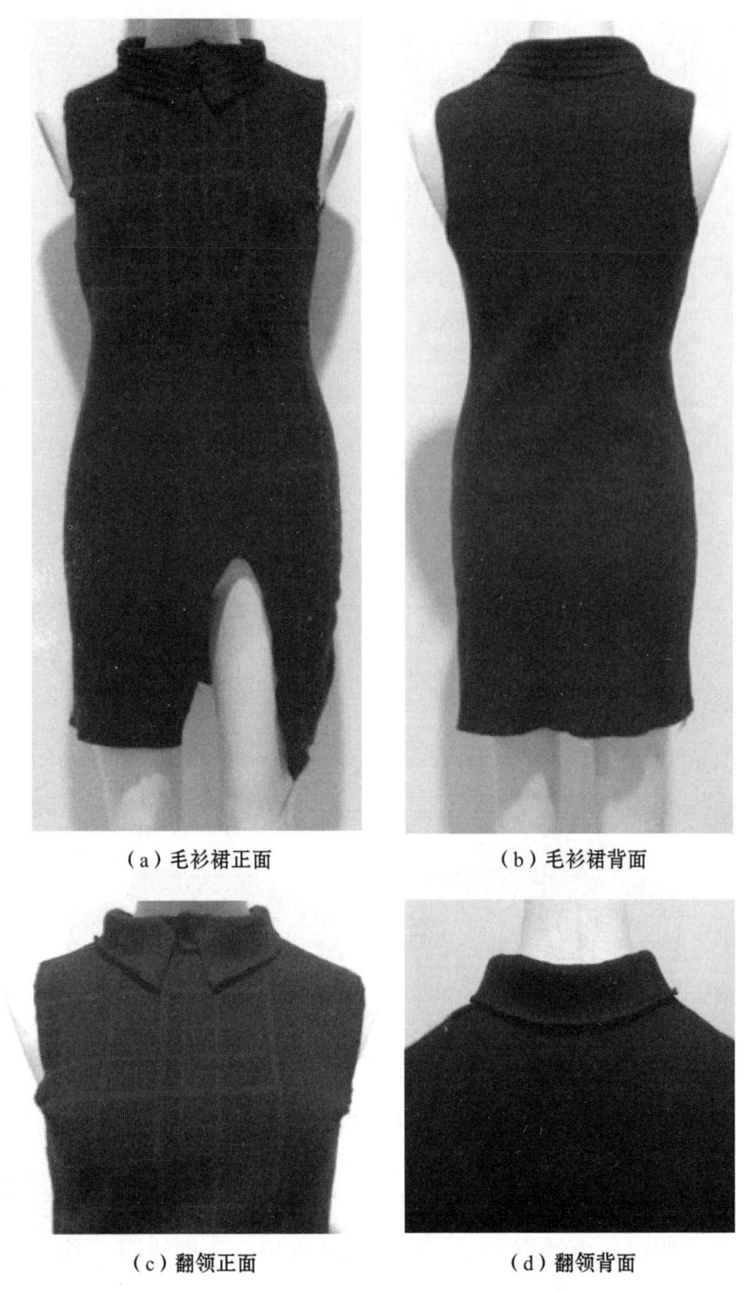

（a）毛衫裙正面　　（b）毛衫裙背面

（c）翻领正面　　（d）翻领背面

图4-3-3　双反面组织衬衫式翻领毛衫裙及领部造型实物图

二、成品规格

翻领毛衫裙成品规格见表4-3-1。

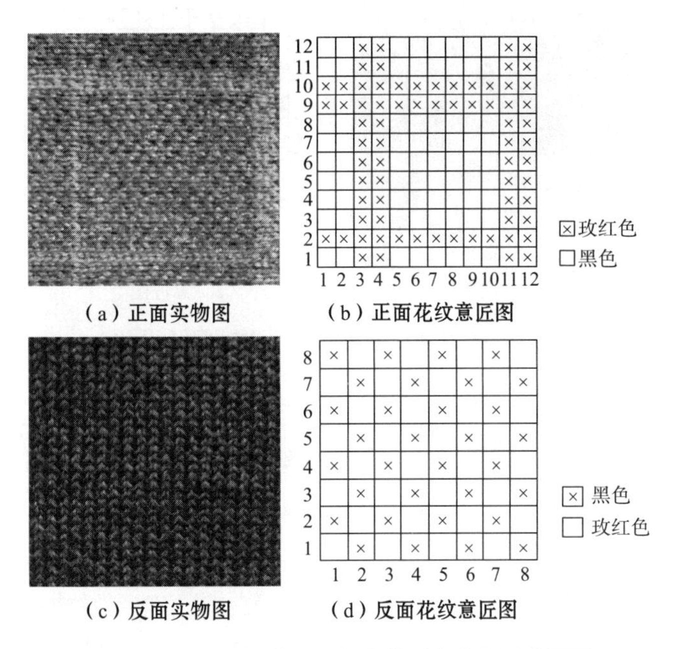

图4-3-4　双面提花组织裙身花型实物图及意匠图

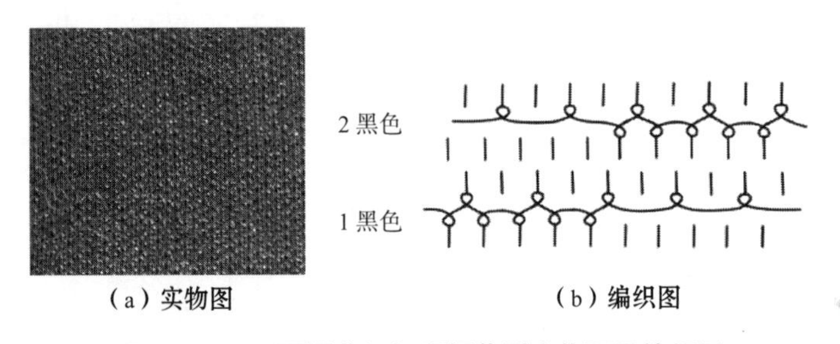

图4-3-5　双面提花组织翻领花型实物图及编织图

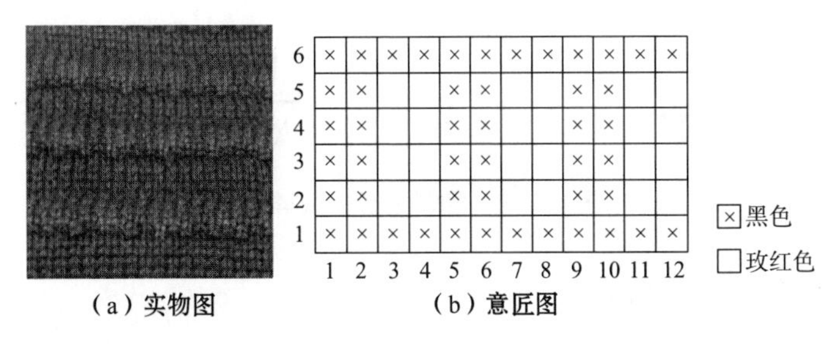

图4-3-6　凸条提花组织翻领花型实物图及意匠图

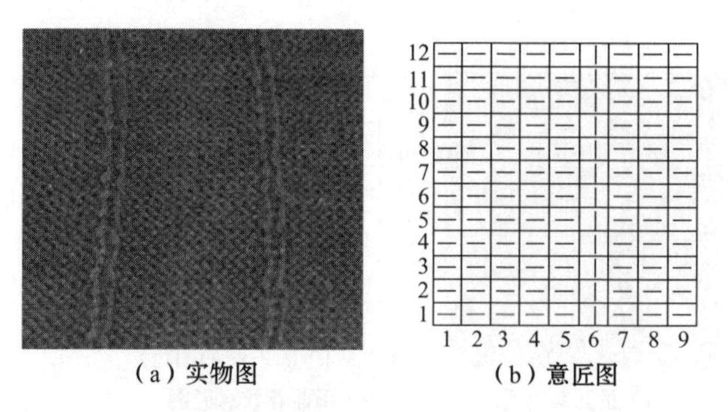

（a）实物图　　（b）意匠图

图4-3-7　双反面组织翻领花型实物图及意匠图

表4-3-1　翻领毛衫裙成品规格　　单位：cm

部位	衣长	胸围	腰围	臀围	领座	领面
规格	84	76	70	76	4	6

三、纸样

由表4-3-1所示翻领领型毛衫裙的规格尺寸，采取规格演算法绘制纸样，如图4-3-8所示。

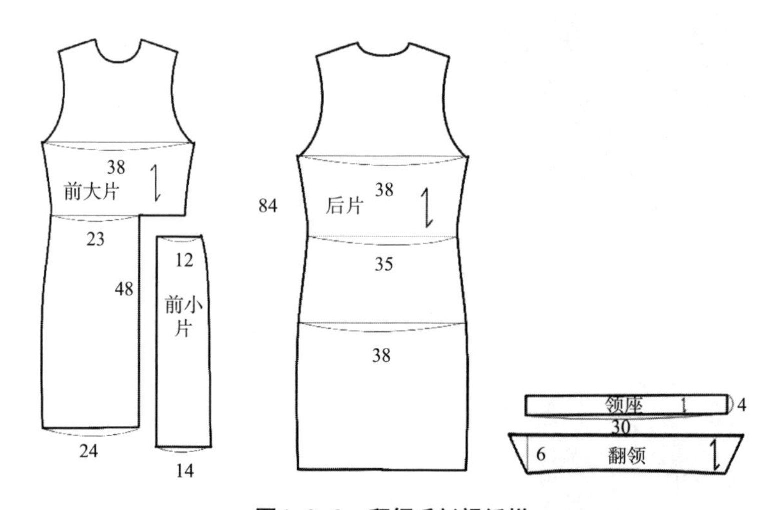

图4-3-8　翻领毛衫裙纸样

四、原料与编织设备

1. 原料

20.8tex × 2（48公支/2）混纺纱线，纱线成分为80%羊毛与20%羊绒组成。

2. 编织设备

龙星电脑横机，型号为LXC-252SC，机号为12G。

五、编织工艺

1. 成品密度

毛衫裙的翻领分别采用双面提花、凸条提花和双反面三种组织编织，成品密度见表4-3-2。

表4-3-2　织物成品密度

密度	双面提花	凸条提花	双反面
成品横密（针/10cm）	68.5	69.7	69.7
成品纵密（转/10cm）	50	62.6	42.8

2. 翻领纸样编织部位工艺计算分析

翻领纸样编织部位工艺计算图如图4-3-9所示。

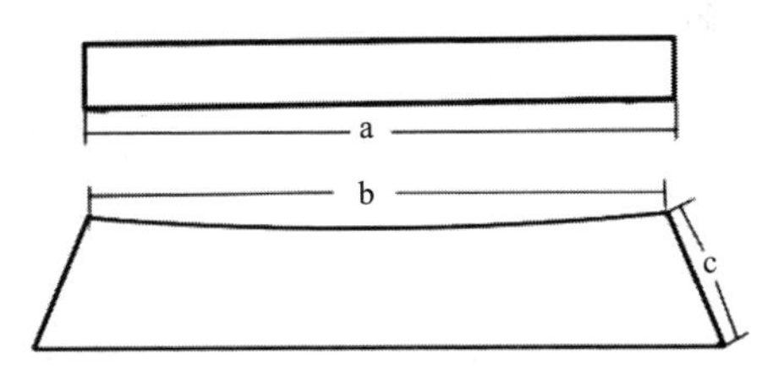

图4-3-9　翻领纸样编织部位工艺计算划分

a段是翻领的领座，由于此部位曲线弧度较小，针织物的拉伸性与弹性较好，所以能把此区域的曲线段更换成直线段计算编织工艺。根据规格大小，计算出编织针数及平摇编织要求的转数，注意在用废纱编织落片时可用集圈线圈做记号，用来后面套口领子时准确对位。

b段是领面区段，呈现左右对称，从下向上直线均匀放针，上侧边缘和衣片上领圈套口的弧线段采取中间部分上废纱落片，领面两侧采取分边收针对称式编织。

c段采用不留边直接收针，确定工艺时根据起针数与剩下针数之差确定出收针数，把收针数均匀配置到该段编织转数内，确保收针编织顺利进行，并能让领片四周的轮廓线顺畅。

3. 上机工艺图

由翻领毛衫裙纸样编织部位工艺计算分析结合织物密度及纸样规格尺寸，计算出翻领毛衫裙衣身、双面提花组织翻领、凸条提花组织翻领及双反面组织翻领的上机工艺，上机工艺图分别如图4-3-10~图4-3-13所示。

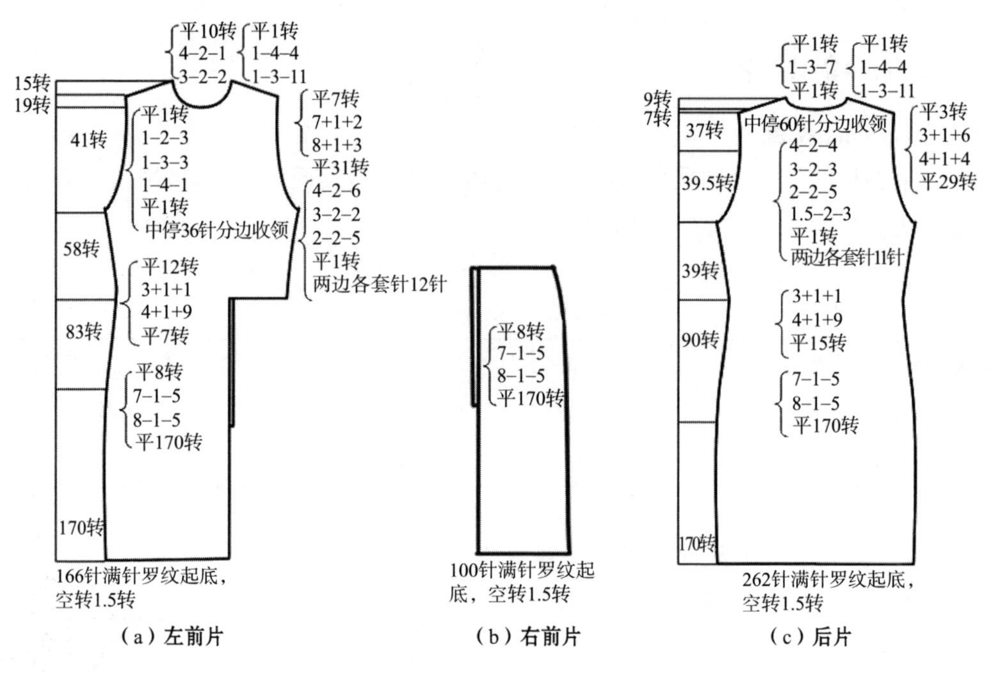

图4-3-10　翻领毛衫裙衣身上机工艺图

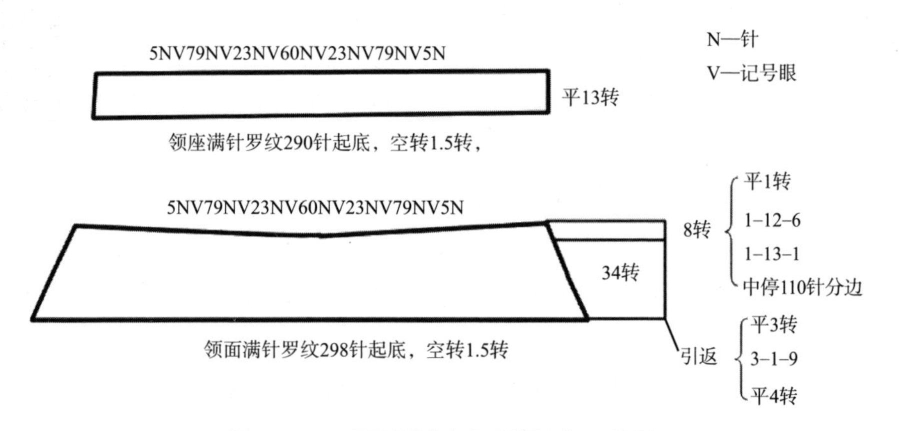

图4-3-11　双面提花组织翻领上机工艺图

4. 上机程序图

该款翻领毛衫裙衣身、双面提花组织翻领、凸条提花组织翻领、双反面组织翻领的上机程序图分别如图4-3-14~图4-3-17所示。

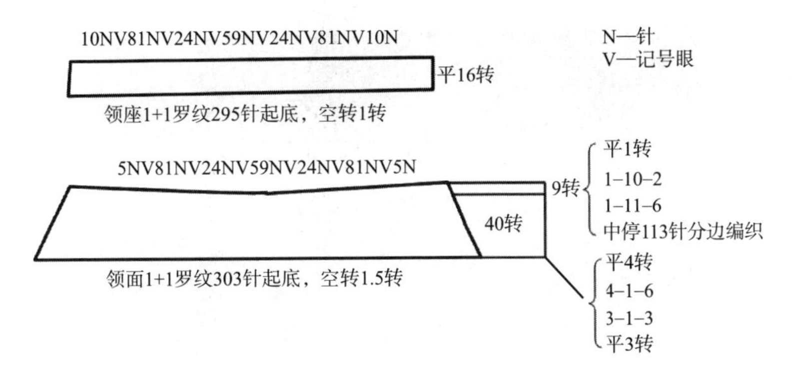

图4-3-12　凸条提花组织翻领上机工艺图

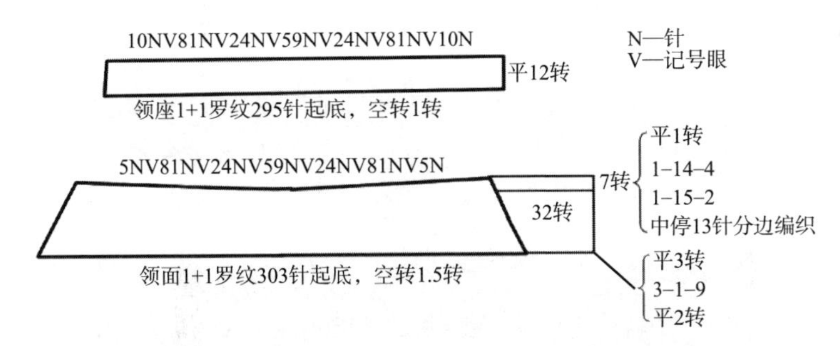

图4-3-13　双反面组织翻领上机工艺图

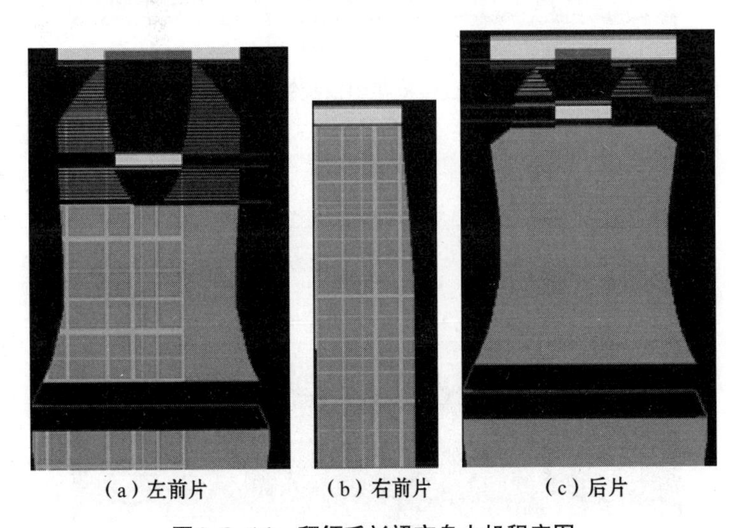

（a）左前片　（b）右前片　（c）后片

图4-3-14　翻领毛衫裙衣身上机程序图

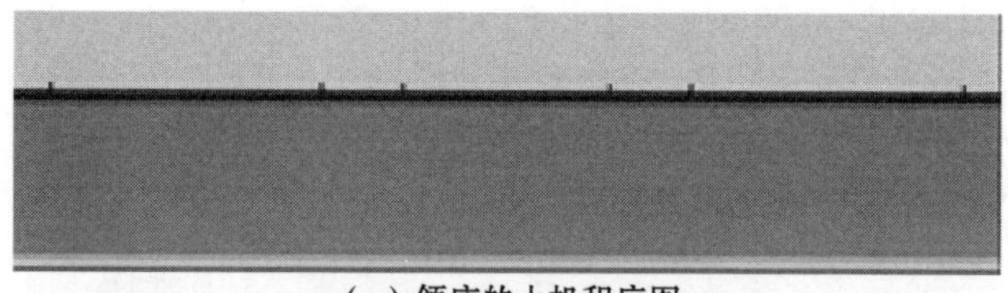
（a）领座的上机程序图

（b）领面的上机程序图

图4-3-15　双面提花组织翻领上机程序图

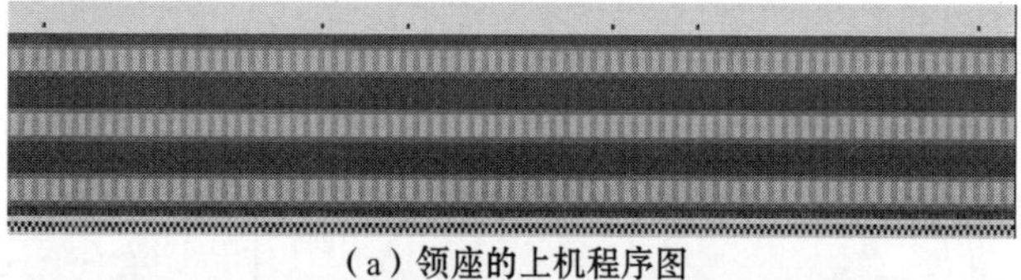
（a）领座的上机程序图

（b）领面的上机程序图

图4-3-16　凸条提花组织翻领上机程序图

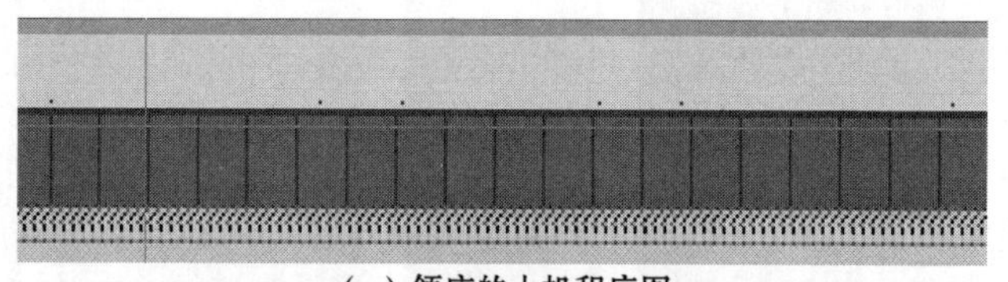
（a）领座的上机程序图

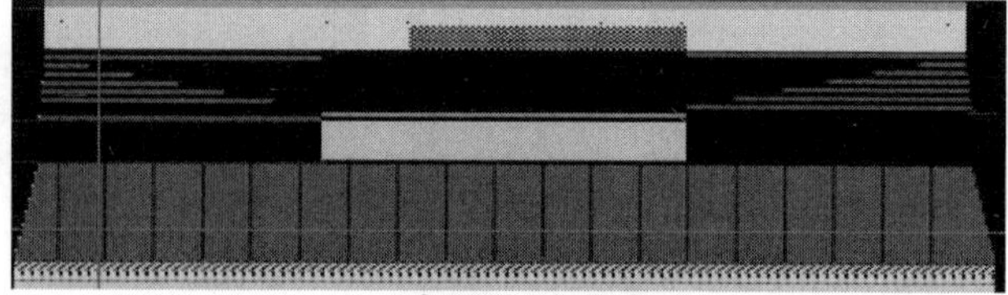
（b）领面的上机程序图

图4-3-17　双反面组织翻领上机程序图

5. 实物编织参数

该款翻领毛衫裙衣身、双面提花组织翻领、凸条提花组织翻领、双反面组织翻领的上机参数见表4-3-3。

表4-3-3　上机参数

段号	名称	度目值			罗拉拉力		
		双面提花	凸条提花	双反面	双面提花	凸条提花	双反面
1	废纱起底	80	—	—	20	—	
	1+1罗纹	—	80	—	—	18	
	1+1罗纹起底	—	—	65	—	—	12
2	废纱单面	100	—	—	15		—
	大身	—	95	—	—	20	
	空转	—	—	75	—	—	12
3	四平起底	65	—	—	15	—	—
	满针双面	—	85	—	—	20	
	1+1正式罗纹	—	—	70	—	—	18
4	空转	75	—	—	15	—	—
	凸条提花	—	80	—	—	20	—
	罗纹过渡	—	—	75	—	—	20
5	衣身	79	—	85	18	—	20
	翻前编织	—	85	—	—	20	—
10	翻针	75	75	75	0	0	0

注　—表示无数据。

六、后整理

该款翻领尺寸较小，由于造型需要还要保留领子翻折的余量，因此后整理过程中要保证织物不能过于柔软，要保持领子尺寸稳定，严格控制柔软剂用量与熨烫的方式。

凸条提花组织翻领的后整理需要注意两个方面：首先是凸条位置较厚，需要让其突出，单面部分需要收缩紧密；其次是熨烫定型不能挤压而且要保证尺寸稳定。

双反面组织翻领的后整理除柔软处理以外还需要进行平整处理，由于其严重的卷边性，加上尺寸较小，因此后整理需要进行质量保证。根据纸样的尺寸与织物组织密度要求完成双反面翻领的制作。

七、本节小结

在毛衫工艺计算中，完全根据纸样的大小进行分析，编织过程中保证领子整体与衣身密度相同。三种组织织物中采用双面提花编织的织物手感硬挺并且延伸性较小，不易被拉伸；凸条组织翻领制作过程简单，但编织过程较为复杂，需要从电脑制板、机器参数调节等多方面进行。按照翻领纸样进行该款凸条提花组织翻领的工艺计算，编织的翻领符合纸样的尺寸要求。不同组织的变化需要不同毛衫工艺的支持。选用双反面组织，与前两款领子选用相同的纸样，但因其组织密度不同，所以计算得到的毛衫工艺也会有所差距。通过不同组织领型的效果图可知，领型整体的尺寸若要符合工艺要求，必须考虑纸样尺寸和工艺计算。

为了与毛衫衣身部分保持一致，组织花型首选双面提花，使翻领硬挺平顺；凸条提花组织应用在这款翻领上，通过运用玫红色与黑色的色彩搭配，结合针织技法中的局部编织，在织物表面形成凸条状提花，让领子显得更加立体；前两种组织表面均为正面线圈，双反面组织翻领主要体现了反面线圈的特点，也展示出不同线圈形态形成不同的肌理效果。

三种不同组织领型的制作，与衣身的较好缝合，体现出纸样技术对于羊毛衫领型的工艺与制作具有很好的指导作用。

第四节　基于纸样技术的毛衫服装连帽领装饰设计

一、设计说明

1. 实物效果图

双面提花组织、双反面组织、空气层提花挑孔组织连帽领蝙蝠衫及领部造型分别如图4-4-1~图4-4-3所示。

2. 组织结构设计

连帽领蝙蝠衫的衣身采用双面提花组织编织而成，花型实物和相应的意匠图如图4-4-4所示，双面提花组织、双反面组织、空气层提花挑孔组织连帽领的花型实物和相应的编织图及意匠图分别如图4-4-5~图4-4-7所示。

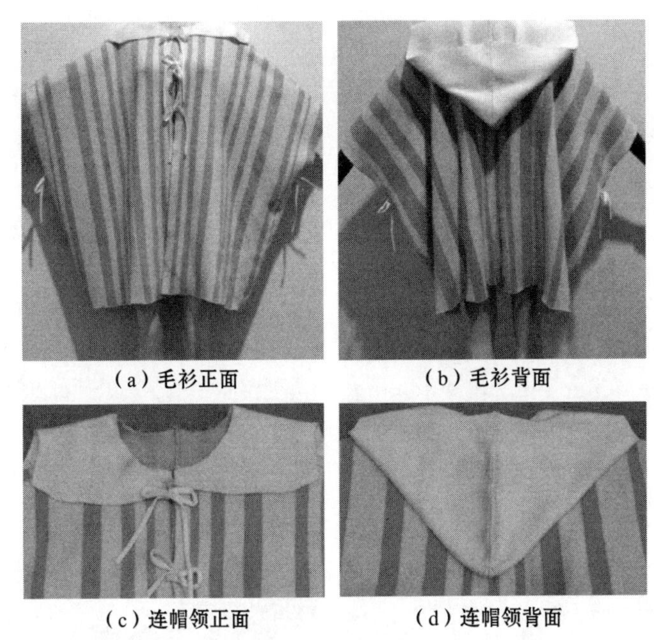

（a）毛衫正面　（b）毛衫背面

（c）连帽领正面　（d）连帽领背面

图4-4-1　双面提花组织连帽领蝙蝠衫实物图

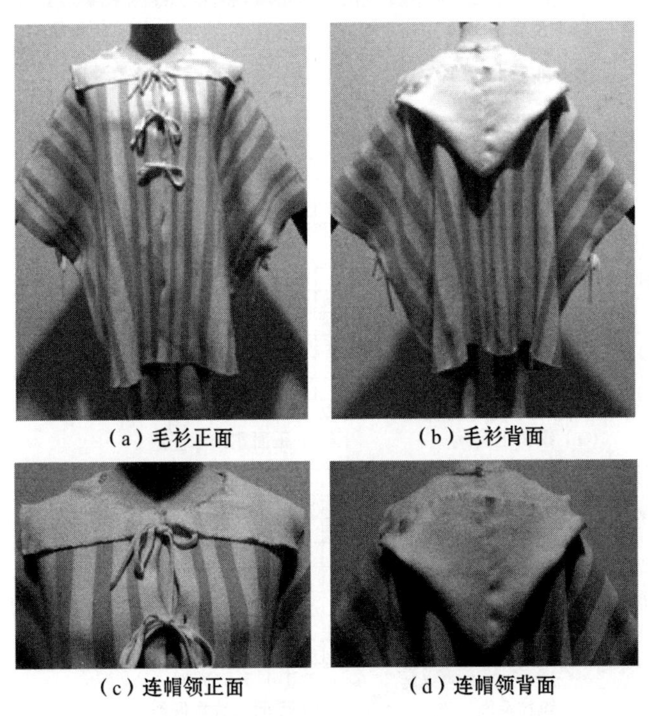

（a）毛衫正面　（b）毛衫背面

（c）连帽领正面　（d）连帽领背面

图4-4-2　双反面组织连帽领蝙蝠衫实物图

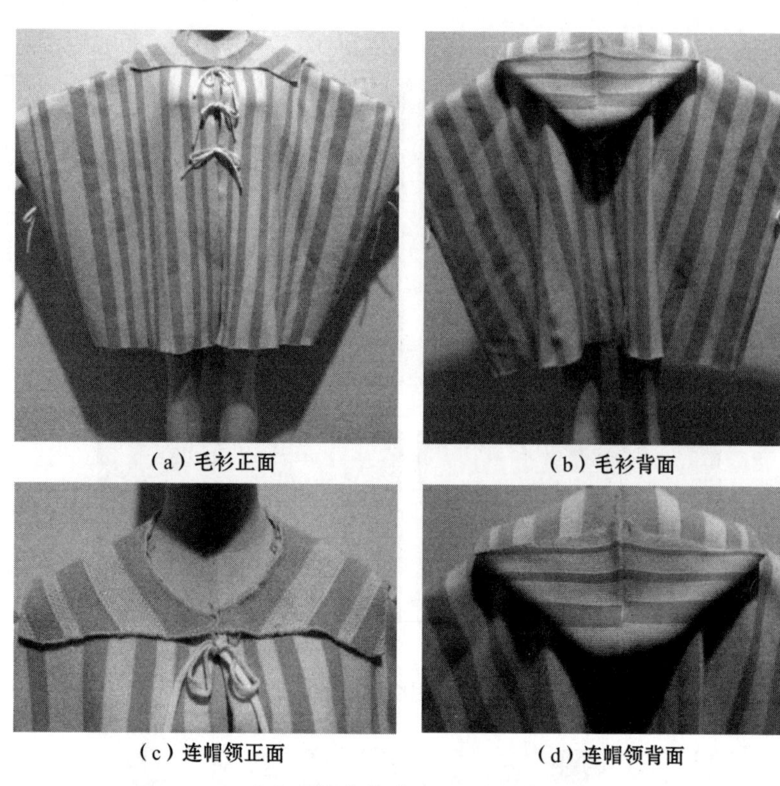

（a）毛衫正面 （b）毛衫背面

（c）连帽领正面 （d）连帽领背面

图4-4-3 空气层提花挑孔组织连帽领蝙蝠衫实物图

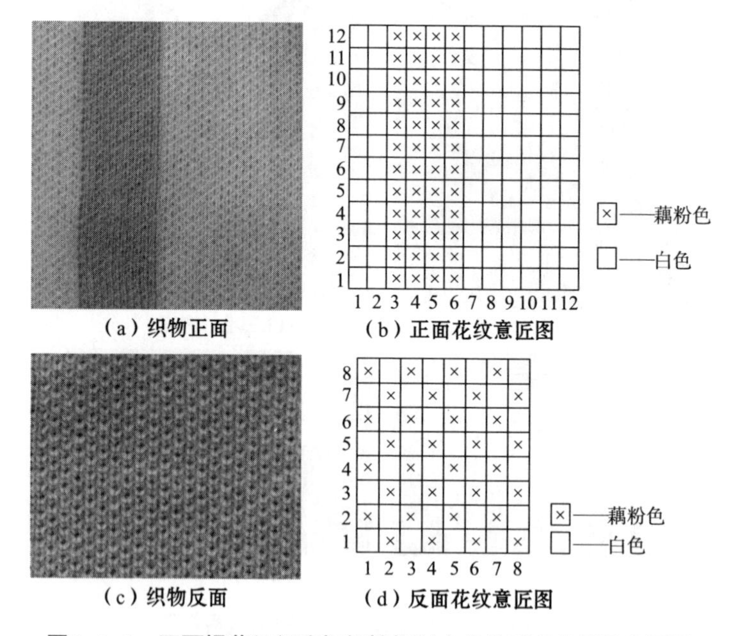

（a）织物正面 （b）正面花纹意匠图

（c）织物反面 （d）反面花纹意匠图

图4-4-4 双面提花组织连帽领蝙蝠衫衣身花型实物图及意匠图

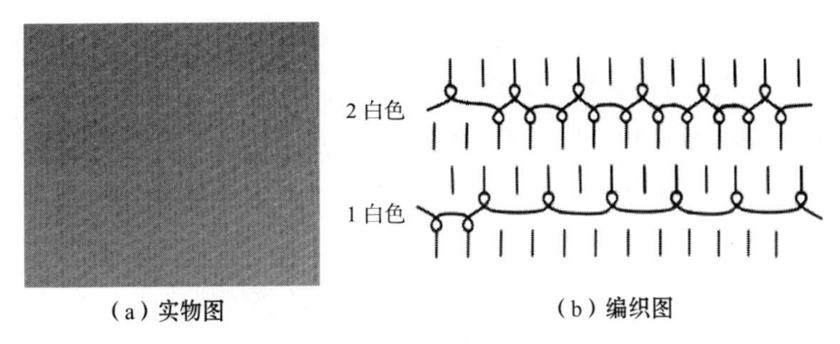

（a）实物图　（b）编织图

图4-4-5　双面提花组织连帽领花型实物图及编织图

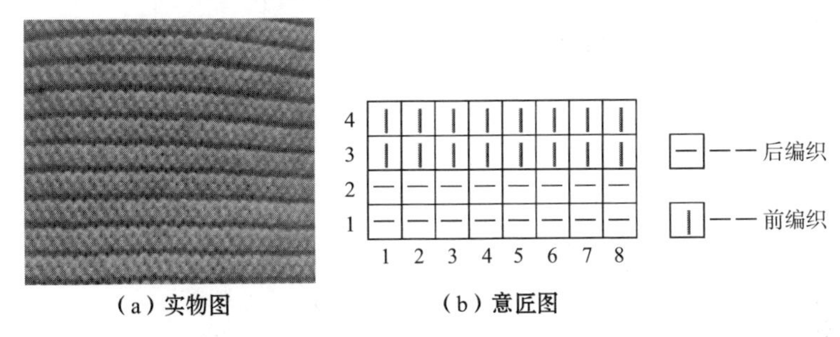

（a）实物图　（b）意匠图

图4-4-6　双反面组织连帽领花型实物图及意匠图

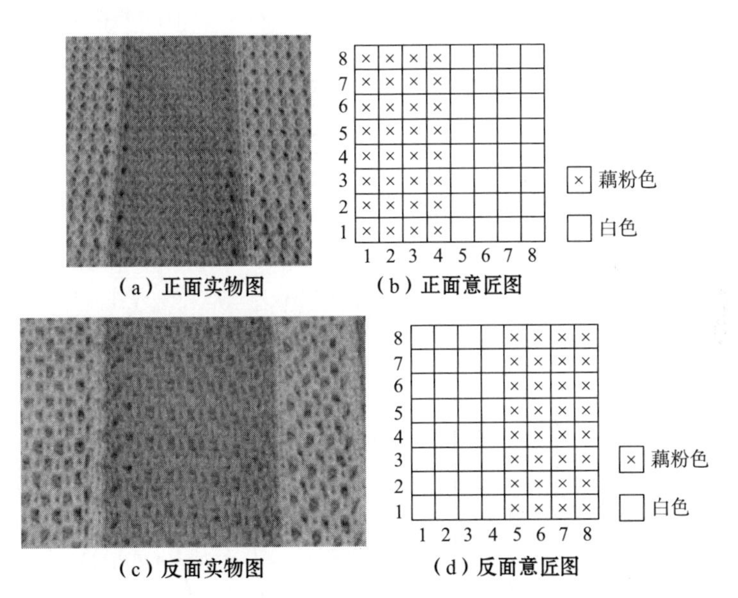

（a）正面实物图　（b）正面意匠图

（c）反面实物图　（d）反面意匠图

图4-4-7　空气层提花挑孔组织连帽领花型实物图及意匠图

3. 款式设计

双面提花组织连帽领与衣身的组织相同，纱线选用纯白色羊毛与羊绒混纺纱，与衣身上的白色条纹呼应，能够更好地体现蝙蝠衫整体宽松休闲的感觉。

双反面织物的厚度能够达到双面织物的厚度，织物两面外观肌理相同。把此款连帽领型配置到蝙蝠衫上，将衫身上的白色作为主色调，双反面结构呈现凹凸肌理外观，和蝙蝠衫组合可形成独特的视觉效果。双反面组织连帽领实物的工艺尺寸与纸样原型吻合，领子部分易于翻折造型，双反面组织连帽领与提花组织连帽领相比悬垂性稍差，但依然可以很好地协调毛衫的整体风格。

采用空气层提花挑孔组织编织连帽领，结构复杂，正反面花型形成的提花效果相反，织物表面的孔眼使连帽领立体感强，视觉效果较好。与蝙蝠衫的白色、橘色条纹搭配，在保证毛衫整体效果的同时，增加领子部位的亮点，提高了毛衫整体的附加值。

二、成品规格

连帽领蝙蝠衫成品规格见表4-4-1。

表4-4-1　连帽领蝙蝠衫成品规格　　单位：cm

部位	衣长	胸围	下摆	袖长	连帽领长	连帽领宽
规格	74	105	95	46	19	26

三、纸样

由表4-4-1所示连帽领蝙蝠衫的规格尺寸，采用规格演算法绘制纸样，如图4-4-8所示。

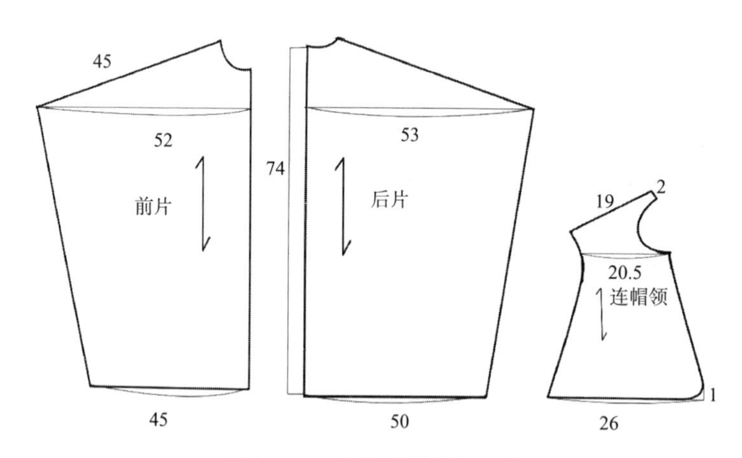

图4-4-8　连帽领蝙蝠衫纸样

四、原料与编织设备

1. 原料

20.8tex×2（48公支/2）混纺纱线，纱线成分为80%羊毛与20%羊绒组成。

2. 编织设备

LXC-252SC型12G龙星电脑横机。

五、编织工艺

1. 成品密度

连帽领蝙蝠衫的领子采用双面提花、双反面和空气层提花挑孔三种组织分别编织，成品密度见表4-4-2。

表4-4-2　织物成品密度

密度	双面提花	双反面	空气层提花挑孔
成品横密（针/10cm）	68.5	68.0	61.7
成品纵密（转/10cm）	50	64.2	51.4

2. 连帽领纸样编织部位工艺计算分析

蝙蝠衫连帽领纸样编织工艺计算部位划分如图4-4-9所示。

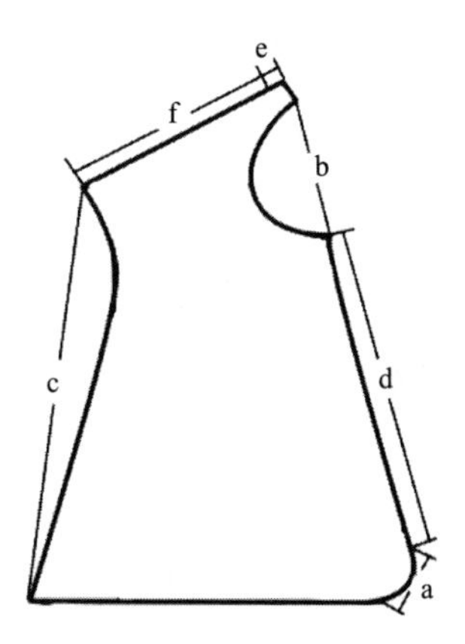

图4-4-9　连帽领纸样工艺计算部位划分

a段是连帽最上方两个帽片接合的地方，为确保连帽尖部弧线造型，需要采取先快后慢的放针方法形成，目前制定毛衫编织工艺时如果一转内放针针数较多，可以采用引返技术进行局部编织，放针完成后再进入帽片编织，此类编织方法不但操作稳定，而且方便实现；

b段是连帽领边缘和毛衫衫身领窝接缝处，弯曲程度大而且对编织操作要求较高，所以可以划分数段线段，再对每段进行收放针配置，划分的段数越多，每段曲线弧段便会越平顺。根据规格大小通常采取编织废纱水平落片，接着采用先快后慢的方法进行减针操作，再平摇编织，最后采用先慢后快的放针方法编织实现；

c段是连帽的帽口边缘，为曲线段形态，为使此边缘平顺，因此需对此区段曲线段划分数段进行收放针，采用先快后慢的收针方法，先进行平摇编织，再逐步进行放针操作，采用先慢后快的放针方法，放针操作时最好一次放一针，编织出的帽片边缘尤其圆顺平滑；

d段是左右帽片的接缝部位，为确保收针编织处光洁平坦，采取一段收针方法，以此确保帽片缝合后帽子表面平展且能下垂后较伏贴；

e段是将连帽领的两边进行收针编织后的操作，通常在此处留下几根针编织废纱落片；

f段为连帽领的前下边缘，按照规格大小和成品密度计算出的收针数及相应的编织转数配置收针方式，若不可实施一段式收针，按照此区段曲线最适合的弯曲走向明确出收针方法。对于均匀直线式收针，如果编织转数较少但需要收针的针数较多，可采取引返进行收针。

此款连帽领的轮廓曲线变化较多，需要进行收放针的区段也多，制定编织工艺时需要最大限度地精简工艺来确保编织顺利实现。

3. 连帽领上机工艺图

根据连帽领纸样编织工艺和织物成品密度及规格尺寸，分别制定出毛衫前片、后片的编织工艺及采用双面提花、双反面、空气层提花挑孔三种组织分别编织的连帽领编织工艺，前片及后片上机编织工艺图如图4-4-10所示；连帽领上机

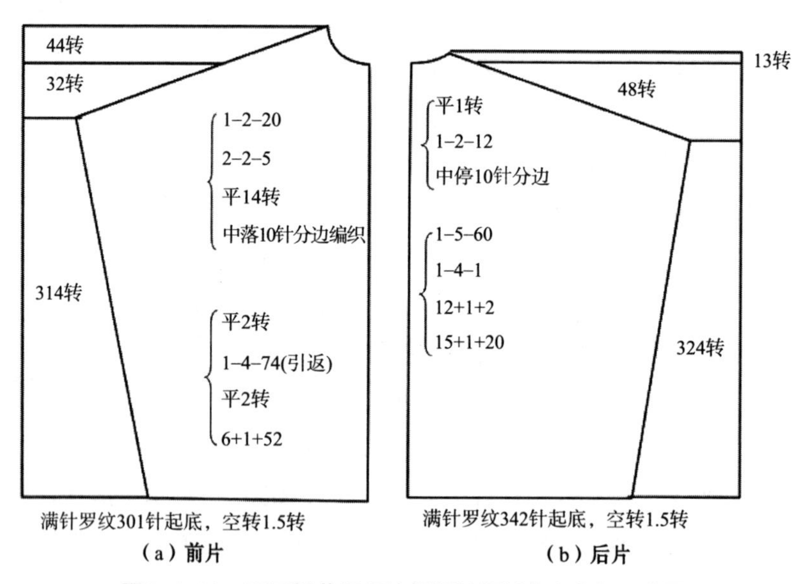

（a）前片　　（b）后片

图4-4-10　双面提花组织连帽领蝙蝠衫衣身上机工艺图

编织工艺图如图4-4-11~图4-2-13所示。

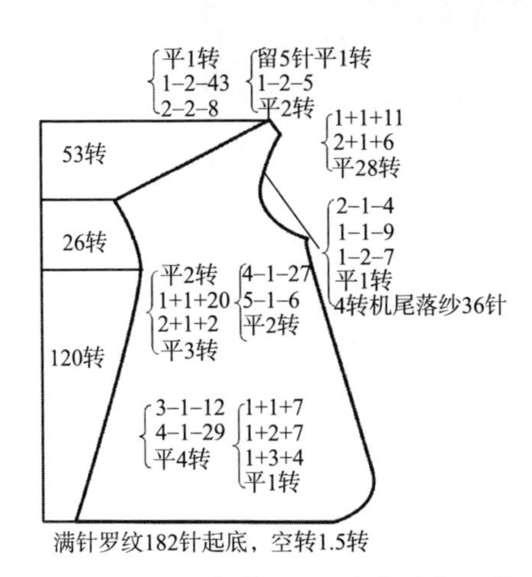

图4-4-11　双面提花组织连帽领上机工艺图

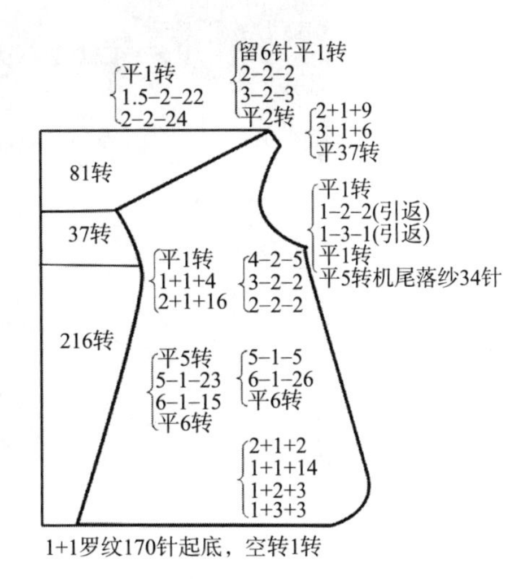

图4-4-12　双反面组织连帽领上机工艺图

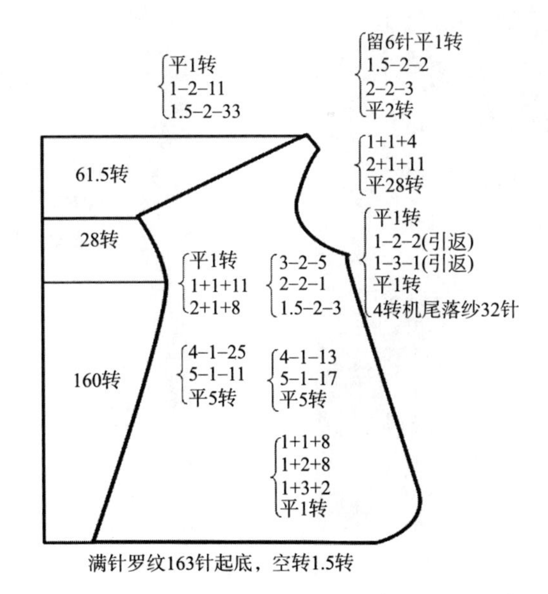

图4-4-13　空气层提花挑孔组织连帽领上机工艺图

4. 上机程序图

该款双面提花连帽领蝙蝠衫的衣身、双面提花组织连帽领、双反面组织连帽领、空气层提花挑孔组织连帽领的上机程序图分别如图4-4-14~图4-4-17所示。

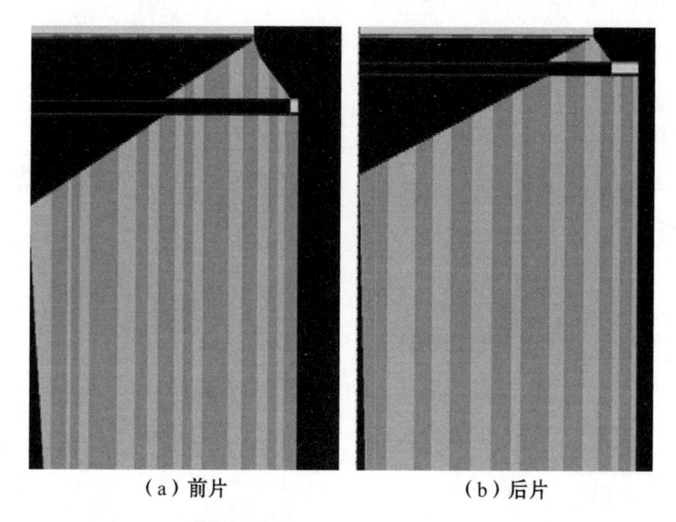

（a）前片　　（b）后片

图4-4-14　双面提花组织连帽领蝙蝠衫衣身上机程序图

图4-4-15　双面提花组织连帽领上机程序图

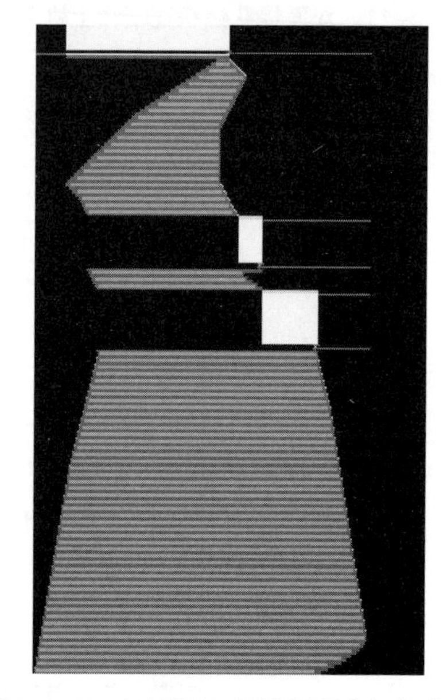

图4-4-16　双反面组织连帽领上机程序图

5. 实物编织参数

蝙蝠衫衣身、双面提花组织连帽领、双反面组织连帽领、空气层提花挑孔组织连帽领的上机参数见表4-4-3。

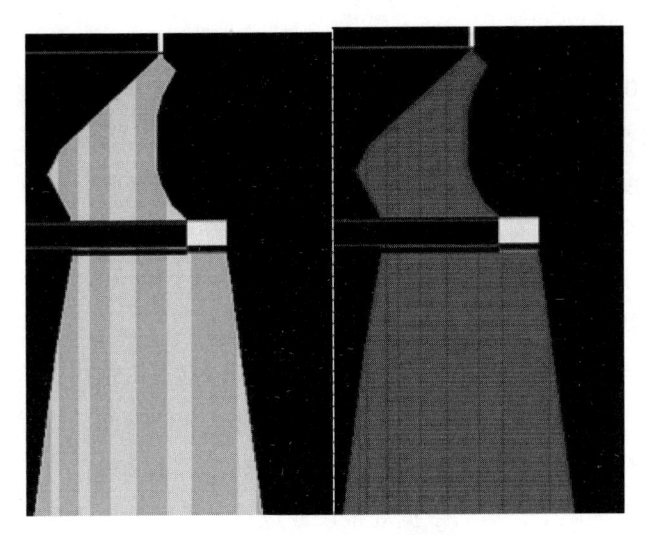

图4-4-17　空气层提花挑孔组织连帽领上机程序图

表4-4-3　上机参数

段号	名称	度目值			罗拉拉力		
		双面提花	双反面	空气层提花挑孔	双面提花	双反面	空气层提花挑孔
1	废纱起底	80	—	—	20	—	—
	1+1罗纹起底	—	65	—	—	12	—
	废纱起底	—	—	80	—	—	20
2	废纱单面	100	—	100	15		15
	空转	—	75	—	—	12	—
3	四平起底	65	—	65	15	—	15
	1+1正式罗纹	—	70	—	—	15	—
4	空转	75	—	75	15	—	15
	过渡	—	75	—	—	18	—
5	衣身	79	—	100	18	—	—
	大身	—	85	—	—	18	20
10	翻针	75	75	75	0	0	0

注　—表示无数据。

六、后整理

连帽领使用以白色为主的80%羊毛与20%羊绒的20.8tex×2（48公支/2）纱

线原料，水洗时按照织物重量加入10%的羊毛平滑剂和2%的羊绒柔软剂，浴比1∶40，浸泡20分钟，60℃烘干。处理后根据实际情况分析织物的尺寸与纸样原型的差异。由于收缩的因素，允许误差在0.5~1cm之间，若差异过大需要重新计算织物组织密度和编织工艺，若误差在允许范围内则需要整烫定型至最佳尺寸。

双反面组织因其具有很好的收缩性，织物会较一般单面织物厚重，其后整理主要包括缝合套口、柔顺处理、尺寸确定等。由于织物纵向延伸性较大而易变形，所以在整烫时要注意保持原有尺寸，不可拉伸。

由于空气层提花挑孔织物较厚，织物后整理包括下机锁边、钩线、水洗、烘干、熨烫定型等工序。此款服装使用羊毛与羊绒组成的混纺纱线编织，所以水洗操作时进行柔软整理。根据毛衫重量增添柔软剂，浴比调整适宜后将织物浸泡约20分钟，再把织物烘干，最后依据规格尺寸进行熨烫定型。空气层提花挑孔织物较提花织物硬挺度增大但弹性减小，水洗处理后若达不到柔软效果，则可延长处理时间和增加助剂用量。

七、本节小结

该款连帽领分为两片，中间需要套口缝合，领子部位有翻折造型，帽身自然下垂。蝙蝠衫纸样制作工艺较简单，仅需要平均分配收放针即可，完全能够达到纸样的尺寸，而连帽领的各部位弧度均需要精确的计算才能够实现。在编织工艺计算中，完全根据纸样的大小进行分析，弧度较大的部位采用多段式直线收放针，弧度较小的部位根据情况采用一段式收放针。

双面提花组织的连帽领，织物两面外观效应不同，为确保织物两面呈现效应相同，故选择两种颜色相同的纱线，即保证了双面提花的厚度与风格，又使正反面颜色相同，体现了针织工艺灵活多变性；双反面织物编织方法较为简单，但由于织物的较大弹性，其尺寸控制要求较高；空气层提花挑孔组织连帽领在色彩上与衣身协调统一，在肌理纹样上又能发挥锦上添花的作用。

连帽领蝙蝠衫的成功实现，反映出将纸样技术应用到毛衫连帽领领型编织工艺制定中的方法切实可行，具有一定的参考价值。

第五章

基于纸样技术的毛衫服装袖型装饰设计

当前人们更加推崇运动休闲时尚的消费观，毛衫服装因延伸性优良、组织结构丰富、独特的外观肌理及舒适的手感越来越得到消费者的喜爱，伴随内衣逐渐外穿的发展，毛衫的服用地点和服用时间也逐渐扩大，使毛衫的造型和生产工艺面临新的挑战。而袖子作为服装重要的构成要素，袖型设计也是纸样技术中十分重要的一个环节。袖型改变是改变服装造型的重要标志。

第一节　袖子分类与结构设计

袖子是在符合人体上肢运动规律的基础上包裹上肢而成型的结构，经接缝能呈现筒形外观。袖子一般包括袖山、袖身、袖口三个部分。服装轮廓造型的千变万化，袖型也发生形形色色的改变，一片袖是服装配袖中最基本的袖型，由此可以变化出两片袖、三片袖、插肩袖及连身袖等类型，同时不同袖型之间能够彼此转化。由袖山和袖身部位至袖口处均能经过切割、转移、变形、重合、展开、重组和分离等各种方法进行改变，使袖型种类五彩缤纷[41]。

一、袖子的分类

袖子的结构与外观造型多种多样，从不同的角度袖子可有不同的分类：根据袖子的长短，可分为长袖、无袖、五分袖、连肩袖及七分袖等；根据袖子的轮廓线，可分为插肩袖、灯笼袖、泡泡袖、平袖及喇叭袖等；根据衣片与袖片的连接形式，可分为圆袖、平袖、插肩袖、连袖及连肩袖等；根据袖子的结构，可分为一片袖、两片袖和多片袖。常见毛衫服装的袖型如图5-1-1所示。

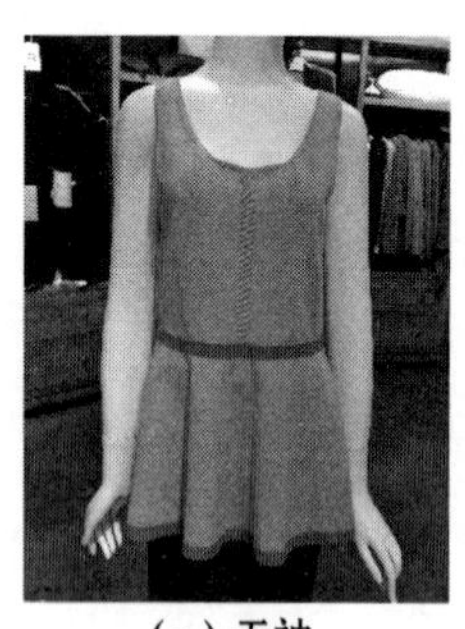
（a）无袖

（b）平袖

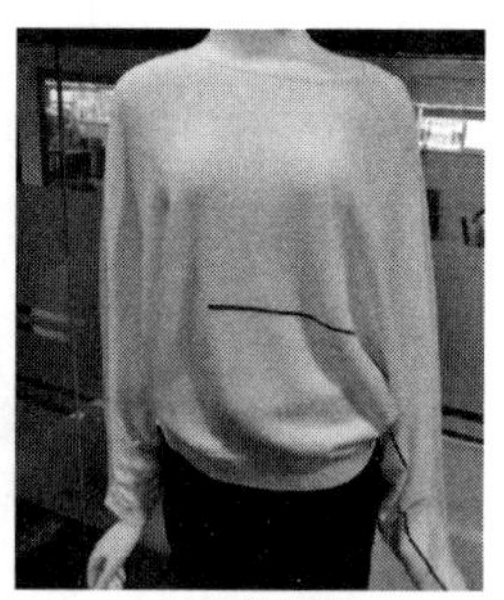
（c）蝙蝠袖

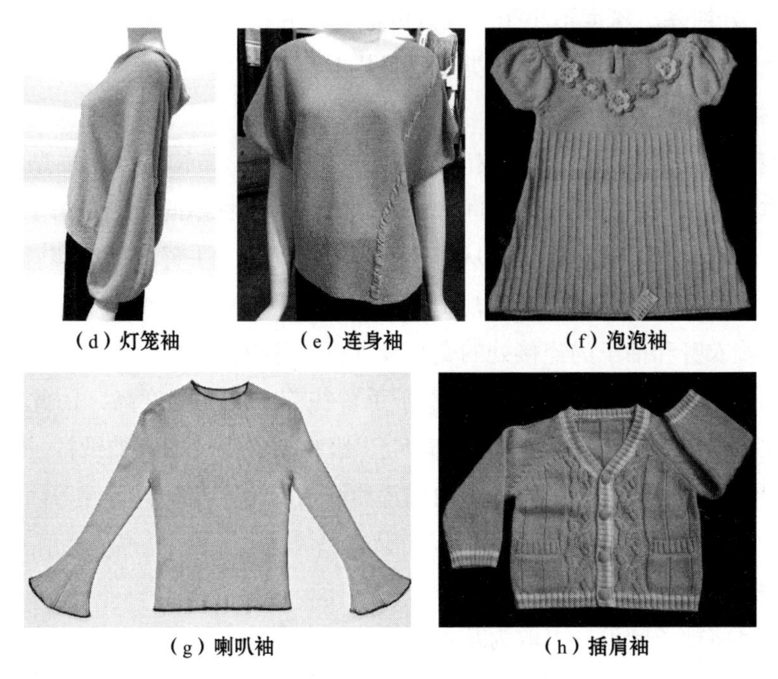

（d）灯笼袖　（e）连身袖　（f）泡泡袖

（g）喇叭袖　（h）插肩袖

图5-1-1　不同袖型毛衫服装

二、袖子结构设计要素

1. 袖窿结构分析

袖窿是衣袖装配于衣身的基础，其形状受前身胸宽、后身背宽及胸围尺寸等规格的限制，其尺寸是一个复杂的变量。因为袖窿和人体臂根围要相吻合，所以它的形状和尺寸来自人体，但是服装袖窿和人体的手臂根部位完全重合的概率很低[42]。因此需按照服装各种风格造型进行放松量，并将松量分配到不同部位处，给袖窿的宽度和深度均能带来影响。袖窿的轮廓线与手臂根部的造型及形状密切相关[42]，手臂根的不同形态、手臂运动的不同形态以及服装的不同风格造型都会改变袖窿的结构。

通常把袖窿的基本形状分为以下三类：

（1）圆袖窿。根据手臂根围度和适宜的松量形成，最接近人体的造型，一般用于西服、职业装等正规的制服中。

（2）尖袖窿。是对圆袖窿进行处理，由腋下往下方延伸，提高袖窿的深度，形成尖形状的袖窿，该形状方便手臂运动，通常使用于休闲类、夹克类及T恤等类型的服装上[42]。

（3）方袖窿。深度不小于尖袖窿的深度，并把宽度增大，方便手臂自由活动，该种类型袖窿常应用到无袖类型的服装上。

2. 袖山结构分析

服装袖型是依赖于人体上肢形态而构成的，袖山结构是决定袖型款式的关键。人体外表呈现为不规则的空间体，人体上肢处于身躯的两侧，由多个凹凸曲面组成且运动复杂，形态各异。从研究人体结构发现，手臂腋窝底和肩部关节连接处的横截面，其纵向尺寸即为袖山高尺寸，展现出上面形小、下面形大的椭圆形状。沿着衣身和袖子的连接处的交叉线进行展开得到的形状即为袖山弧线，袖山弧线通常分前段与后段两部分，由于手臂往前方活动程度高，因此袖山弧线的前段比后段的弯曲程度大[42]。实际上，服装结构设计的衣袖纸样是根据腋窝（即袖肥线）设定的位置、肩处绱袖位置和绱袖的角度及材料特性等因素的差异而变化。

3. 袖肥的变化

袖肥是将袖子腋下一点取为基点，从该基点向袖中线的垂线长度即为袖肥，该值对袖子的宽窄起关键作用。通过增加袖肥尺寸能使袖山弧度与袖口宽均增大，用来实现服装造型变化及人体活动需求[42]，增加袖肥有平移增加袖肥和抬高增加袖肥两种方法。

4. 袖窿、袖山、袖肥的关系

舒适美观、风格迥异的袖型设计首要解决的是袖山形态、袖肥大小及袖窿形状三项指标间的关系，该三项指标既相互制约，又相互适应。

（1）袖山与袖肥。正如“一把钥匙配一把锁”，不同袖山对应相应的袖肥，在服装制板时，袖山的高度产生的袖肥如若不适宜，此时要对袖山高的高度进行调整，以此来变化袖肥，由此可见袖山和袖肥之间的制约关系。若袖肥增大，袖山高则变小，袖子变阔，对应的褶量较大，袖子的活动功能强，穿着舒服；若袖肥减小，袖山高会增大，袖子变窄，褶量相应减小，袖子的活动功能弱，贴合手臂。

（2）袖窿与袖山。袖窿弧线一般比袖山弧线小几厘米，该数值是为满足人体运动额外的加量，用抽袖包方法将松量平均分配，通常袖底处不做放量处理，制板过程中，将袖山弧线段上的放量主要集中到袖山顶端。经研究可见，袖山和袖窿变化趋势相同，若袖山弧度较小和弧度较大的袖窿搭配使用，或相反配置，袖子外观均表现出不平整，使该处呈现出皱皱的外观或者抽紧现象。

在袖子结构中，袖山、袖肥及袖窿三者都发挥着举足轻重的作用，关系服装整体构成与造型设计，只有将三者合理设置才能设计出端庄适体、舒服美观的服装。

第二节　袖子纸样技术

一、袖原型制图

袖片的原型需要在衣片原型的基础上进行绘制，如图5-2-1、图5-2-2所示。袖片原型制图时，由于袖山高和袖肥宽这两个尺寸的确定均在袖窿弧长（*AH*）尺寸基础上进行相关计算得到，因此对袖片进行制图需要先明确袖窿弧长（*AH*）及袖长这两个尺寸。由此可见，袖窿弧线丈量的精准度与袖片、衣片两者能否恰当吻合息息相关[43]。袖窿弧长（*AH*）测量时是用软尺测量袖窿弧线，*AH*=前*AH*+后*AH*。制图步骤如下：

（1）将衣片袖窿拷贝到另一张纸上。画衣片的胸围线、侧缝线，将后肩点至侧缝线的后袖窿线进行拷贝，接着画*G*线水平线。然后把前片*G*线至袖底线进行拷贝，并绕*BP*点旋转关闭前衣片的袖窿省，最后拷贝由肩点起始的前片袖窿线。

（2）确定袖山高度，画袖长。往上延伸侧缝这条线段即可得到袖山线，且于此线段上绘制袖山高。袖山高为前后肩高度差的1/2处至胸围线垂直高度的5/6。从袖山点取袖长尺寸绘制袖口水平线。

（3）取衣片袖窿的尺寸作袖山辅助线并确定袖宽。取前*AH*尺寸连接袖山顶点相交于前胸围线上，选后*AH*尺寸增加1cm再和袖山顶点相连接并在后胸围线上相交，接着由前袖宽点和后袖宽点的位置竖直向下绘制出袖底线。

（4）画袖山曲线。把*G*线投影到袖窿底部，取中间4/6内的曲线依次向前、后袖底拷贝。由袖山顶点起在斜线上量前*AH*/4的点处再在斜线上纵向抬高1.8~1.9cm的尺寸连线绘制圆顺即是凸起的前袖山弧线，然后在斜线与*G*线的交点向上1cm处绘制圆顺向下凹的弧线。后袖山曲线是取前*AH*/4的位置1.9~2.0cm，并连接绘制圆顺向上凸起的弧线，在斜线与*G*线的交点向下1cm处绘制圆顺向下凹的弧线，最后将整条袖山弧线修顺。

（5）画袖肘线。量袖长1/2增加2.5cm后确定袖肘位置，并绘制水平袖肘线。

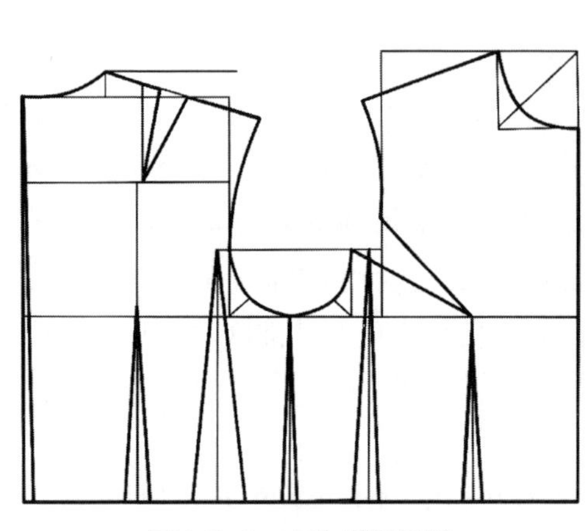

图5-2-1　衣片原型纸样

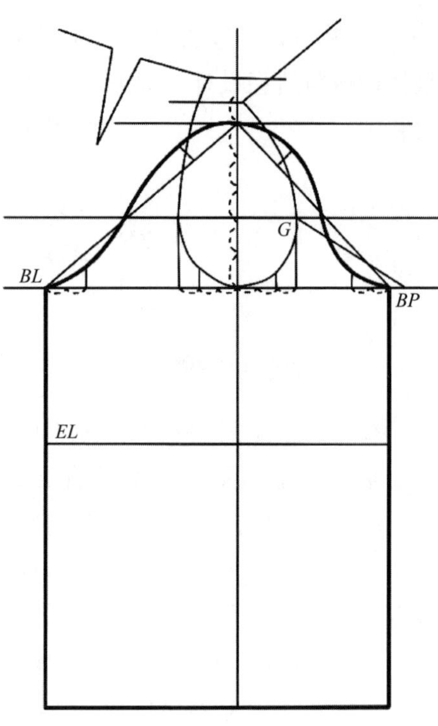

图5-2-2　袖原型纸样

二、袖子造型设计与纸样处理

在衣身的结构造型中，各个细节的更改均是基于一定的规则与方式改变的，袖子的造型设计同样不例外。

（1）肘省转移变化的纸样处理是女装贴身袖的结构基础，参考女装原型衣胸部省道转移的原理，在女装贴身袖的纸样绘制中能够扩充大量由肘省转移变化进行造型设计。为使一片袖能像两片袖一样具有符合人体上肢的适体性，纸样绘制一般可采取在肘部或袖口处进行收省[44]。并根据袖型的设计需要，肘省转移的结构线要短且隐蔽，通常以线迹不外露为准则。它的改变规律是在肘部端点处向后袖位置绘制结构线，对纸样做如此处理后可使袖型不但合体而且能保持整体外观效果。

（2）借用省道、褶裥抬高袖山的纸样处理是翘肩、箱形袖等流行女装袖造型的结构基础。抬高袖山的纸样处理适宜服装肩点高度大的衣袖造型，也能展示袖子高且挺拔的外观造型。此类流行女装的绱袖点一般在人体的实际肩点或者在肩点以内的位置，袖山的高度需要根据具体的袖型款式来提高。

（3）通过切展、增加褶裥量的纸样处理是女装泡泡袖、灯笼袖、羊腿袖等袖型的结构基础。

第三节　基于纸样技术的毛衫服装低耸肩袖型装饰设计

当前毛衫编织材料的丰富与编织设备功能日趋完善，毛衫服装的造型与肌理外观逐渐多样化，推动毛衫服装向外穿化和时尚化发展。但外穿化与时尚化设计对毛衫提出了更高的要求，不但服用要舒适，而且外观造型也需精致，此时关键是要解决毛衫服装板型制作工艺不够精确表达的缺陷。关于服装板型，机织服装先出现，毛衫服装较滞后，原因是针织物弹性好，之前不太强调毛衫服装的板型，毛衫服装多为成形衣片编织后套口，目前关于毛衫样板的标准性和完善性欠缺，由于组成毛衫的不同形状的衣片均是在编织过程中通过收放针完成，不需要裁剪即可实现。而收放针的分配形式根据成品横纵密与规格进行配置，但是款式复杂的毛衫衣片不规则线段部位不易精确分配收放针，需要反复打样修正工艺，使毛衫服装的生产流程被动加长，因此生产效率较难提高。通过分析毛衫的结构，将纸样技术引入毛衫衣片纸样的绘制中，使毛衫编织工艺制定时收放针分配合理可行，能充分高效进行编织。袖子是毛衫的重要构成要素，其造型设计不容忽视，本章借鉴机织服装目前比较流行的一些款型用于毛衫的袖型设计，详细阐述毛衫袖型设计中纸样技术的运用，体现纸样技术在毛衫袖型的立体化与时尚化等方面的应用[45]。

一、低耸肩袖型设计分析

图5-3-1所示为低耸肩袖毛衫和相应的袖子造型，袖型设计打破了传统袖型平面结构特征，展示立体且复杂的造型，相对毛衫传统袖型是结构与外观的创新。该袖型特色为肩和袖缝合部位向上耸起，从不同角度看会显示不一样的造型。如侧视显示圆袖，正视则显示肩部的一部分与袖子浑然一体的结构特点，所以低耸肩造型袖为多种结构的组合[45]。该袖沿肩顶横向扩展，展示稳重与典雅的风格。因低耸肩袖型造型独特，也成为近年来时尚女装中常用的造型元素。该款毛衫的下摆和袖口均采用2+2罗纹组织，前片、后片及袖子上片均采用花色双反面组织，袖子下片采用纬平针组织。

（a）毛衫正面

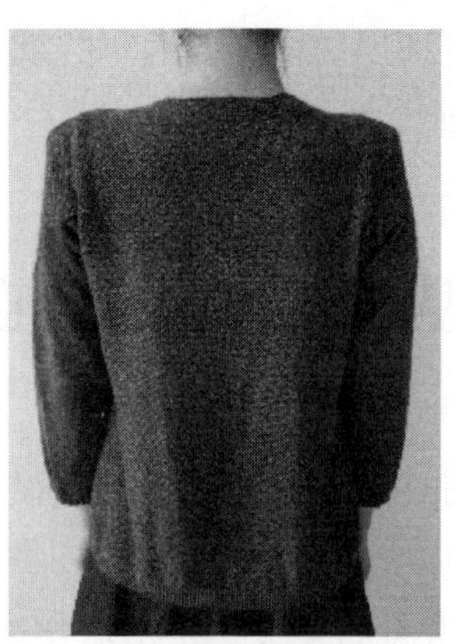

（b）毛衫背面

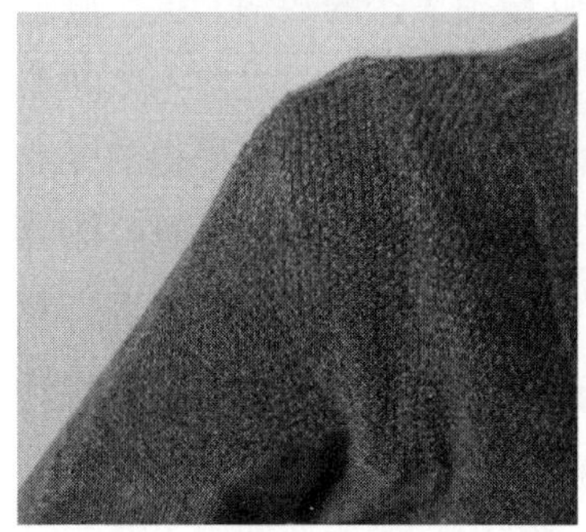

（c）低耸肩袖正面

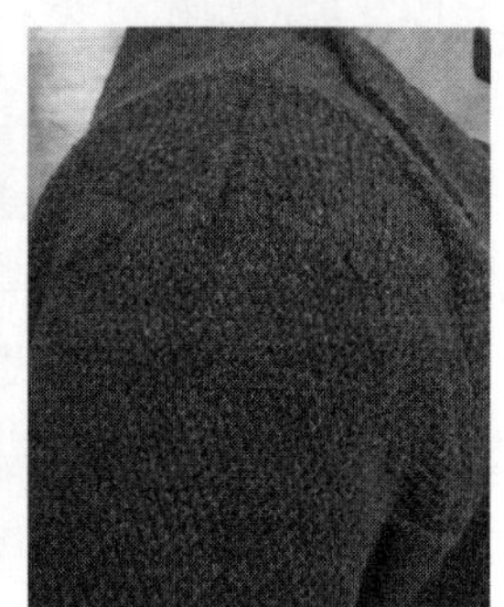

（d）低耸肩袖侧面

图5-3-1　低耸肩袖毛衫

二、低耸肩袖结构设计

1. 成品规格

低耸肩袖毛衫成品规格见表5-3-1。

表5-3-1　低耸肩袖毛衫成品规格　　单位：cm

部位	胸宽	肩宽	衣长	袖长	袖口宽
规格	46	34	60.5	51.5	14
部位	下摆宽	下摆罗纹高	袖口罗纹高	领口宽	挂肩
规格	47	2	2	17	21

2. 低耸肩袖毛衫袖子的结构制图

低耸肩袖毛衫袖子的结构制图常见方法有两种。第一种方法称借肩法，是在衣片肩部取耸肩片，然后切展；第二种方法称借袖法，是将原型袖的袖山头部位进行切展，然后在袖山头取耸肩片。此两种方法均在普通袖型结构基础上采取肩袖互借实现。

该款低耸肩袖毛衫纸样的绘制采用借肩法，通过对纸样的切展和旋转先进行形状改变再矫正纸样来完成。低耸肩袖毛衫的大身主要是借用机织服装纸样女装原型纸样并根据毛衫的成品规格尺寸变化而来。袖窿省保留1/3，其余部分作撇胸处理，转移到开衫的前中心，而胸腰差则通过侧缝收省来完成，最后根据低耸肩袖的款式造型特点重新选择绱袖位置，并将三角形肩片（即“翘肩部分”）取下，修顺袖窿弧线。低耸肩袖毛衫的袖子，即翘肩部分与袖子相连的耸肩袖款式，具体结构制图步骤如下：

（1）画出机织服装纸样技术中的袖原型，如图5-2-2所示；

（2）分别取毛衫大身的前后翘肩部分剪下（前后翘肩部分的肩线拼合处要求长度相同），再将其转移到袖山的两边，使前后翘肩部分和袖子进行连接；

（3）把前后翘肩部分分别进行切展，包括切割与展宽两部分，是为了将袖山抬高。让经过切展的翘肩部分的弧线长度和袖山上方的弧线长度相同；

（4）把前后翘肩部分进行旋转变形后得到的弧线和袖山弧线黏贴；

（5）将各处的弧线精修，使之光洁圆顺；

（6）按成品规格尺寸调整袖长和袖口宽；

（7）根据毛衫编织工艺把袖子纸样稍加调整，让左右两侧呈现对称，至此得到该袖型的纸样。对机织服装纸样制板时，为使袖子结构更加适体，一般前袖山弧线弧度大，而后袖山弧线弧度小，因此袖片左右两边不完全对称。因毛衫服装延伸性大、弹性好，此处绘制对称纸样，对其穿着影响较小。低耸肩袖毛衫纸样如图5-3-2所示。

三、原料与编织设备

1. 原料

21tex × 2 灰白色毛/涤混纺（65/35）纱线。

2. 编织设备

龙星电脑横机，型号为LXC-252SC，机号为12G。

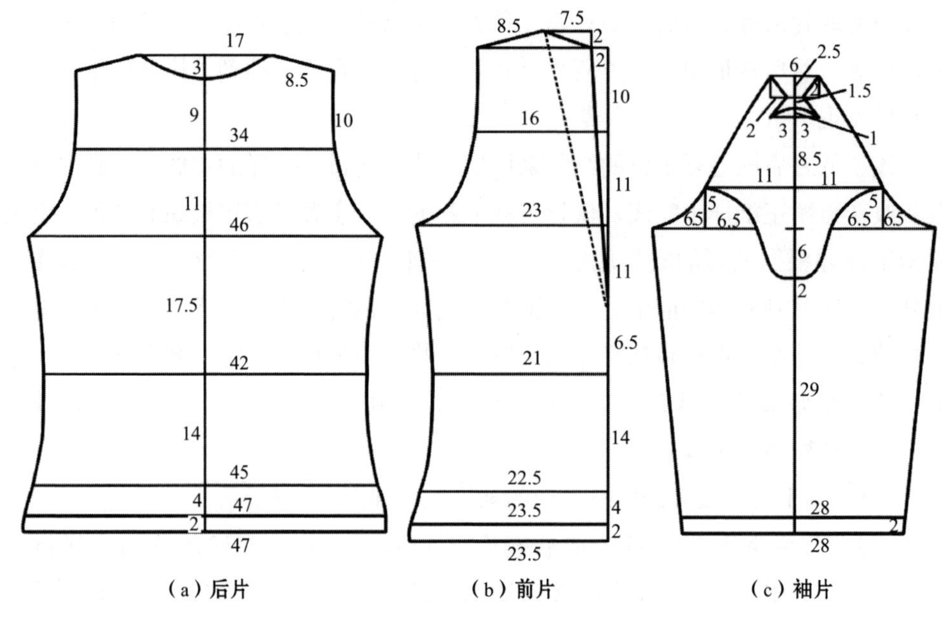

（a）后片　（b）前片　（c）袖片

图5-3-2　低耸肩袖毛衫纸样

四、编织工艺

1. 成品密度

该款毛衫采用纬平针、2+2罗纹及花色双反面等组织编织而成，织物成品密度见表5-3-2。

表5-3-2　织物成品密度

密度	纬平针	2+2罗纹	花色双反面
成品横密（针/10cm）	60.5	—	57.7
成品纵密（转/10cm）	40.5	50	32.4

2. 上机工艺图

工艺计算时对衣片和袖片上圆顺的弧线段采取分段划分，把圆顺曲线近似成数段短直线段进行表达，以此简化衣片编织工艺计算及其上机操作。另外就是曲线部分的收放针分配情况，可以发现在收针时若曲线为凹曲线则收针先急后缓（如大身袖窿弧线），若曲线为凸曲线则收针先缓后急（如袖下片中间向两侧的收针部分）。而放针时规律则恰恰相反，如袖上片下端弧线的放针部分是从向上凸转变为向下凹，则放针分配为先急后缓到先缓后急。低耸肩袖毛衫的上机工艺图如图5-3-3所示。

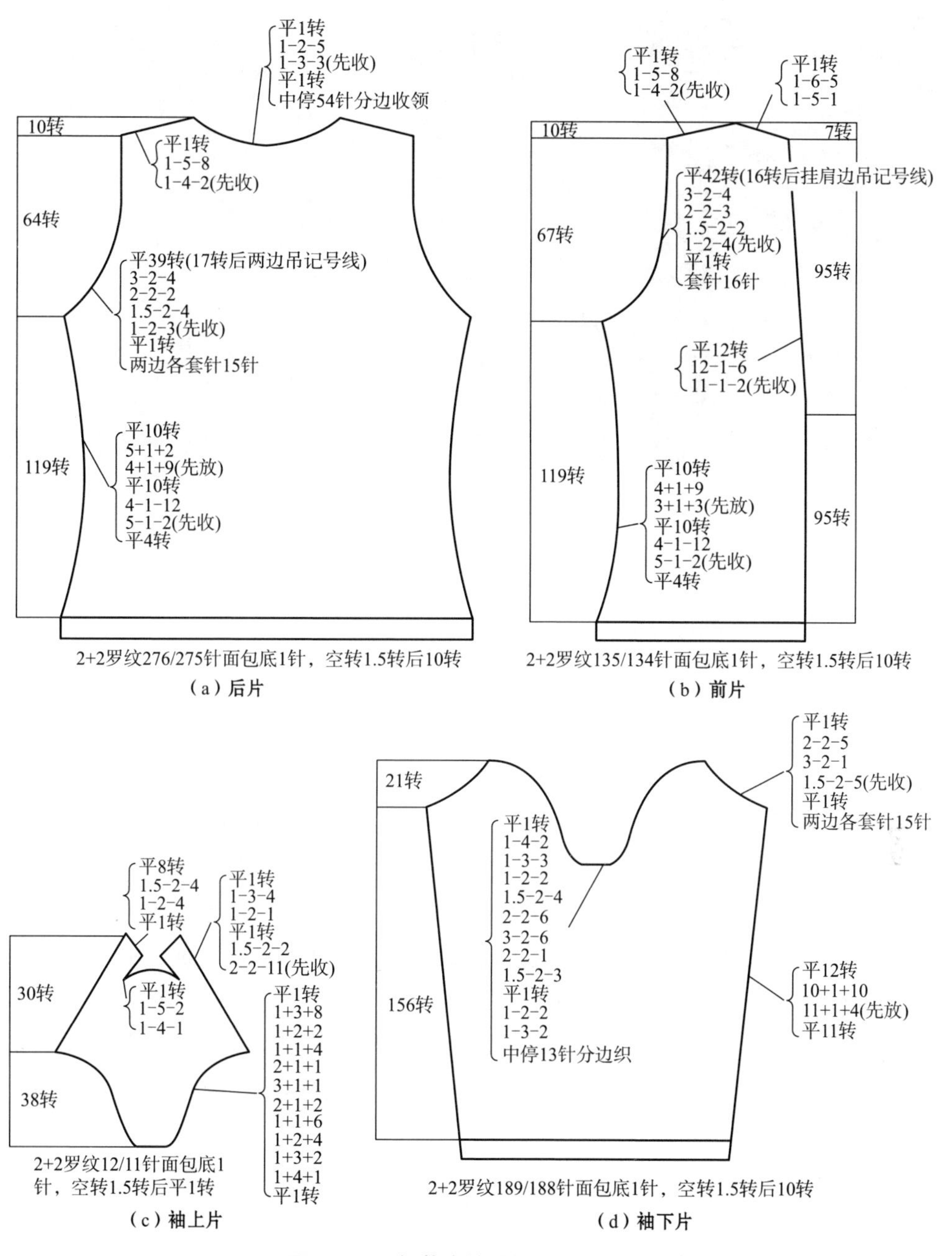

图5-3-3　低耸肩袖毛衫上机工艺图

3. 上机程序图

低耸肩袖毛衫上机程序图如图5-3-4所示。

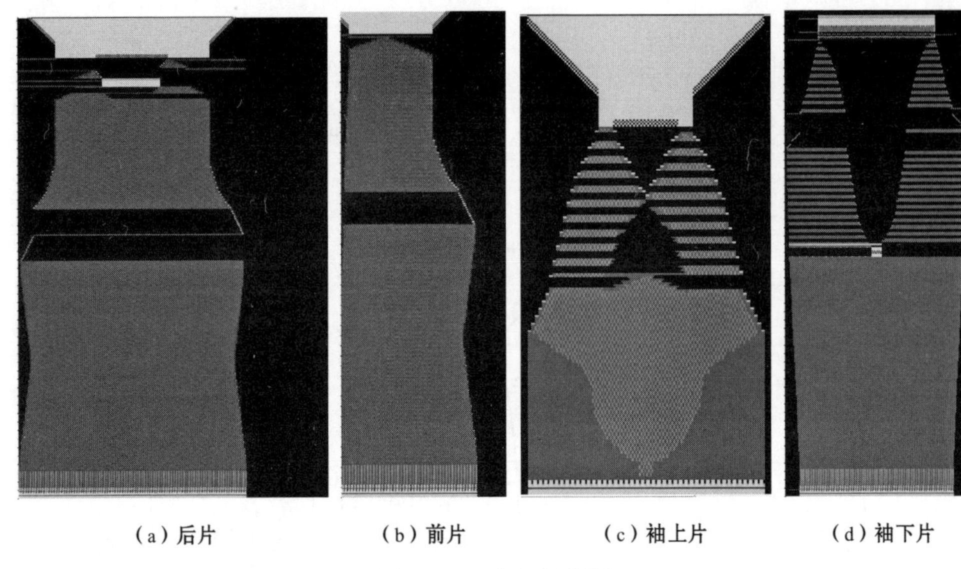

（a）后片　（b）前片　（c）袖上片　（d）袖下片

图5-3-4　上机程序图

五、低耸肩袖编织

选择两把纱嘴编织袖片，为避免纱嘴出现撞针故障，在左右编织时需进行错行操作。编织袖上片一转内收针大于三针部位应采用引返技术，引返操作恰好把翘肩部分与袖山顶端的弧线通过编织进行缝合，无需再套口，也就是袖片由编织设备上落布下来即为成型的肩部，套口时只连接翘肩部分的肩缝，接着套口至衣身完成绱袖。因为袖上片底部尺寸小，所以编织时起口针数很少，先平摇一转，之后在左右两侧持续放针，放针采取先慢后快的方法，此种操作设备较难实现，需要采取嵌花编织方式完成。起口后选用三把纱嘴编织袖上片，其中两把为废纱纱嘴，分别位于左右两侧，另外一把穿主纱，选择位于中间的纱嘴穿纱，一直编织到放针结束，套口时再将两侧编织的废纱全部拆掉。从毛衫成品可看出，低耸肩袖的肩部造型更加突显毛衫袖型的立体化，同时展示毛衫编织的成型性。

第四节　基于纸样技术的毛衫服装前装袖后连身袖型装饰设计

一、前装袖后连身袖型设计分析

图5-4-1所示为前装袖后连身袖的毛衫和相应的袖子形态，装袖和连身袖两种袖型均为服装常用的袖子造型，服装上较早使用连身袖，常见廓型较阔的服装常用连身袖，装袖常运用在适体造型的服装上。连身袖服装廓型宽大，自然飘逸、活动自如、穿着舒服，在肩部衣片没有连接，不再有连接缝，肩部呈现平坦柔顺，与衣身浑然一体[45]。该款毛衫的袖子结构组成是将前装袖和后连身袖这两种袖型合二为一进行设计，毛衫肩部外观既平坦又自然，穿着舒服且适体。毛衫下摆、袖口及领口部位的组织采用2+2罗纹，衣身前后片的下片采用纬平针，上片和袖片采用花色双反面组织编织。

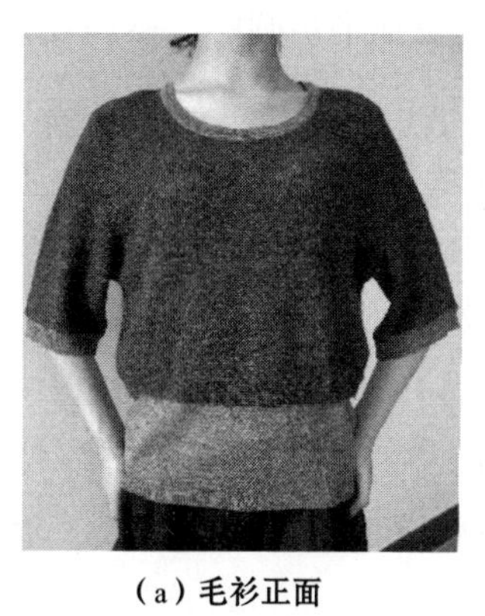

（a）毛衫正面

（b）毛衫背面

（c）袖子前面

（d）袖子背面

图5-4-1　前装袖后连身袖毛衫

二、前装袖后连身袖毛衫结构设计

1. 成品规格

前装袖后连身袖毛衫成品规格见表5–4–1。

表5–4–1　前装袖后连身袖毛衫成品规格　单位：cm

部位	胸宽	肩宽	衣长	袖长	袖阔	袖口宽
规格	43	33	40	34	16	16
部位	下摆宽	下摆罗纹高	腰节罗纹高	袖口罗纹高	领口宽	挂肩
规格	42	2	2.5	3	15	18.5

2. 前装袖后连身袖的结构制图

由于毛衫袖型是合体的前装袖后连身袖，所以衣身和袖前片在连接而成的肩处产生生硬的拼接缝，和后片肩位置处自然平坦的连身袖进行缝合较难。因针织毛衫弹性与延伸性较大，套口时对于转角拼接的部位容易实现，在后期进行水洗整烫时由于前后袖片互相牵拉使得肩袖造型更加平坦圆顺。然而在针织毛衫合体后连身袖的制作过程中仍然存在难题。

常见连身袖毛衫为简化编织工艺一般选用90° 的绱袖角度（图5–4–2），这样的袖子造型平面化，合体程度差，当手臂下垂时，腋下会产生多余的褶皱，严重影响服装的美观性。为使肩袖不但适体而且造型美观，绘制纸样时可将绱袖角度选为45° （图5–4–3），但这样做给工艺计算和编织过程带来了麻烦。结合设备编织操作的可行性，选后中心线和腋点水平线位置处分割后片（图5–4–4），这样从下摆处起底编织后下片就能轻易完成，而后上片的实

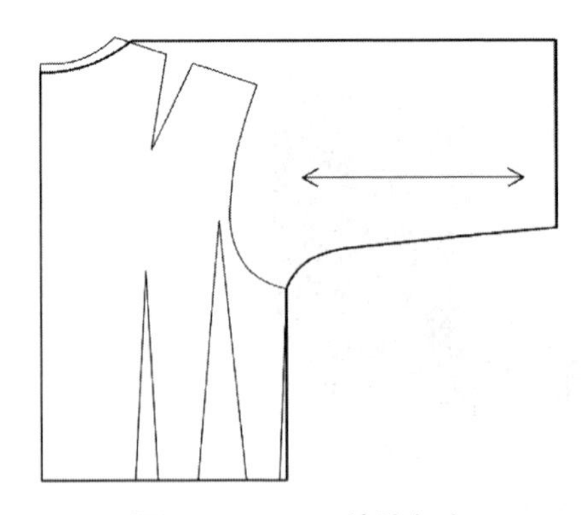

图5–4–2　90° 绱袖角度

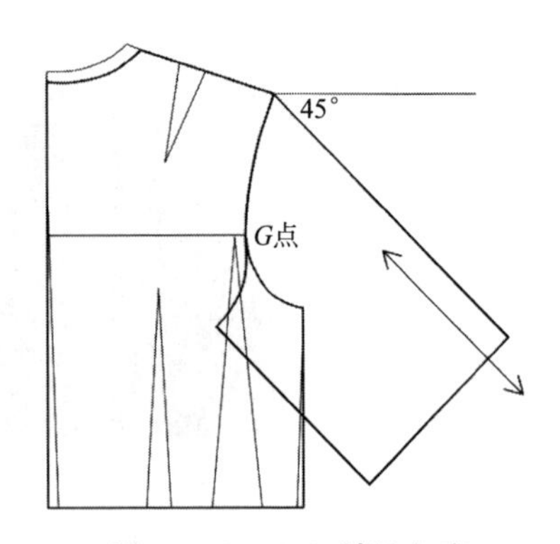

图5–4–3　45° 绱袖角度

现是从袖口起底向上编织（图5-4-3中的纱向线），经过收放针、铲针及引返等操作完成编织。前装袖后连身袖毛衫纸样如图5-4-4所示。

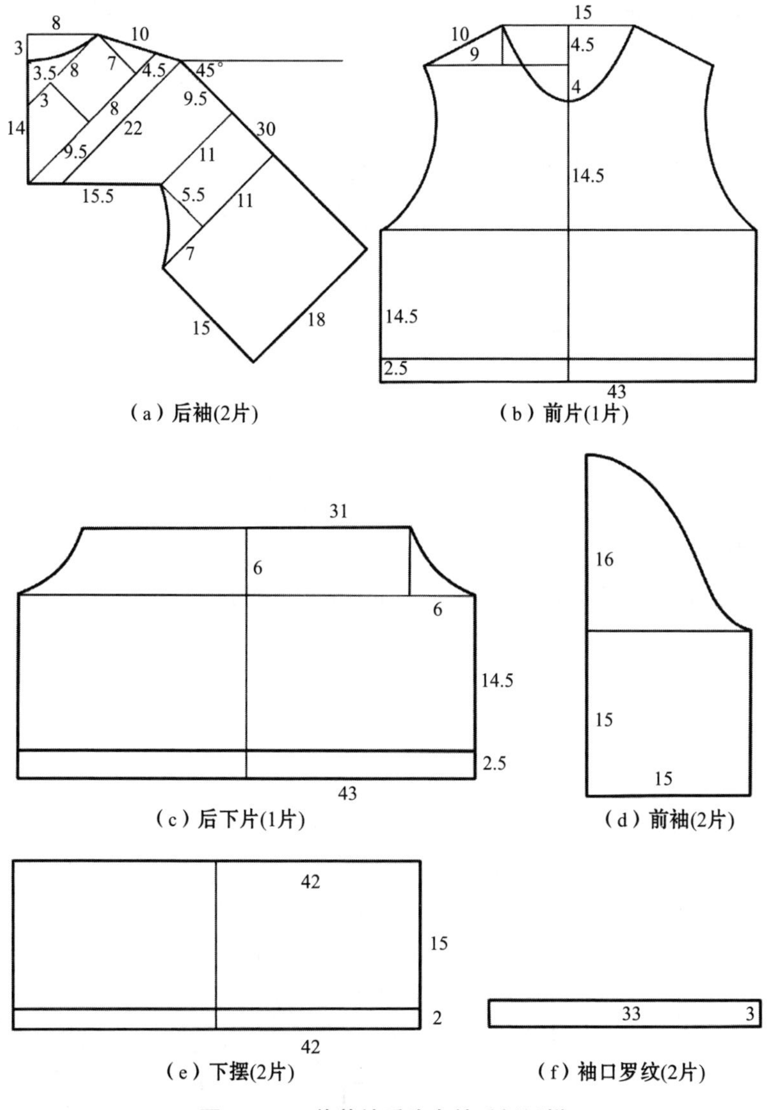

（a）后袖(2片)　（b）前片(1片)

（c）后下片(1片)　（d）前袖(2片)

（e）下摆(2片)　（f）袖口罗纹(2片)

图5-4-4　前装袖后连身袖毛衫纸样

三、原料与编织设备

1. 原料

21tex×2深花灰色与21tex×2浅花灰色毛/腈混纺（50/50）纱线。

2. 编织设备

龙星电脑横机，型号为LXC-252SC，机号为12G。

四、编织工艺

1. 成品密度

该款毛衫采用纬平针、2+2罗纹及花色双反面组织编织形成，其中衣片下摆、袖口及领口等部位均采用2+2罗纹，大身下片采用纬平针，大身上片与袖片采用花色双反面组织编织形成，织物成品密度见表5-4-2。

表5-4-2　织物成品密度

密度	纬平针	2+2罗纹	花色双反面
成品横密（针/10cm）	86.2	—	93.7
成品纵密（转/10cm）	107.2	120	92.4

2. 上机工艺图

前装袖后连身袖毛衫的上机工艺图如图5-4-5所示。

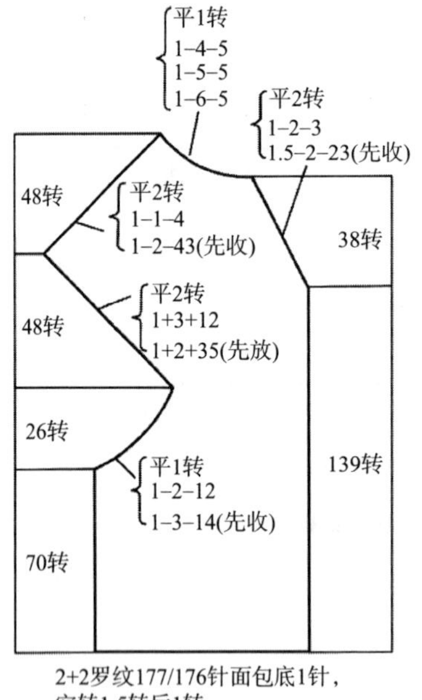

（a）后袖片(2片)

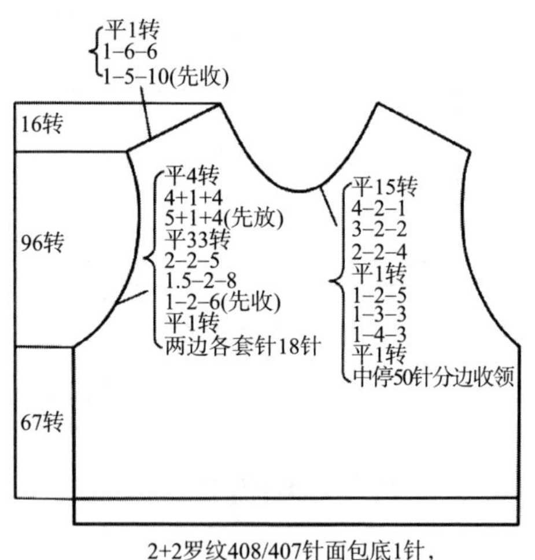

（b）前片(1片)

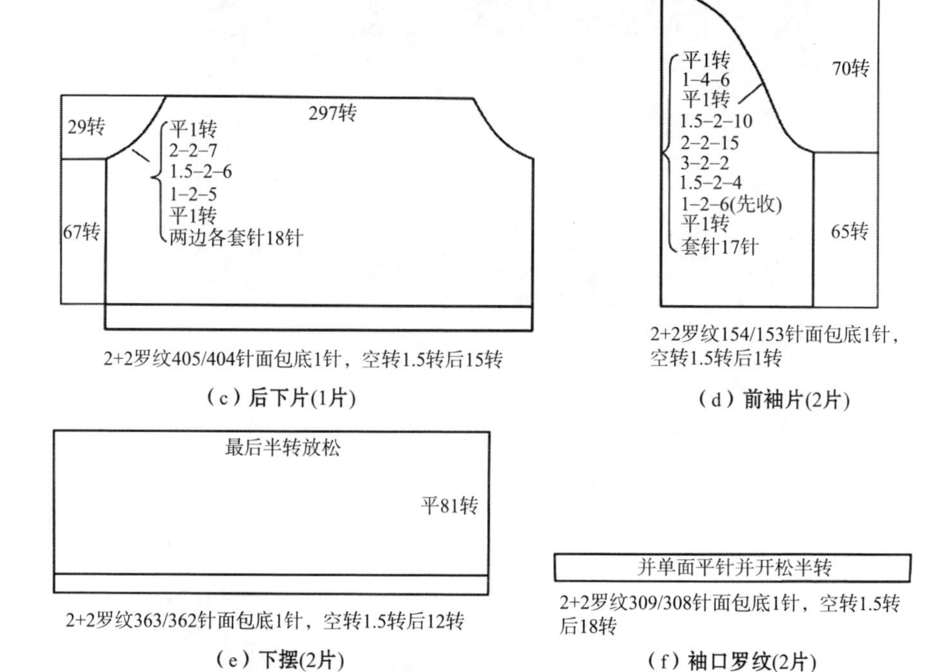

图5-4-5　前装袖后连身袖毛衫的上机工艺图

3. 上机程序图

前装袖后连身袖毛衫上机程序图如图5-4-6所示。

五、前装袖后连身袖毛衫编织

连身袖部分是从袖口起底开始经过收放针、铲针及引返等操作完成衣片编织，编织进行至后中心位置，丝缕线会出现倾斜。毛衫的后连身袖采用花色双反面组织编织，此类花型属于中心对称，丝缕线对该类花型影响甚微，衣片成型后外观美观。后片编织分割线位置时要求不断放针，如果在1转内连续放3针或更多时编织不易完成，为使编织顺利进行，放针操作时需要先上废纱编织，接着起针引返。如果不编织废纱直接进行引返会造成线圈因牵拉力不足而呈浮起状，使编织不能顺利进行，而且易产生撞针。由毛衫实物可以看出，将纸样技术应用到毛衫工艺制定中，充分提高连身袖造型的立体感和适体性，并较好去除影响腋下外观的褶皱。

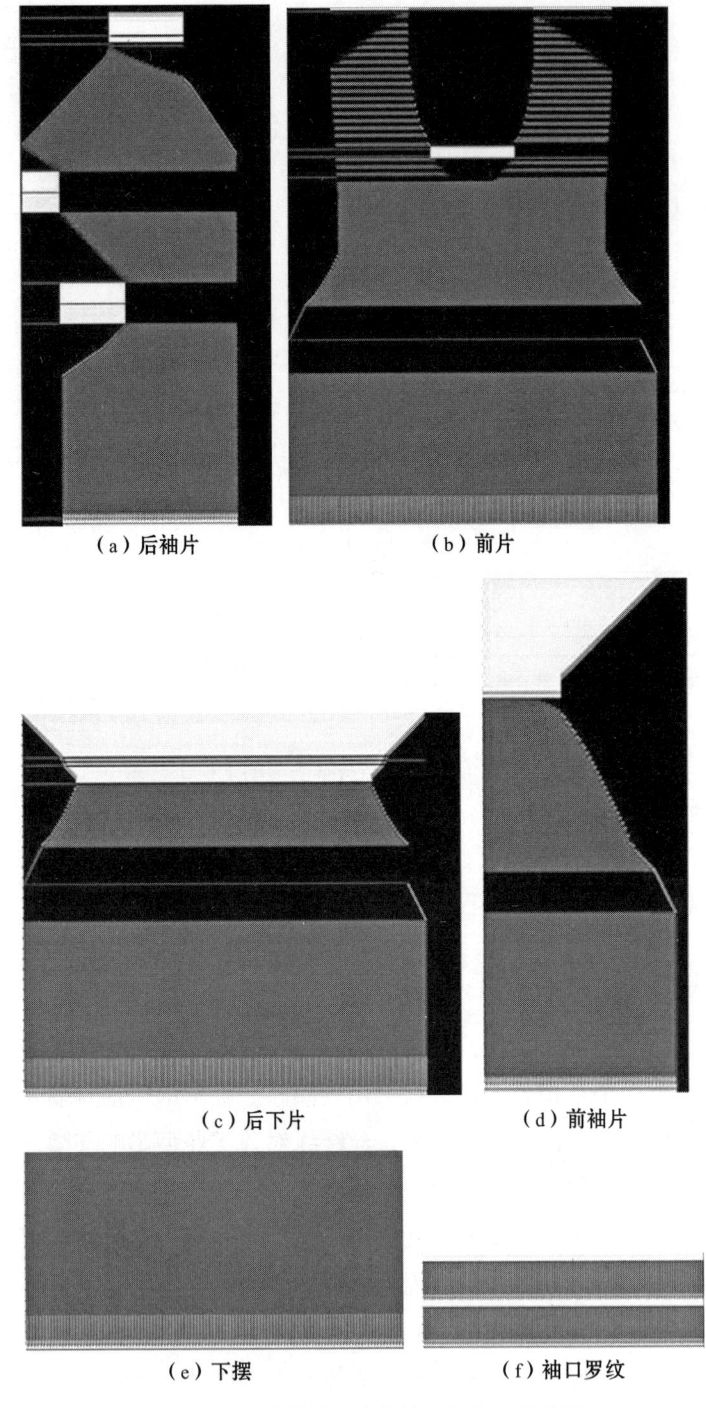

图5-4-6　前装袖后连身袖毛衫上机程序图

第五节　基于纸样技术的毛衫服装缩褶袖型装饰设计

一、缩褶袖型设计分析

图5-5-1所示为缩褶袖毛衫和相应的袖子造型，泡泡袖造型是缩褶袖的原型，泡泡袖造型的服装呈现端庄温馨、清爽可爱及前卫叛逆等多种风格，一直是使用频率较高的一类袖型。当前服装设计呈现多元化趋势，泡泡袖在工艺制作和艺术展示等方面一直向多元化方向发展。泡泡袖最为传统的造型是在肩顶打褶，该种袖造型在衬衫、外套及风衣等女装中普遍采用，缩褶袖和传统泡泡袖的打褶部位不同，传统泡泡袖在袖山头上打褶，而缩褶袖在袖中线上打褶，袖子立体感高，丰富了泡泡袖的造型[45]。该款毛衫的下摆和袖口均采用2+2罗纹组织，前后片采用纬平针，袖片采用双反面组织编织。

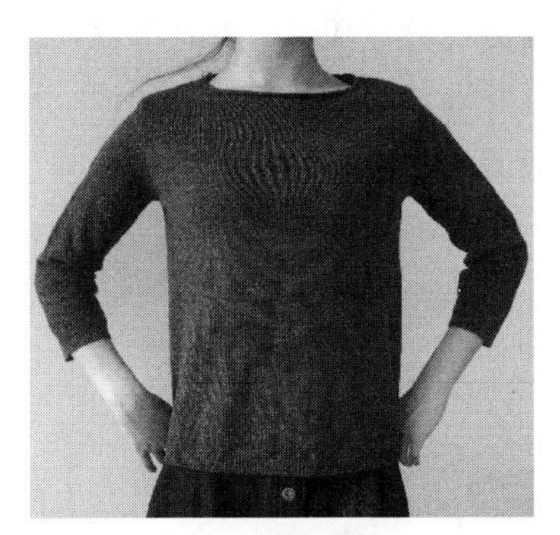

（a）毛衫正面

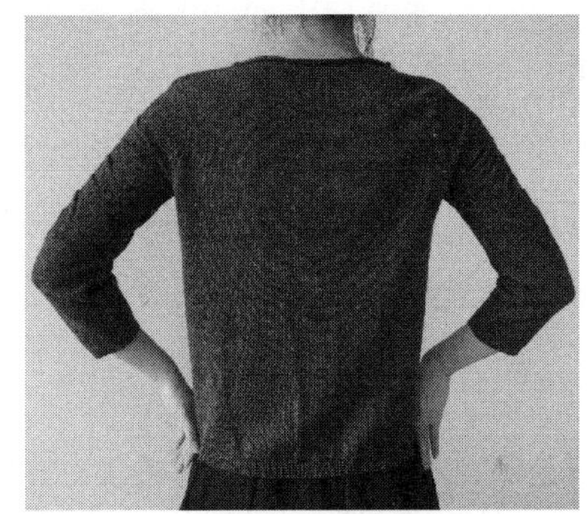

（b）毛衫背面

（c）袖部侧面

（d）袖部背面

图5-5-1　缩褶袖毛衫

二、缩褶袖毛衫结构设计

1. 成品规格

缩褶袖毛衫成品规格见表5-5-1。

表5-5-1　缩褶袖毛衫成品规格　　单位：cm

部位	胸宽	肩宽	衣长	袖长	袖阔	袖口宽
规格	46	36	60.5	54	16	13.5
部位	下摆宽	下摆罗纹高	袖口罗纹高	领口宽	挂肩	
规格	50	2	2	17	21	

2. 缩褶袖的结构制图

从结构设计上分析，此款毛衫的造型并不复杂，衣身主要还是由机织服装纸样中女装原型纸样按照毛衫的成品规格尺寸变化而来。袖子纸样是以原型袖为基础进行切割、展开获得。从袖山顶点绘制袖阔的垂直线，并沿着该条线剪开到袖肘处，接着把后袖肘线上面的线段分成四等份后进行切割与展开形成缩褶需要的长度，再把曲线精修圆顺，最后确定袖口宽及袖长等尺寸，从而形成纸样的最终制板。按照结构的类型展开量可取不同的数值，由于毛衫延伸性大、弹性好，如果展开量值偏小，不能展示泡泡袖的效果，而且展开的量值越大，造型越突出，因此展开量值尽量取大一些。图5-5-2所示为缩褶袖毛衫纸样。

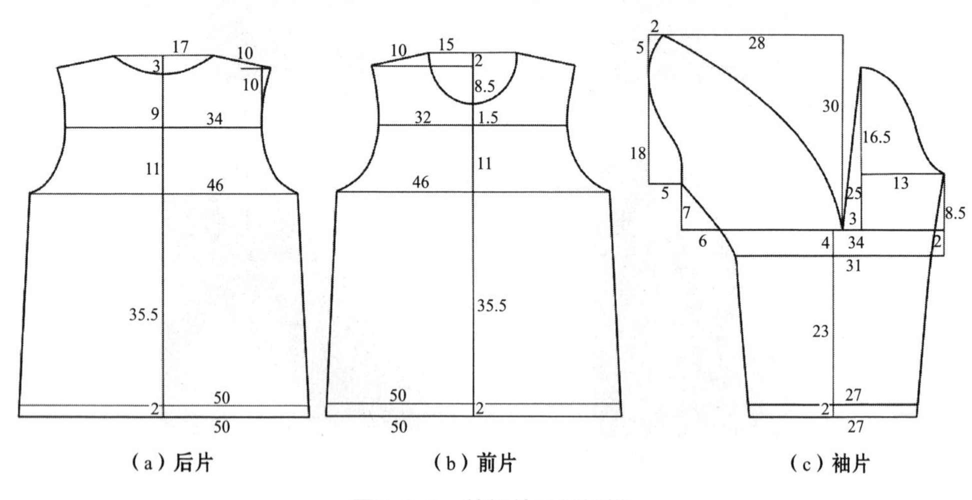

图5-5-2　缩褶袖毛衫纸样

三、原料与编织设备

1. 原料

21tex×2灰白色毛/涤混纺（65/35）纱线。

2. 编织设备

龙星电脑横机，型号为LXC-252SC，机号为12G。

四、编织工艺

1. 成品密度

该款毛衫采用纬平针、2+2罗纹和双反面三种组织编织而成，其中衣片下摆与袖口采用2+2罗纹，衣身采用纬平针，袖片采用双反面组织编织而成。织物成品密度见表5-5-2。

表5-5-2　织物成品密度

密度	纬平针	2+2罗纹	双反面
成品横密（针/10cm）	60.5	—	57.7
成品纵密（转/10cm）	81	100	64.8

2. 上机工艺图

缩褶袖毛衫的上机工艺图如图5-5-3所示。

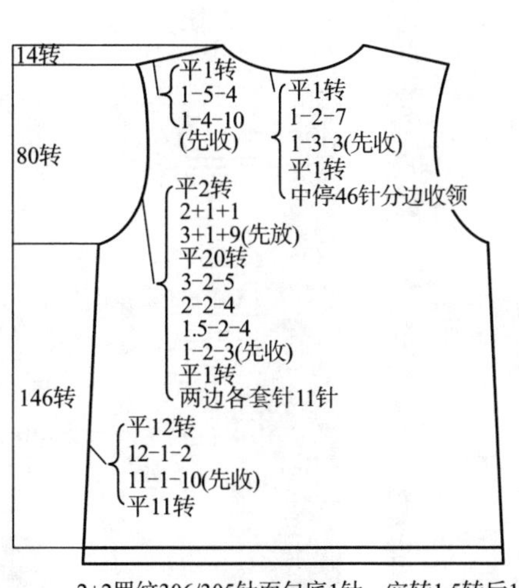

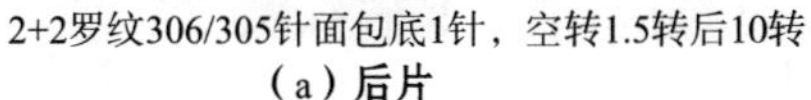
2+2罗纹306/305针面包底1针，空转1.5转后10转

（a）后片

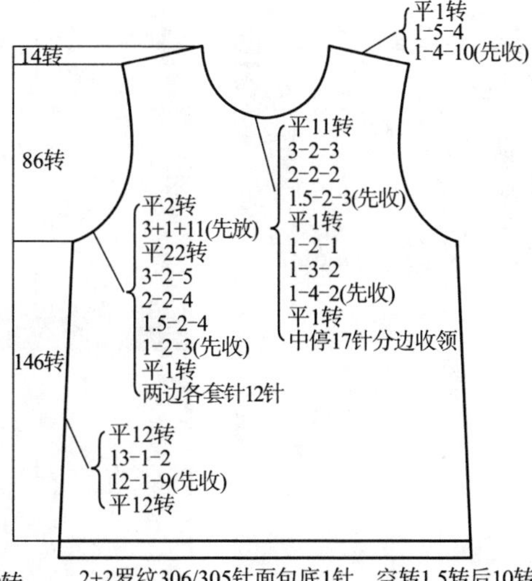

2+2罗纹306/305针面包底1针，空转1.5转后10转

（b）前片

图5-5-3

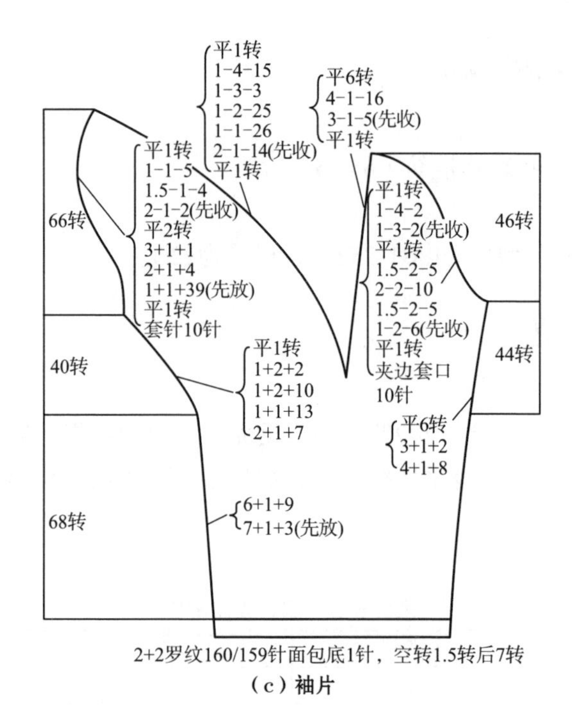

（c）袖片

图5-5-3　缩褶袖毛衫的上机工艺图

3. 上机程序图

缩褶袖毛衫上机程序图如图5-5-4所示。

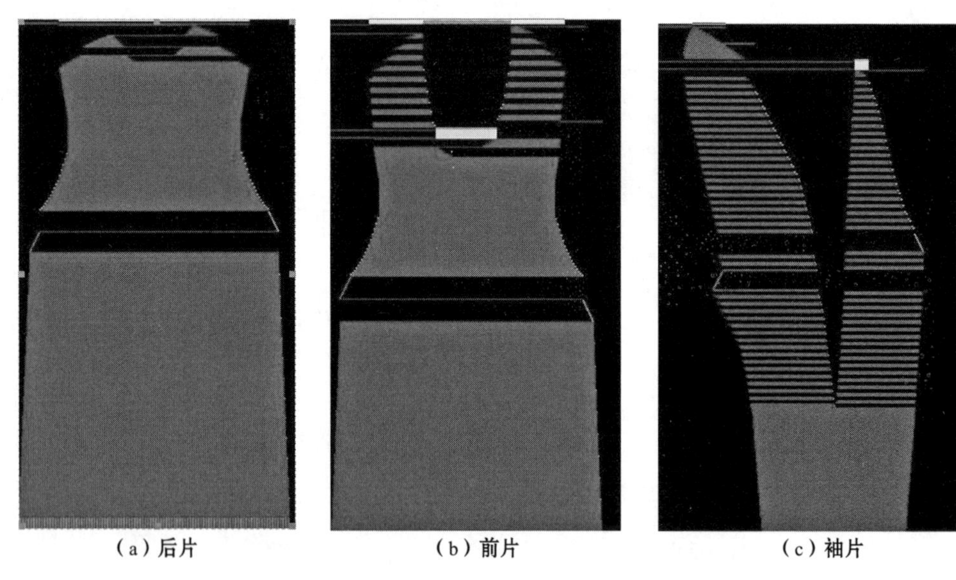
（a）后片　（b）前片　（c）袖片

图5-5-4　缩褶袖毛衫上机程序图

五、缩褶袖毛衫编织

由于缩褶袖是经切割与展开等工艺形成的，所以袖片上的丝缕线产生位移，袖片选择花色双反面组织编织，在收针的地方一定要有清边工艺，否则易出现漏针疵点，甚至会有烂片现象，不但浪费原料也会降低生产效率，因此绘制上机程序图时在收针处使用收针色码作清边工艺。编织完前袖先上废纱编织一段后接着编织后袖，后袖上端弧度较缓的收针部分编织转数也少，进行收针操作一次收针不少于3针时，不但要采用引返技术，而且要进行多次引返，否则垫入的纱线会被拉断，严重时会损坏织针，因此至少有两次引返操作。袖片编织完成需继续编织废纱到第一次进行引返的位置，否则该处的纱线被一直勾在针钩内而不能落片，如果硬性落片，袖片上方便出现脱散现象，从而使织片成为废片。袖子上打褶的地方需要控制好打褶量，最好褶子大小一致并均匀排列，还要注意两只袖子打褶的对称性。套口时先将没进行切展的一侧套在缝盘上，再将有切展的一侧两端套在缝盘上，并和之前的对齐，然后把中间的褶量均匀排列固定，最后缝合成为缩褶袖。

第六章

基于纸样技术的毛衫服装非常规造型装饰设计

服装造型各异，究其本质都是以人体为造型基础。服装造型受很多因素制约，如环境、宗教信仰、文化等，社会在不断发展中，造型也在不断变化。

第一节　毛衫服装造型设计

一、毛衫服装常规造型设计

1. 服装常规造型

服装整体有H型、A型、O型、X型、T型等廓型。H型宽松，为直线造型，多用于外衣，体现中性风；A型上窄下宽，在欧洲服装史上多次出现，其夸张造型采用了裙撑辅助，现在摒弃了裙撑、束腰等，体现现代人追求舒适、健康的着装特点。T型如中国古代宫廷装、官服，蝙蝠袖、T恤等，造型宽松随意。O型常用于孕妇装、童装，造型独特，活泼有趣。

比例在服装造型上起着重要的作用，1∶1.618的黄金比例在服装造型中也同样适用。服装造型不是随意地变换和创造的，需要达到整体上的协调平衡，可以是对称式平衡或非对称式平衡，带来视觉上的平衡效果，保持服装造型的节奏韵律，进行有规律、有渐次的重复。

2. 毛衫服装常规造型

服装造型分为艺术造型和技术造型，毛衫服装运用纱线材质、组织肌理、色彩变化改变服装外观造型，在纸样打板技术和工艺下改变服装基本造型。毛衫服装的造型设计丰富了毛衫的艺术表现，满足人们对毛衫服装的外观和功能的需求。

服装造型多种多样，而毛衫服装虽然已向外衣化、时尚化发展，但仍然存在局限性，在造型创新上较匮乏，更多是呈现常见的基本造型。廓型多采用X型、H型及A型等，领子多用圆领、V领及高领等结构造型，袖型采用常见的原型袖、泡泡袖，下摆一般为罗纹组织。毛衫常规廓型如图6–1–1所示。

3. 毛衫服装造型设计因素

毛衫服装在艺术造型上，运用形式美和造型手段在色彩、纱线和组织结构上改变外观形态，直接在二维平面上造型，来获得毛衫服装造型。

毛衫服装在技术造型上，根据人体面关系，通过编织工艺和纸样技术，形成具有三维立体可实现的衣片，后期工艺实现二维到三维的变化，从而改变毛衫服装常规造型。

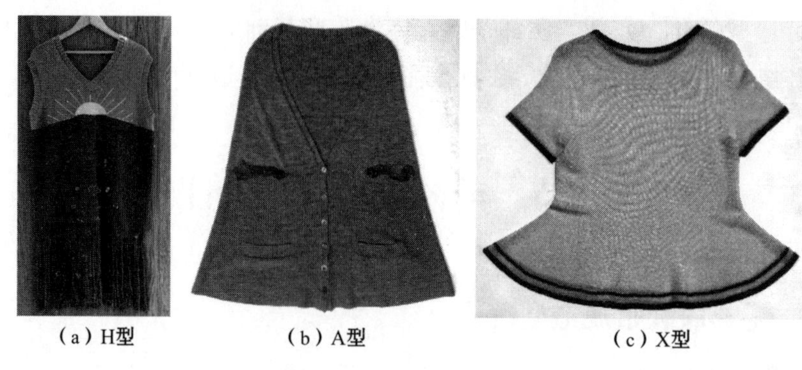

（a）H型　　（b）A型　　（c）X型

图6-1-1　毛衫常规廓型

机织服装基于艺术和技术造型设计款式多样，但毛衫服装造型多为基本款，因此需要基于这些技术手法和表现形式创造毛衫服装非常规造型，以适应当前的消费趋势和毛衫服装的发展趋势。

二、毛衫服装非常规造型设计

毛衫在款式造型上要采用新技术、新设计、新工艺来改变常规造型，增加毛衫的时尚性和创造性，充分运用毛衫的组织结构特性，结合编织工艺和纸样技术，运用机织服装非常规造型使毛衫向非常规造型拓展，引领毛衫的创新设计。

1. 毛衫非常规艺术造型设计

（1）基于廓型设计的毛衫非常规造型。在廓型上，机织服装多变，随着时代的发展，廓型也随着变化，O型、T型、H型、X型、Y型等造型丰富，运用立体裁剪方法可形成多变廓型。毛衫在工业革命后出现，款式较为单一，虽然伴随时代的进步，多元文化的繁荣，款式造型有所改变，但依旧存在局限性，也因为毛衫的悬垂性、弹性等使其没有机织服装造型的夸张多变，毛衫服装的廓型多为合体贴身型，创造性被限制。可以通过组织结构、纸样技术和编织工艺来改变或弱化这些特性，进行毛衫非常规廓型的创新。基于廓型设计的毛衫非常规造型如图6-1-2所示。

（2）基于局部设计的毛衫非常规造型。在局部设计上，机织服装的领、袖、下摆、边口，可采用不同面料直接打板成型，裁剪随意变化。在毛衫局部设计上要考虑织物的脱散性、卷边性、拉伸性，所以在毛衫常规款式中，V领、圆领的领口，边口、下摆几乎都采用罗纹组织。这种局限性影响了毛衫的外观造型和局部造型设计。设计中可以利用这些特性，例如，利用织物的卷边性作为毛衫的边口，搭配整体造型反而会更显独特，成为毛衫独有的设计点；运用织物的脱散性，在一些前卫、时尚的毛衫中进行镂空设计、断线设计，自然出彩，有别于机织服装；利用针织的挑花、绞花、吊目等组织形成镂空肌理。基于局部设计的毛衫非常规造型如图6-1-3所示。

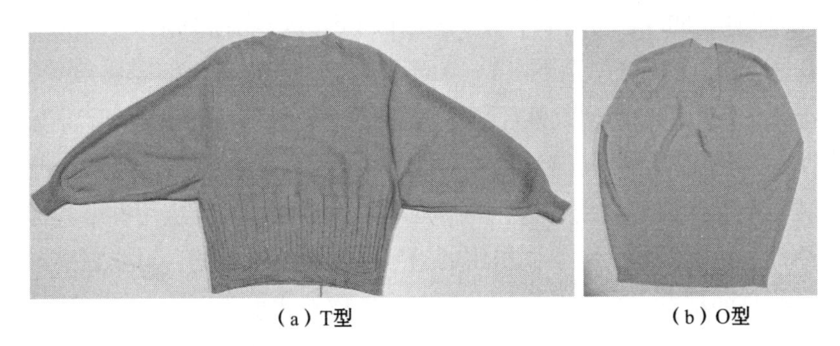

（a）T型　（b）O型

图6-1-2　基于廓型设计的毛衫非常规造型

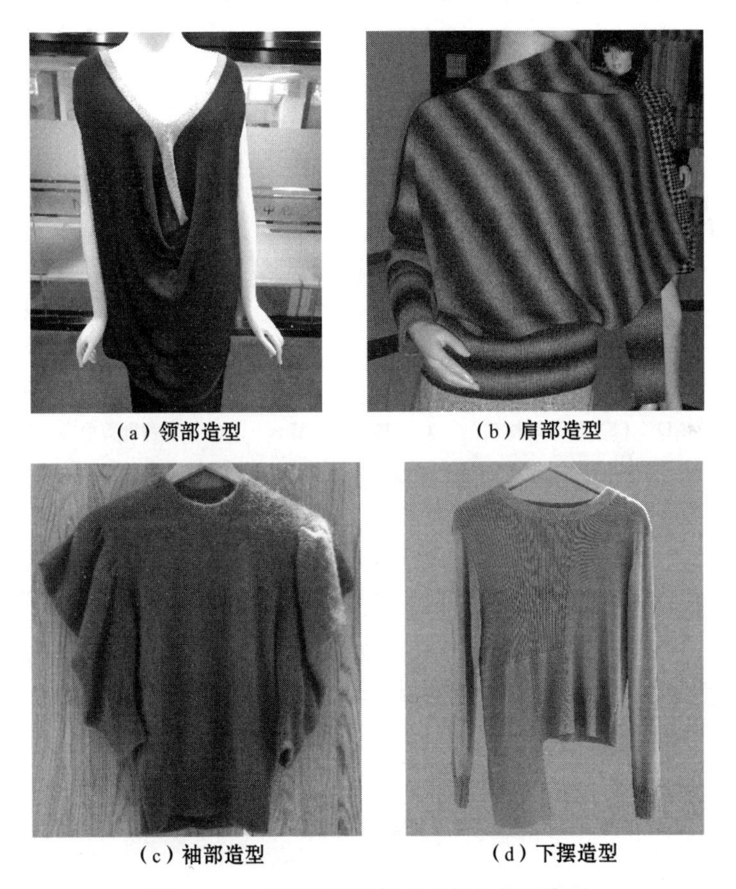

（a）领部造型　（b）肩部造型

（c）袖部造型　（d）下摆造型

图6-1-3　基于局部设计的毛衫非常规造型

2. 毛衫非常规技术造型设计

（1）基于省道的非常规造型设计。人体是三维立体的，服装的设计需要符合人体工程学要求，即为了达到舒适性、美观和曲线感，需要将布片多余的余量处理掉，使其符合人体体型曲线，将二维平面在省道作用下形成三维立体造型。常规省道的转移方法有量取法、旋转法和剪开法等，在进行省道转移时，省道转移的角度需要保持相同；新省道通过BP点的辅助线以便于省道转移；保证衣身的整体平衡。非常规省道与常规省道相比，在转移手法上非常规省道转移过程中要保持量的均衡性。

服装板型设计需要应用省道，非常规毛衫设计同样需要应用省道，尽管毛衫具有伸缩性，但不同纱线、不同组织的运用使其伸缩性不同，不能完全不用省道形成合体修身的板型。毛衫款式造型不同，纸样板式也不同，省道的位置可以改变服装的整体造型，通过省道转移，在保持平衡的基础上运用剪切法、旋转法、移位法等改变服装省道位置，以此改变服装造型。不规则省道的应用可以丰富毛衫的非常规造型，既可以作装饰用，也可以体现功能性，使款式独特新颖。基于省道的非常规造型设计如图6-1-4和图6-1-5所示。

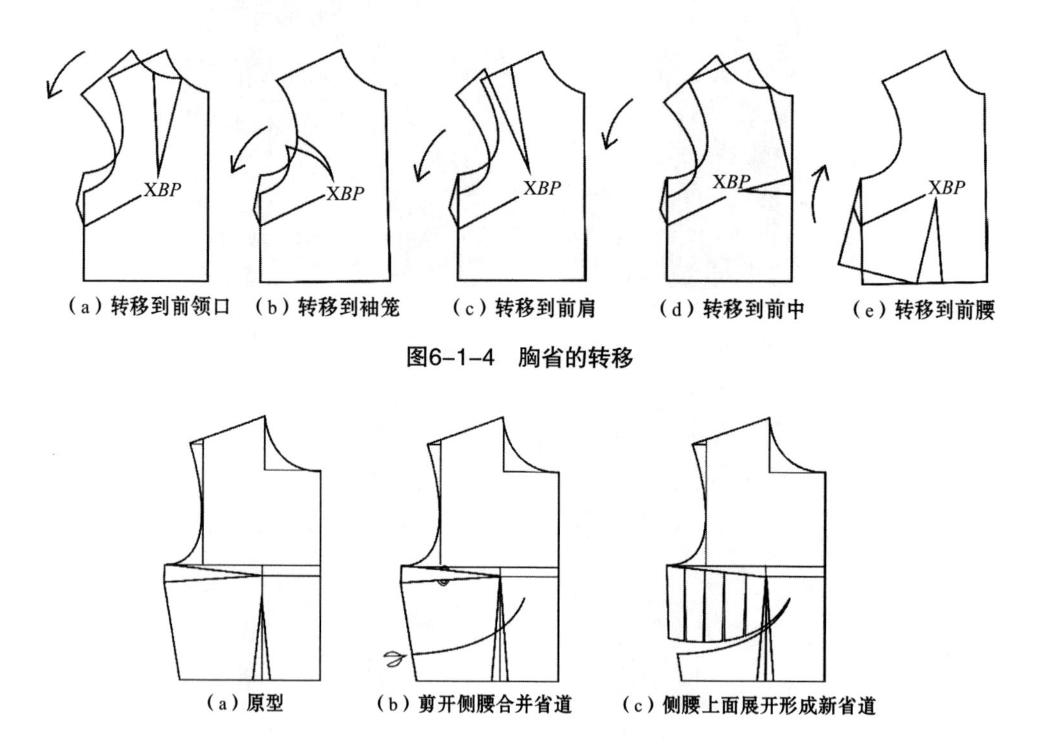

图6-1-4　胸省的转移

图6-1-5　非常规省道转移

在服装造型设计方法上，省道是服装结构中关键的构成要素，正在向多样化、非常规的方向发展。不规则省道作为服装造型的新技术手法，省道的位置、数量及形状的不同会形成不同的服装造型。非常规省道既具有功能性，又具有装饰性，可保持线条的美观性和流畅性。

（2）基于结构线的非常规造型设计。结构线是运用分割的方法对服装进行处理，可借助视错原理改变人体的自然状态，建立理想的比例与精练的造型，是人体结构特征的主要线条。基于基本结构线的基础样板如图6–1–6所示。

常规结构线主要指凸点及凸点区域的*BP*点、肩胛凸点，以及臀凸和腹凸的肩省、袖窿省、肋省、腰臀省和门襟省等中的任意两个省道的连接，通过凸点省移原理，连省成缝，就可以得到不同的常规结构线，如图6–1–7所示。常规结构线的围度线基本与水平线平行，而长度线基本是铅垂线，一般来说都是垂直于围度线[46]。

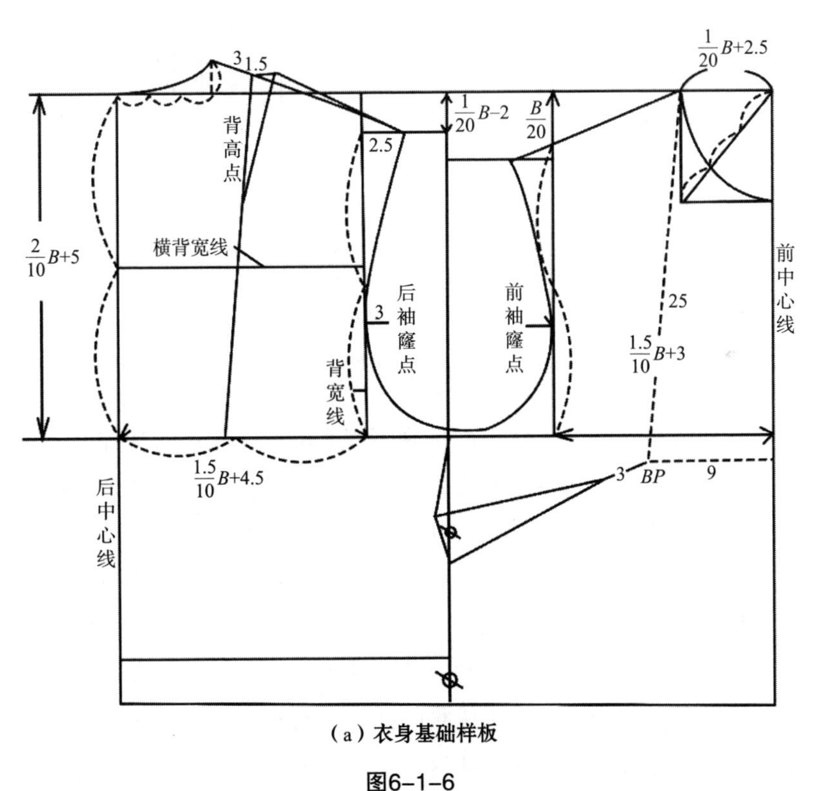

（a）衣身基础样板

图6–1–6

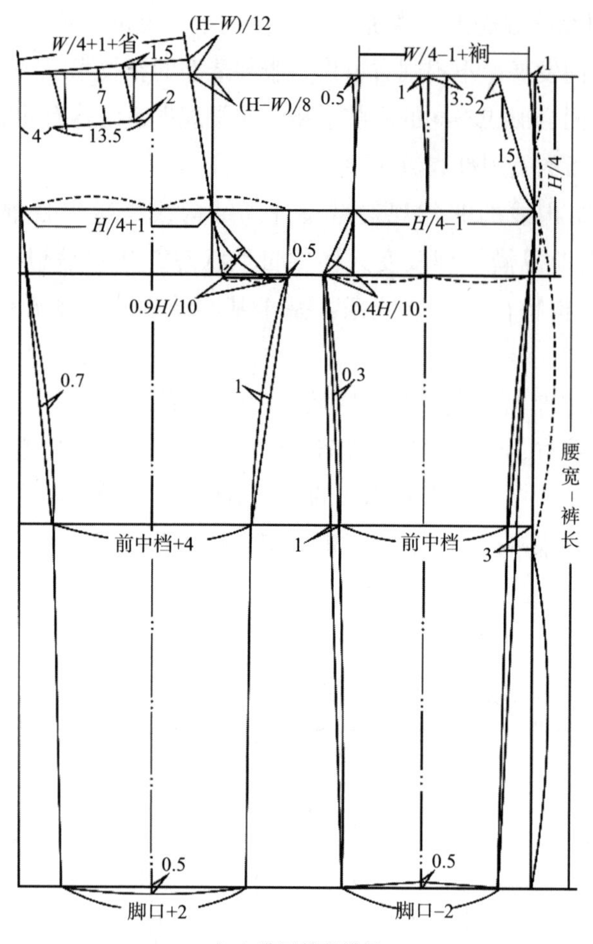

（b）裤子基础样板

图6-1-6　基于结构线的基础样板

非常规结构线是在满足人体表面呈现不规则的立体状态的基础上，满足服装设计中的变化需求，追求巧妙且具有创新性，并打破传统的一种全新的思维和设计方式，如图6-1-8所示。非常规结构线一般无规律可循，都是以满足人体表面起伏变化为前提，充分展示服装的造型变化。但也可以按照结构线的形态总结为斜线分割结构线、弧线分割结构线、自由分割结构线等[46]。斜线分割结构线的重点是倾斜角度的控制，不一样的倾斜角度能形成不一样的外表效果，斜线的动感较明显。弧线分割结构线，柔美优雅的弧线呈现独特的装饰作用，能创造一种柔和感[46]。如果运用得非常巧妙自然，便能呈现出优美新颖的美感。对弧线进行分割是一种结合人体的省道，把弧线分割和垂直线、水平线及斜线交错运用的分割方法，变化分割的弧线给人柔美、优雅及形态多样感。自由式分割结构线不会受垂直、水平及斜线交错等任何分割形式的限制，可以无拘无束地进行变化。其在稳定中寻求改变，给人别致与刺激感，使服装造型展示绚丽多彩的变化。相对于常规结构线而言，非常规结构线展示的新设计理念，是一种开放性的结构线[46]。

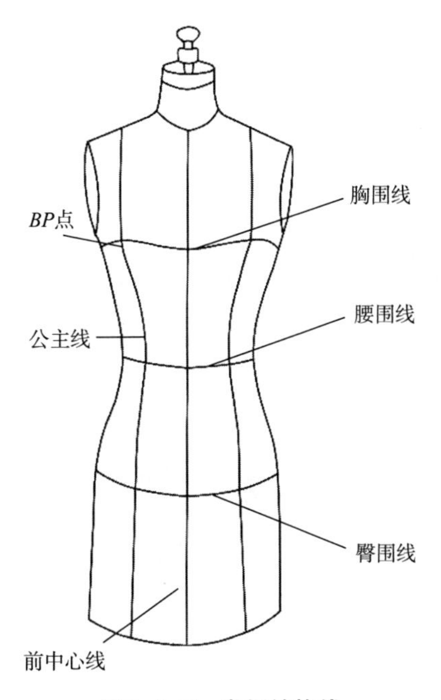

图6-1-7　常规结构线

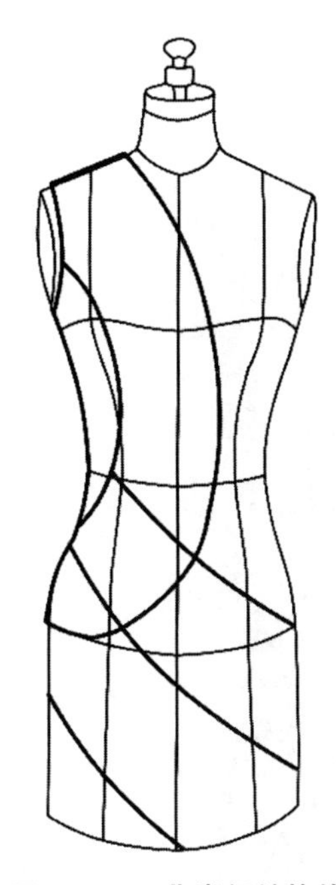

图6-1-8　非常规结构线

基于结构线非常规造型设计的毛衫服装如图6-1-9所示，图6-1-9（a）所示为深V领连肩短袖长裙，上衣及短裙是单畦编组织编织的小凸点凹凸外观效应，服装领口开口低，展示女性胸部的曲线美，胸部以下为非常规造型设计，裙子前短其余处较长，腹部及腰腿两侧拼接长条形镂空网状织物形成3条结构线，镂空网状织物外侧拼接大毛圈形条带，镂空网状织物内侧是大毛圈状条带与短裙的拼接，毛衫整体肌理丰富，搭配感和设计感强，呈现干练的风格；图6-1-9（b）所示为无袖镂空长裙，领与裙摆为非常规造型设计，衣身上多条隆起装饰线是运用折纸造型卷的工艺技法形成筒状造型，筒状造型形似非常规分割线分布在服装领、肩、胸、腹、侧缝、裙摆等部位，增强了毛衫的立体感，造型独特，个性化强；图6-1-9（c）所示为无袖长裙，下摆为非常规造型设计，上身有由右领肩经左胸至左腰的非常规结构线，结构线下方缝制金银丝线的流苏作装饰，沿左腰至右腿外侧的非常规结构线处附加另一块衣身面料，面料的工艺反面做服用正面，形成为尖角斜下摆造型，尖下摆面料上边缘为单面织物纵行，向织物工艺正面卷边，边缘形成筒状外观，突显左腰至右腿外侧的非常规结构线，颈部围围巾，右侧自由垂下至腕部，与左腰处自由垂下的面料形态呼应，设计协调、平衡，毛衫层次丰富，呈现端庄优雅的风格。

（a）胸部以下非常规造型设计

（b）领与裙摆非常规造型设计

（c）下摆非常规造型设计

图6-1-9　基于结构线非常规造型设计的毛衫服装

（3）基于褶皱技术非常规造型设计。褶皱效果设计是服装设计中的重要表现手法之一，具有丰富的表现形式，并且呈现出风格各异的外观风貌，褶皱效果在毛衫服装中的应用大大丰富了视觉效果，成为毛衫服装设计中获取灵感、拓展设计、丰富装饰细节、完善外观风貌、传达设计师理念的重要途径[47]。

褶皱技术在服装造型上运用广泛，具有功能性和装饰性，下摆的褶皱效果可增加女性的柔美，腰部的抽褶形成X型廓型，领部的抽褶具有装饰性，袖部的抽褶可形成泡泡袖等。基于褶皱技术的纸样切展和裙装纸样制板如图6-1-10与图6-1-11所示。

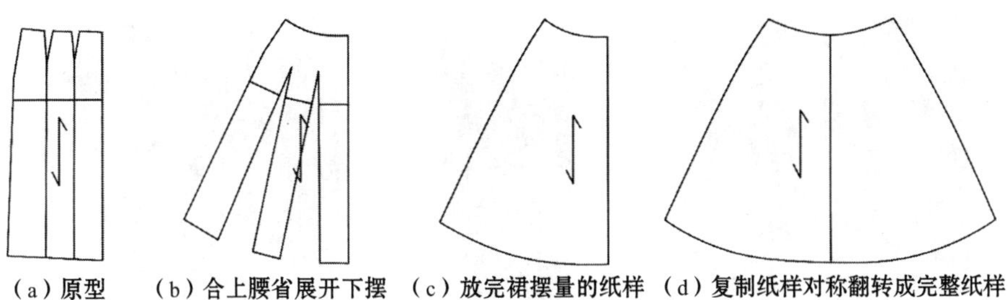

（a）原型　（b）合上腰省展开下摆　（c）放完裙摆量的纸样　（d）复制纸样对称翻转成完整纸样

图6-1-10　基于褶皱技术的纸样切展

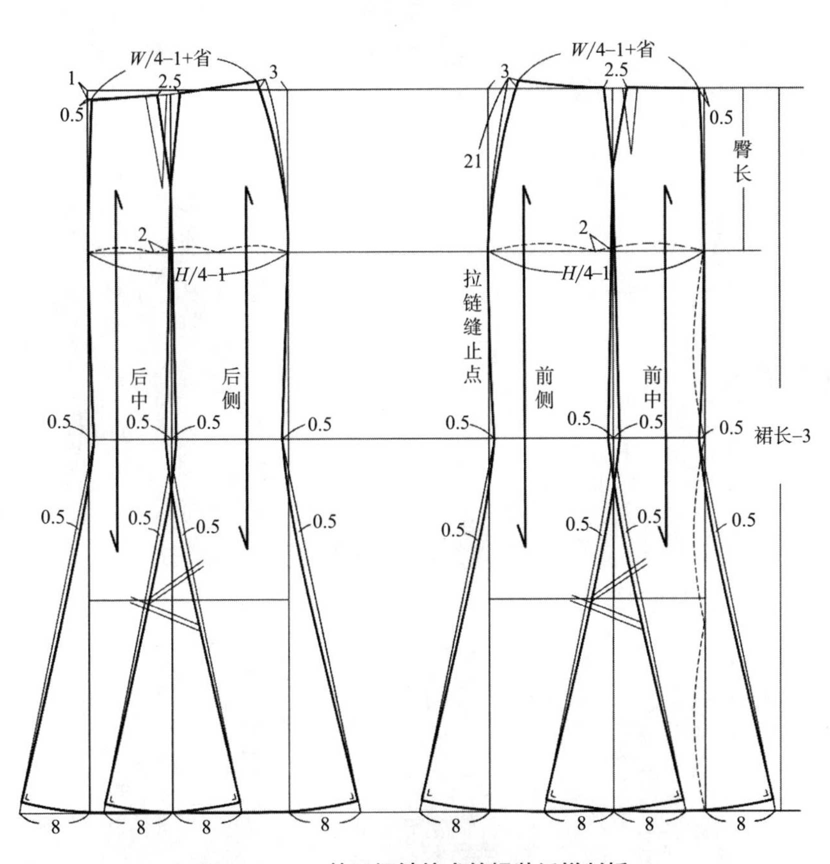

图6-1-11　基于褶皱技术的裙装纸样制板

褶皱的形成可以通过后期加工、组织结构、纸样上放余量等方法形成，成型后可形成自然褶皱。基于褶皱技术非常规造型设计的毛衫服装如图6-1-12所示，图中（a）（b）所示毛衫是通过组织结构形成褶皱；（c）（d）（e）所示毛衫是通过纸样放量形成褶皱；（f）所示毛衫是将组织结构和纸样放量结合产生褶皱；（g）（h）（i）所示毛衫是通过后期加工形成褶皱。

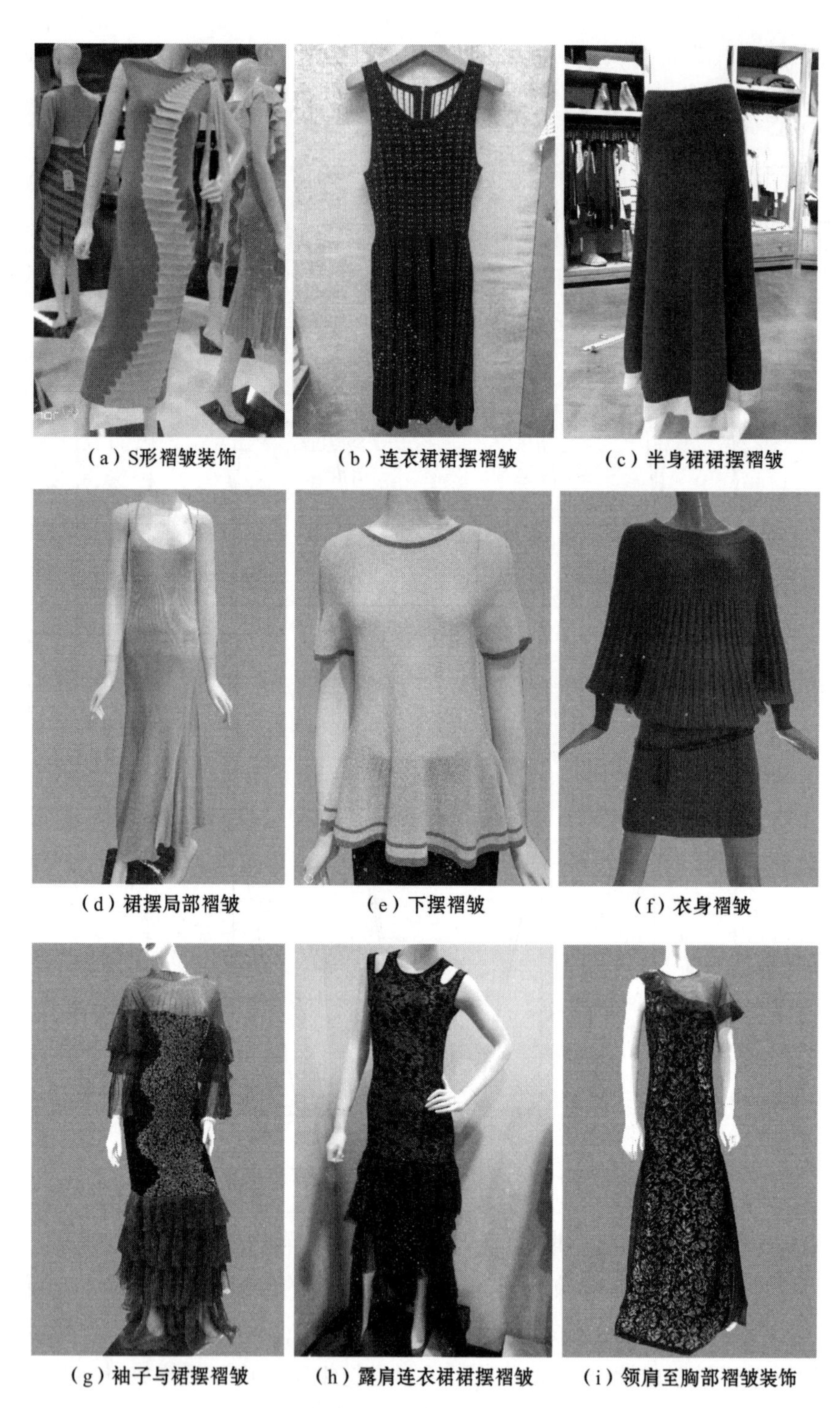

（a）S形褶皱装饰　（b）连衣裙裙摆褶皱　（c）半身裙裙摆褶皱

（d）裙摆局部褶皱　（e）下摆褶皱　（f）衣身褶皱

（g）袖子与裙摆褶皱　（h）露肩连衣裙裙摆褶皱　（i）领肩至胸部褶皱装饰

图6-1-12　基于褶皱技术非常规造型设计的毛衫服装

毛衫服装因穿着舒适、具有较好的弹性和延伸性等深受消费者喜欢。随着毛衫服装时尚化和个性化的发展，非常规造型毛衫逐渐被服用者青睐。毛衫服装的常规造型轮廓单一，通常采用直线或斜线绘制衣片形状，工艺师凭借经验制定出编织工艺，再采用电脑横机编织，但此种编织工艺无法满足非常规造型毛衫服装的制作要求。非常规造型毛衫服装的衣片形状复杂，不能将常规造型的编织参数生搬硬套用于工艺制定，无法直接通过参考常规款式结构数据进行编织，需要不断多次打样进行工艺校正，生产效率降低。

丰富毛衫造型可以使用纸样中的省道转移和褶皱等方法，运用纸样技术能够精确绘制结构复杂的衣片形状。为了使非常规造型毛衫的编织参数更加准确并提高编织效率，研究毛衫编织参数制定中纸样技术的运用，首先绘制纸样的基本型，结合毛衫编织工艺优化纸样，根据优化的纸样形状、成衣规格尺寸及编织密度等参数制定出电脑横机编织工艺和相应的编织程序，并制作毛衫服装实物，同时详细分析编织工艺的制定。

第二节　基于纸样技术的非常规廓型毛衫装饰设计

一、非常规廓型毛衫设计说明

非常规廓型毛衫如图6-2-1所示，此毛衫廓型新颖别致，毛衫整体分为上片和下片。

上片形状呈偏心圆形态，采用局部编织工艺选用平针组织将黄色和白色两种颜色的纱线分别编织宽度变化的条纹织物，条纹外观呈放射形态排列，这样能够将视线从上向下指引，增强毛衫的空间感并加强视觉冲击；下片形状呈圆环形态，采用纬平针用白色纱线编织，圆环内侧一周作为毛衫腰围线，选择三平组织编织，这样能防止卷边；毛衫前侧胸围线位置呈上下两片连接，毛衫后侧在重力作用下织物自然下垂，呈褶皱形态，上片内侧一周形成毛衫领口，该位置为平针织物纵行，所以该处边缘向毛衫内侧卷边，形成筒状造型领口。

色彩配置选用明亮度较高的黄色和白色搭配，使毛衫整体设计协调统一。

整件毛衫成衣由上下两片经套口缝合形成，生产流程短。

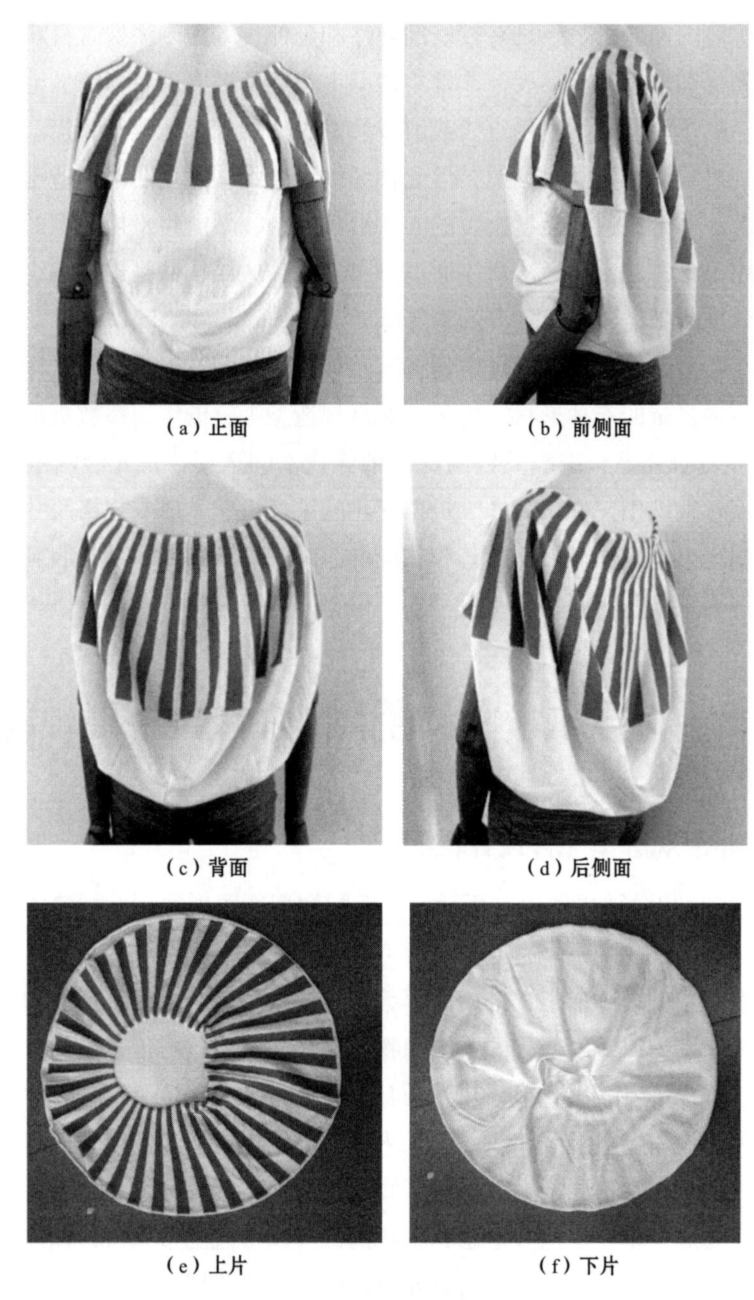

（a）正面　（b）前侧面

（c）背面　（d）后侧面

（e）上片　（f）下片

图6-2-1　非常规廓型毛衫实物图

二、非常规廓型毛衫成品规格与测量部位

非常规廓型毛衫成品规格见表6-2-1，测量部位如图6-2-2所示。

表6-2-1　非常规廓型毛衫成品规格

序号	部位	尺寸/cm
①	同心圆内半周长（下片腰围/2）	56
②	同心圆宽（下片衣长）	24
③	同心圆外半周长（胸围/2）	112
④	袖口宽	17
⑤	偏心圆前宽（上片前中长）	15
⑥	偏心圆内半周长（上片领围/2）	33
⑦	偏心圆后宽（上片后中长）	36
⑧	偏心圆外半周长（上片胸围/2）	112

注　序号和图6-2-2中的标号一致。

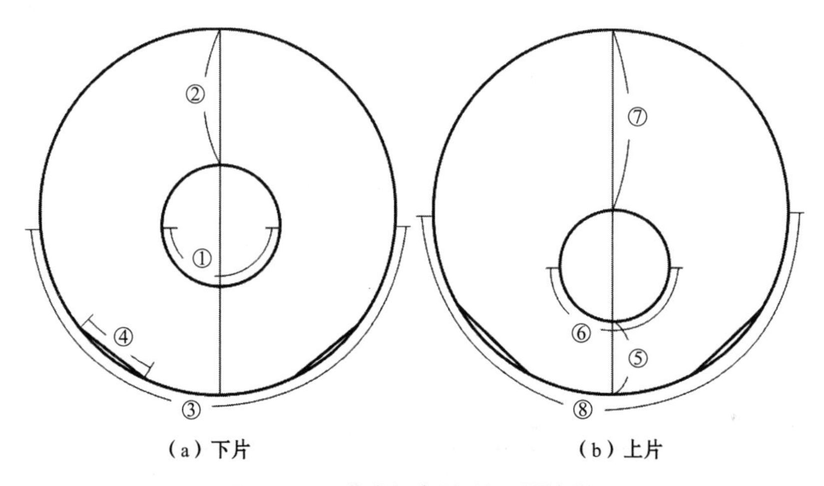

（a）下片　　　　（b）上片

图6-2-2　非常规廓型毛衫测量部位

三、非常规廓型毛衫纸样制板

当前女装毛衫廓型多是以X型与H型等一些基本廓型为主。而此款毛衫是由圆环状的两片衣片构成，如果是机织服装，可对纸样进行直接剪裁，但毛衫的衣片是成型编织，圆环的弧线形状需要由分段式收放针形成，运用引返编织工艺，增加或减少编织针数，通过精确制定编织工艺参数，才能使圆环的边缘形态符合设计要求。此款毛衫使用的圆环形状纸样如图6-2-3所示，图中数值单位为cm。

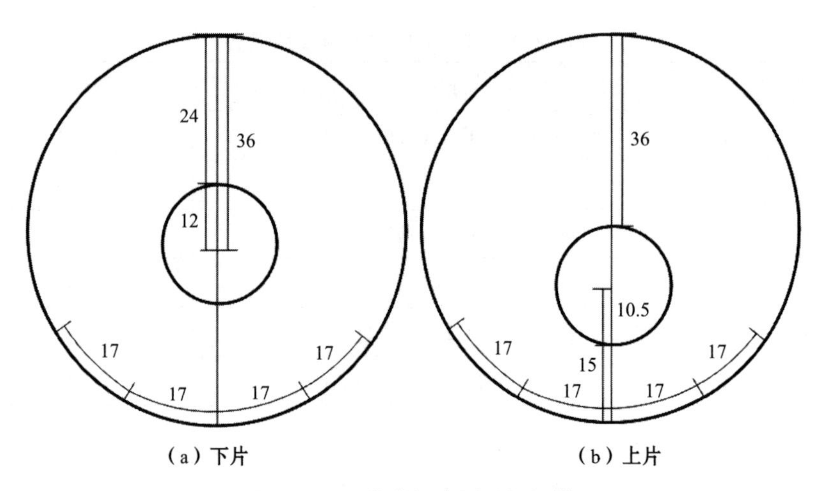

图6-2-3　非常规廓型毛衫纸样

四、原料与编织设备

1. 原料

21tex×2羊毛纱线。

2. 编织设备

龙星电脑横机，型号为LXC-252SCV，机号为14G。

五、成品密度

非常规廓型毛衫织物成品密度见表6-2-2。

表6-2-2　织物成品密度

密度	纬平针
成品横密（针/10cm）	66.7
成品纵密（转/10cm）	50.5

六、非常规廓型毛衫上机工艺图与上机程序图

选择1、3、5号三把纱嘴穿纱编织，从表6-2-1所示规格尺寸和图6-2-3所示纸样形状再结合成品编织密度制定上机工艺图，如图6-2-4所示。编织下衣片圆环采用引返技术，每个循环单元呈扇形，如图6-2-4（a）所示，形状一样的扇形织物部分，编织工艺参数也一样。上衣片圆环织物中各个扇形的形状不同，编织

工艺参数也不同，图6-2-4（b）所示从扇形①到扇形⑧半径尺寸逐步变小，因此外侧圆环与内侧圆环的圆周弧线采用收针编织形成。按照编织参数中的针数、转数和收放针形式及运用的组织结构制定电脑横机编织程序，上机程序图（部分）如图6-2-5所示。

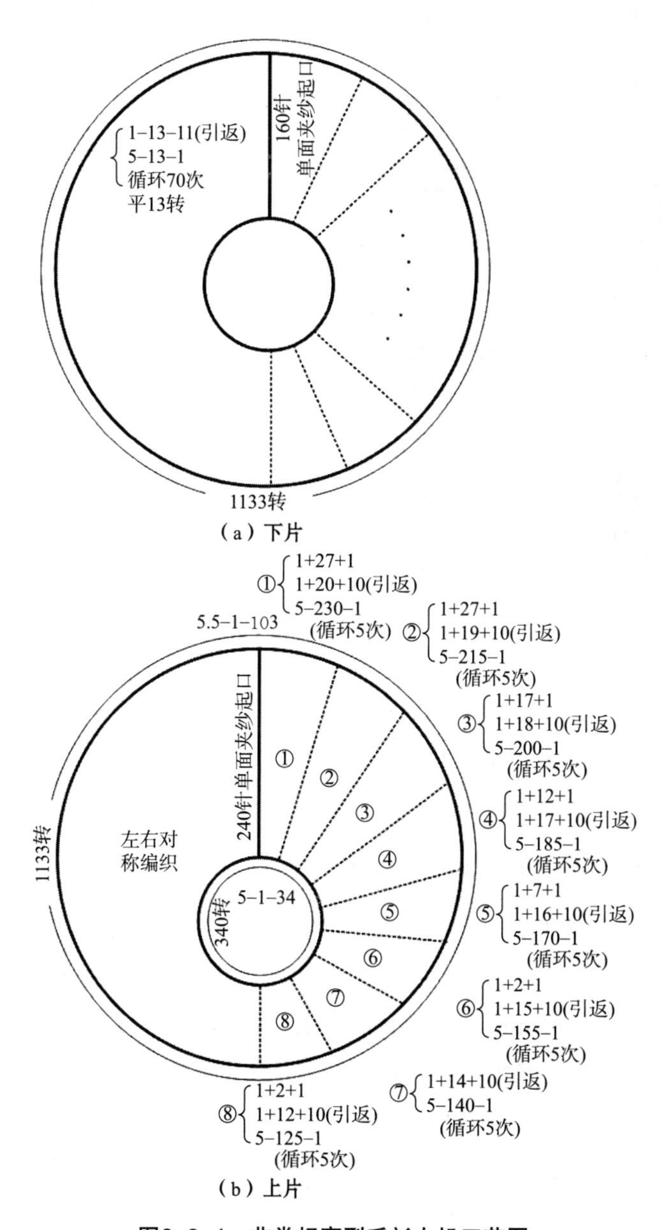

图6-2-4　非常规廓型毛衫上机工艺图

图6-2-5　非常规廓型毛衫上机程序图

七、非常规廓型毛衫编织工艺分析

衣片上机编织时需要设置适宜的密度与编织速度，因为衣片编织转数的数值大，要关注牵拉力对衣片长度的作用，设定适宜的牵拉力大小，防止衣片被拉长。圆环形状采用引返技术编织，同心圆环形状衣片的工艺制定比偏心圆环形状衣片的简单，偏心圆环采用引返编织，两侧还需进行收放针操作。为使毛衫呈现优美的外观，在进行引返操作时也要有规律地加针和减针，黄色与白色相间条纹是通过3号与5号两把纱嘴垫入两种色纱循环编织形成。纱嘴交替编织，使衣片边缘形成较短浮线，在后期套口时可用钩针将其勾入织物内，避免影响外观。此款毛衫只用两片衣片缝合成衣，缩短了生产流程。

第三节　基于纸样技术的非常规肩型毛衫装饰设计

一、非常规肩型毛衫设计说明

非常规肩型毛衫如图6-3-1所示，肩部造型是将朋克风的设计元素与手法应用其中而形成，该细部造型为毛衫整体的特色设计。袖型设计为插肩袖式，领型设计为一字型领，与肩部造型相匹配，使毛衫整体和谐一致，展示毛衫的时尚感与潮流感。色彩选择经典色中的灰色，为提高毛衫的亮度，在编织时用银丝纱线拼纱，使毛衫富有光泽[48]。前片、后片及袖片均采用纬平针，下摆采用2+2罗纹。此款毛衫设计将纸样技术中的省道转移手法应用到毛衫细部造型设计中，毛衫较适体，线条简单，肩部造型显著。

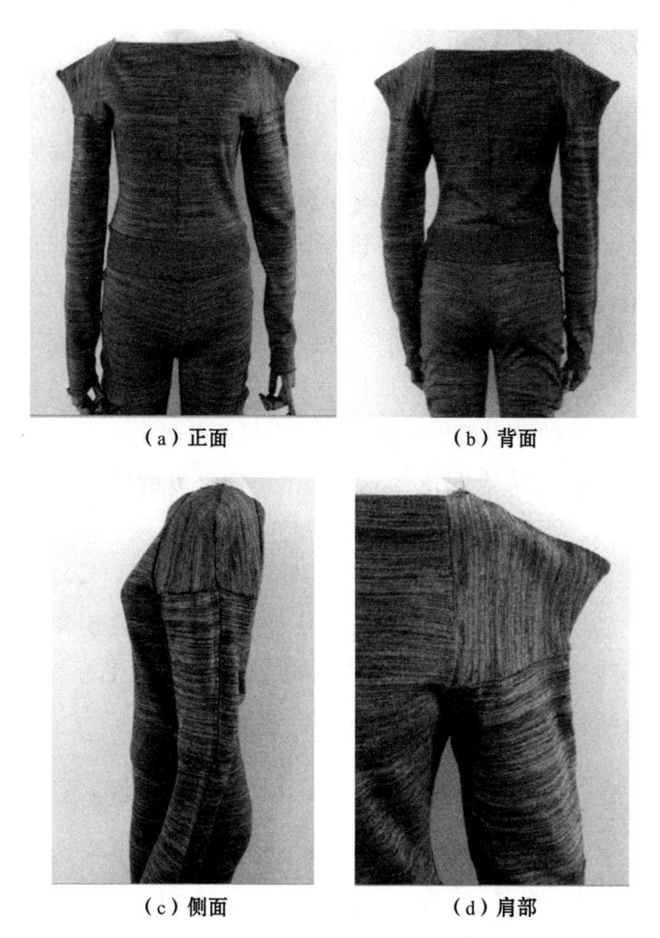

（a）正面　（b）背面　（c）侧面　（d）肩部

图6-3-1　非常规肩型毛衫实物图

二、非常规肩型毛衫成品规格

非常规肩型毛衫成品规格见表6-3-1。

表6-3-1　非常规肩型毛衫成品规格

部位	尺寸/cm	部位	尺寸/cm
胸宽	43	上身长	37
腰围	35	罗纹长	8
领宽	25	衣长	45
肩宽	31	袖长	71

三、非常规肩型毛衫纸样制板

（1）纸样制板。在原型基础上，合并前片和后片纸样腋下胸省，再转移到袖窿处，增加袖窿长度，使衣片的腰身和胸部更适体，增长袖窿可使插肩袖与衣片拼接处造型显著。绘制袖片纸样的基本型，在腋下分割，与袖中心线垂直，和衣片袖窿省长度相对应，方便和衣身拼接。肩部则是确定省道分割线，放量后使尖锐造型显著。

（2）纸样优化。机织服装纸样绘制，尖角或曲线位置都能直接裁剪与缝合，但毛衫衣片为成型编织，曲线形状处通过收放针形成。因电脑横机功能存在局限性，衣片收尾处的尖点编织困难，牵拉力易将此处的衣片织物拉断。因此在衣片制板时，一般会将尖点弱化，最后保留一定高度的废纱用来落片和套口缝合。毛衫织物柔软、刚性小、悬垂性好、弹性大等特点使得织物较难保持稳定的尖锐造型，若使毛衫呈现所设计的肩部尖锐造型，则需要对肩部进行适当处理。为使肩部造型饱满，该处三角形态需要进行分割，在袖窿处分割成上下两片，把上片旋转90°，改变方向编织尖角形状，方便形成造型。毛衫各衣片经过纸样制板、剪切、省道转移及优化后，如图6-3-2所示。

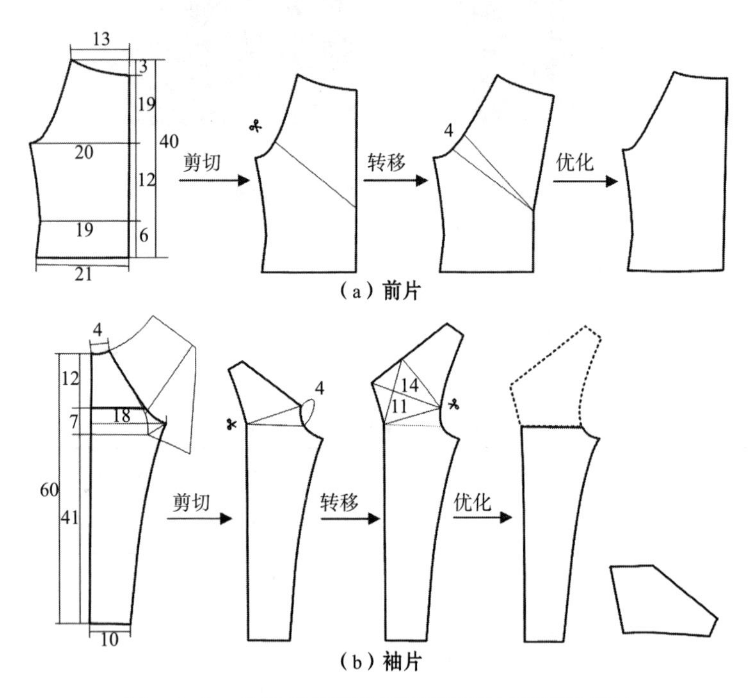

图6-3-2　非常规肩型毛衫纸样制板与纸样优化图

四、原料与编织设备

1. 原料

21tex×2麻/黏纱线和两根银丝线并线。

2. 编织设备

龙星电脑横机，型号为LXC-252SCV，机号为14G。

五、成品密度

非常规肩型毛衫织物成品密度见表6-3-2。

表6-3-2　织物成品密度

密度	纬平针	2+2罗纹
成品横密（针/10cm）	70	100
成品纵密（转/10cm）	50	50

六、非常规肩型毛衫上机工艺图与上机程序图

选择1、2、4号三把纱嘴穿纱编织，从表6-3-1所示规格尺寸和图6-3-2所示纸样形状再结合成品编织密度制定上机工艺图，如图6-3-3所示。纸样上斜线或曲线形态采用多段式收放针编织形成，电脑横机编织程序与非常规廓型的制定方法相同，上机程序图如图6-3-4所示。

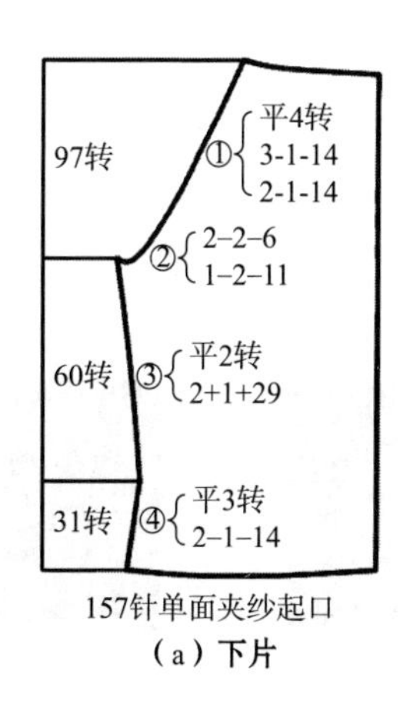

（a）下片

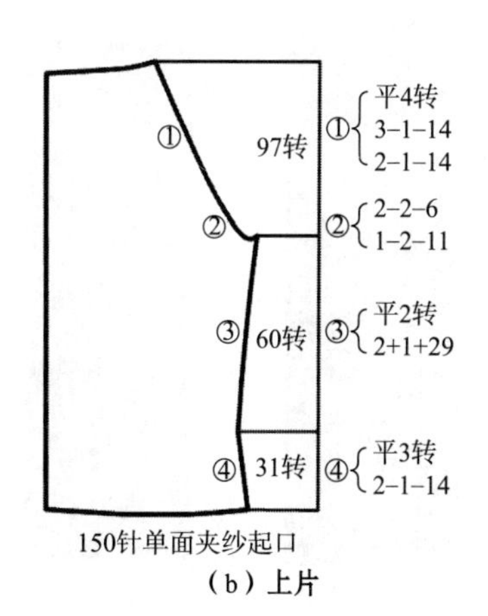

（b）上片

图6-3-3

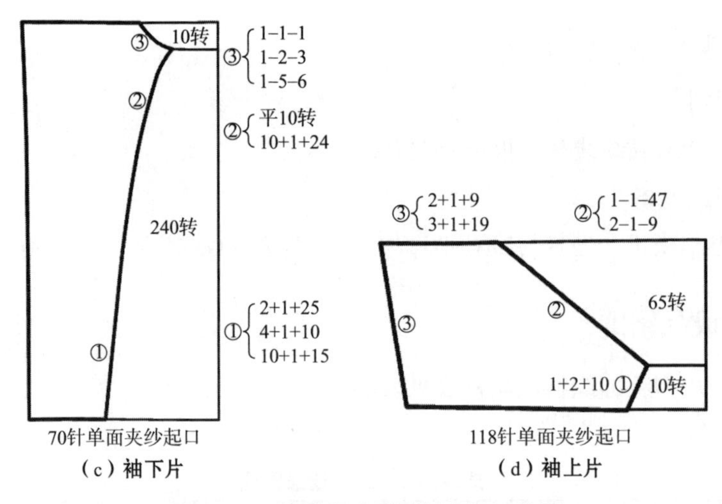

（c）袖下片
（d）袖上片

图6-3-3　非常规肩型毛衫上机工艺图

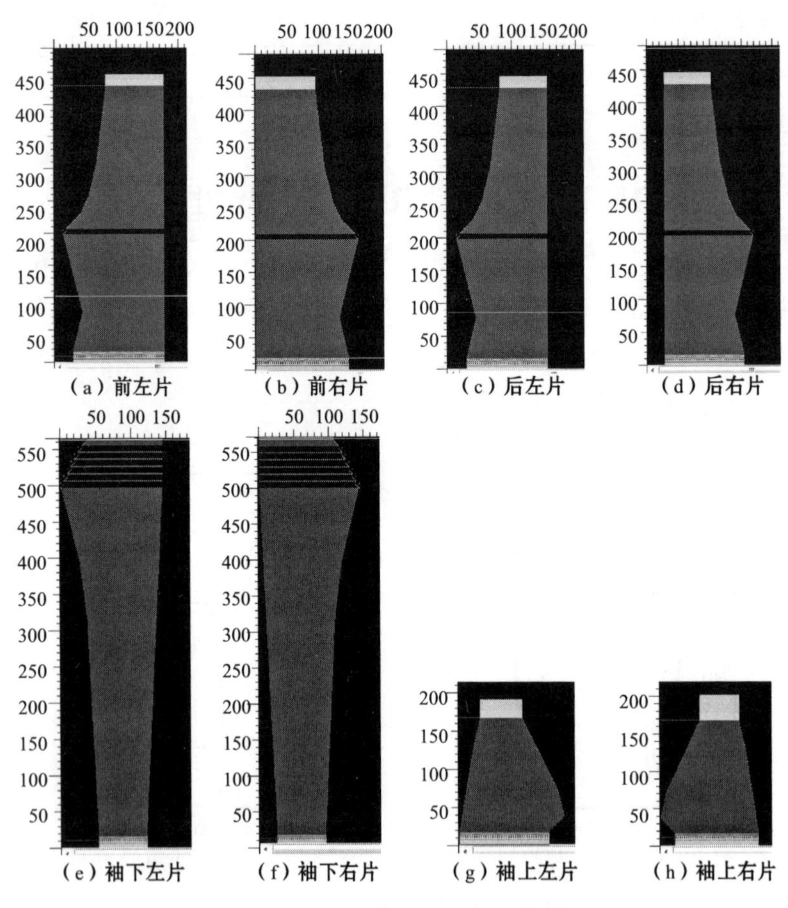

（a）前左片　（b）前右片　（c）后左片　（d）后右片
（e）袖下左片　（f）袖下右片　（g）袖上左片　（h）袖上右片

图6-3-4　非常规肩型毛衫上机程序图

七、非常规肩型毛衫编织工艺分析

为制定编织工艺，需要将纸样上的曲线简化表达成折线，编织时通过收放针即能形成纸样的形状，曲线呈现凹向或凸向形态与收放针速度及每次收放针的针数有关。衣片编织起口采用单面夹纱方式，在腰围部位采取快速收针，在袖窿部位采取先快后慢方式收针，开始时一次连收几针，然后连续减少收针数，使衣片形态符合纸样形状。衣片的疏密程度和度目值的大小紧密相关，为了使电脑横机呈现最优编织状态和顺利编织，为不同段配置不同的度目值及编织速度，防止衣片出现密度不统一及断纱等疵点。

第四节　基于纸样技术的非常规造型毛裤装饰设计

一、非常规造型毛裤设计说明

非常规造型毛裤如图6-4-1所示，裤片采用单面纬平针组织编织形成，在进行纸样制板时放量形成褶皱的量，服用时呈现较多褶皱，腰围处与脚口处采用2+2罗纹编织形成，为使该部位弹性佳，在编织过程中垫入氨纶长丝，使得腰口和脚口自然缩紧。颜色选用经典色彩中的灰色，为提高毛裤色彩亮度，在编织过程中用银丝纱线拼纱，提高毛裤的光泽和时尚感。

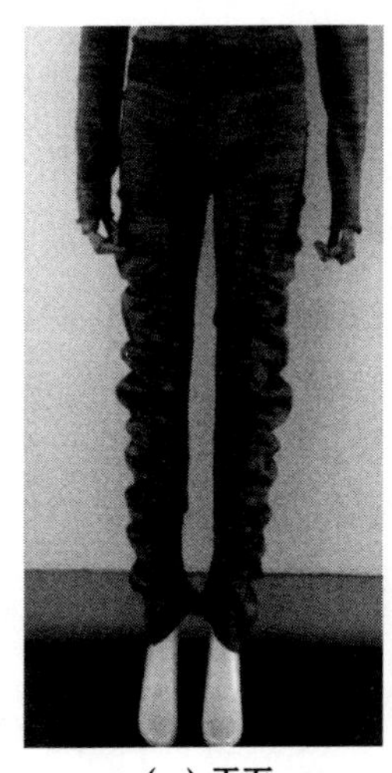

（a）正面

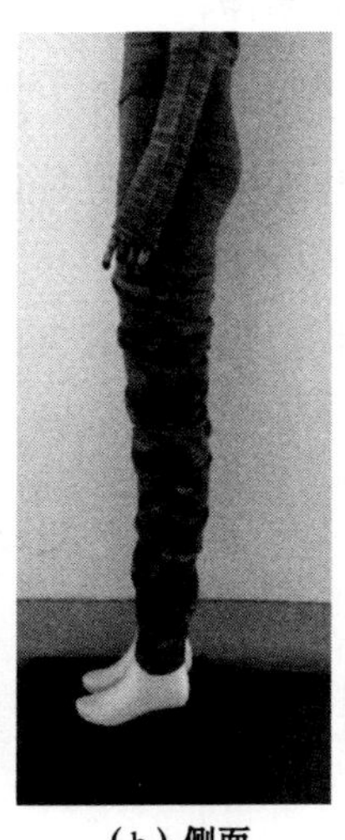

（b）侧面

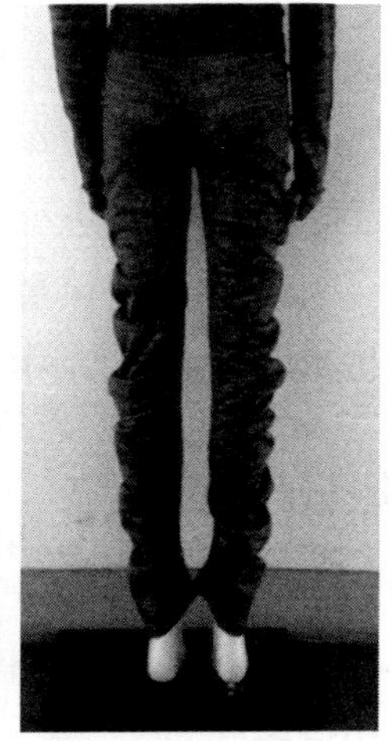

（c）背面

图6-4-1

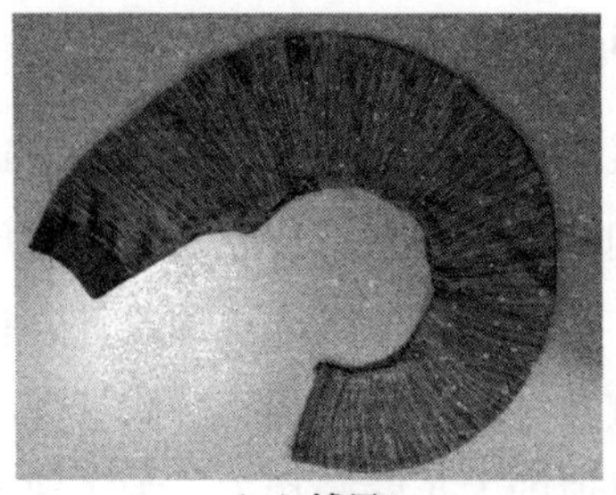
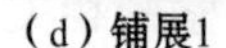
（d）铺展1

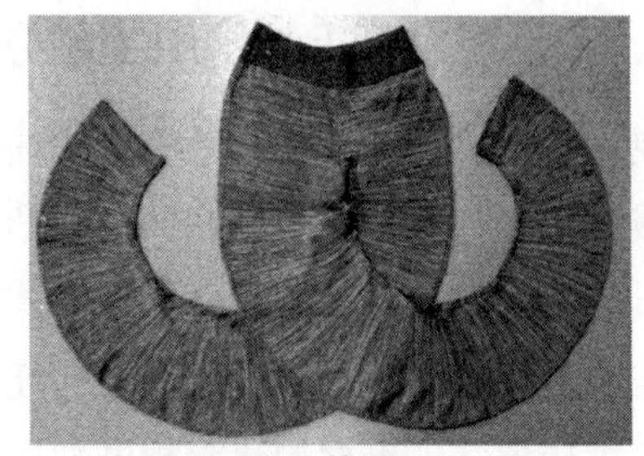
（e）铺展2

图6-4-1　非常规褶皱毛裤实物图

二、非常规造型毛裤成品规格

非常规造型毛裤成品规格见表6-4-1。

表6-4-1　非常规造型毛裤成品规格

部位	尺寸/cm	部位	尺寸/cm
腰长	35	裆深	21
裤长	104	脚口罗纹长	8
腰罗纹长	7	脚口	17

三、非常规造型毛裤纸样制板

此款造型毛裤的基础纸样是在原型纸样上进行剪切和转移方法制作，再结合裤子成品规格绘制而成。在基础纸样上臀部以下部位进行剪切和分割，保持毛裤内侧长不变，将裤片进行平均分割和转移，在毛裤外侧进行放量，将外侧尺寸增大，从而可形成规律褶皱。应用褶皱方法绘制毛裤纸样，绘制过程和成品规格如图6-4-2所示，图中W与H分别指毛裤的腰围与臀围。

四、原料与编织设备

1. 原料

21tex×2麻/黏纱线和两根银丝线并线。

2. 编织设备

龙星电脑横机，型号为LXC-252SCV，机号为14G。

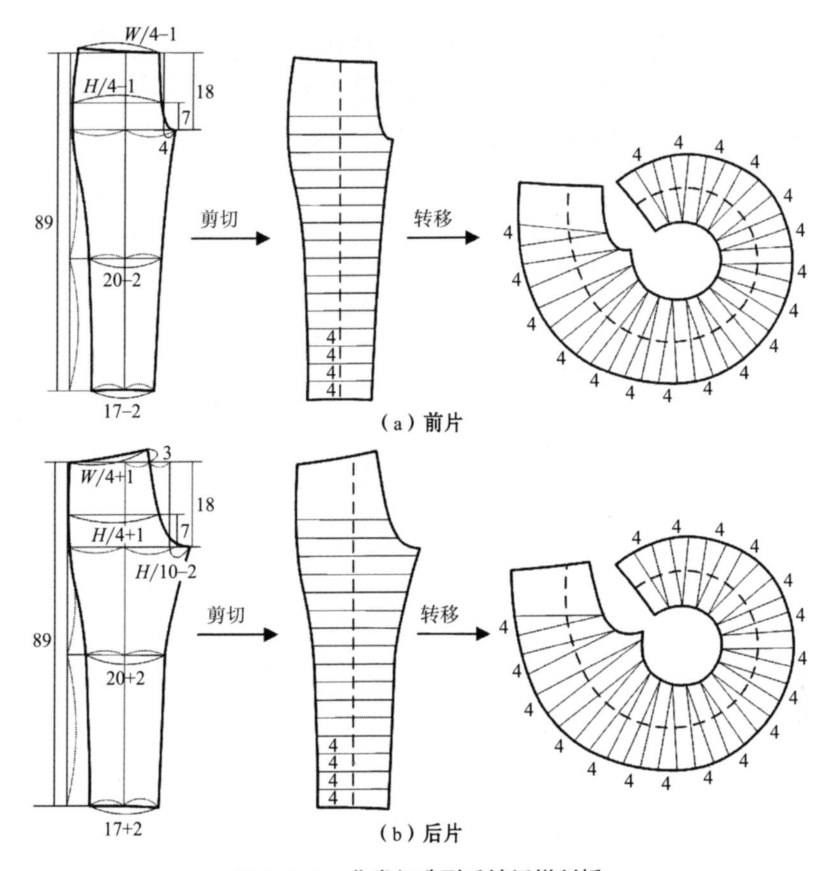

图6-4-2　非常规造型毛裤纸样制板

五、成品密度

非常规造型毛裤织物成品密度见表6-4-2。

表6-4-2　织物成品密度

密度	纬平针	2+2罗纹
成品横密（针/10cm）	70	100
成品纵密（转/10cm）	50	50

六、非常规造型毛裤上机工艺图与上机程序图

选择1、4、6号三把纱嘴穿纱编织，从表6-4-1所示规格尺寸和图6-4-2所示纸样形状再结合成品编织密度制定上机工艺图，如图6-4-3所示，裤片形状与图

6-2-4（b）所示圆环形状类似，两者的编织方法也相同，裤片的内侧边缘从裤脚开始往上均放针编织，而底裆部位往上的边缘则收针编织。此款毛裤编织程序与非常规廓型的制定方法相同，上机程序图如图6-4-4所示。

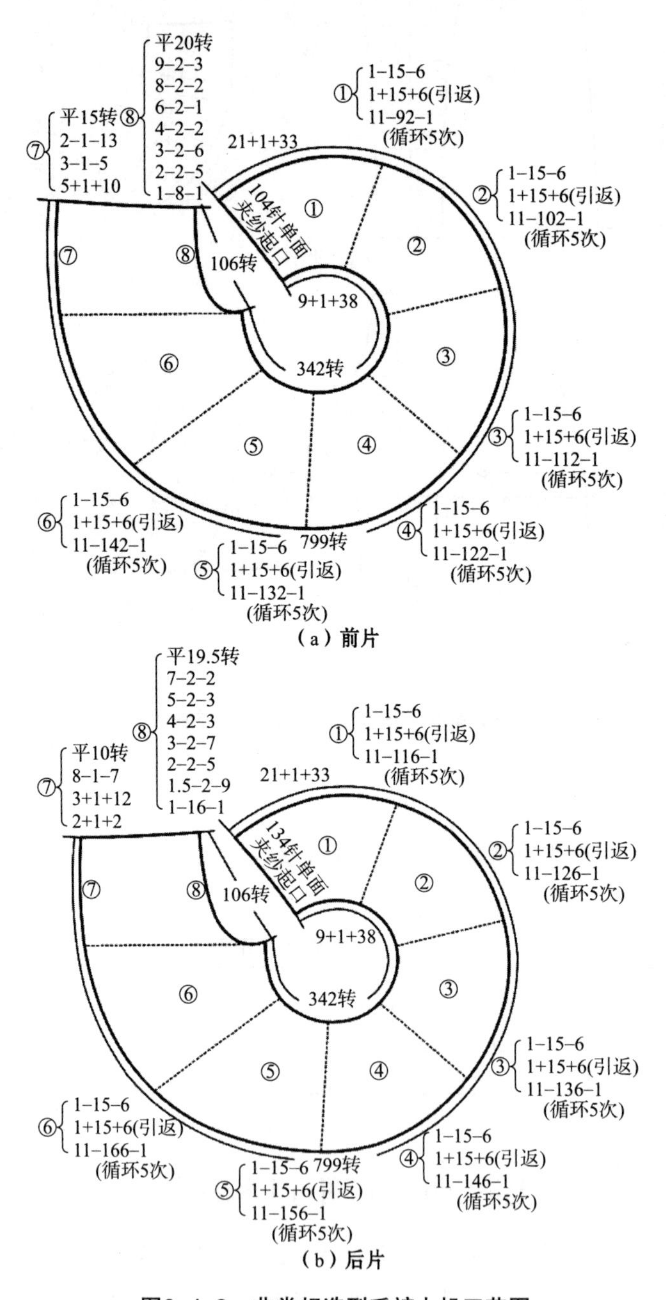

（a）前片

（b）后片

图6-4-3 非常规造型毛裤上机工艺图

图6-4-4　非常规造型毛裤上机程序图

七、非常规造型毛裤编织工艺分析

裤片两侧尺寸不同，编织转数也不同，内侧尺寸小，则编织转数少，外侧尺寸大，则编织转数多，采取引返技术编织。因裤片外侧编织转数很多，为顺利编织裤片形状，还需关注牵拉力配置，需要使用局部牵拉，外侧编织时该处有牵拉，而此时内侧呈握持状态。裤片编织起口采用单面夹纱方式，经过反复数次收放针操作编织形成裤片形状。为呈现自然流畅的褶皱外观效果，编织参数设定时需要配置好不同段的度目值。腰部与脚口处采用2+2罗纹编织形成，编织过程加入氨纶丝能有效提高织物弹性，起到松紧带的作用。

第五节　基于纸样技术的非常规领部造型毛衫装饰设计

一、非常规领部造型毛衫设计说明

非常规领部造型毛衫如图6-5-1所示，该款毛衫运用非常规结构线的增加和位置的变化改变纸样，形成连帽领，体现毛衫的外形空间感，非常规结构线改变毛衫整体造型，连帽领的独特造型增加了毛衫的风格特色，衣身宽松舒适，与帽子的搭配协调统一，简单有造型。整件毛衫由两片构成，较少的分割线使毛衫美观大方。大身采用单面纬平针组织，腰节处用双面空转组织起针，在领口部位用单面纬平针包边。毛衫整体宽松舒适，造型简单，连帽领的非常规领型设计使毛衫别具特色，若替换其他组织和色彩，可形成不同的风格。

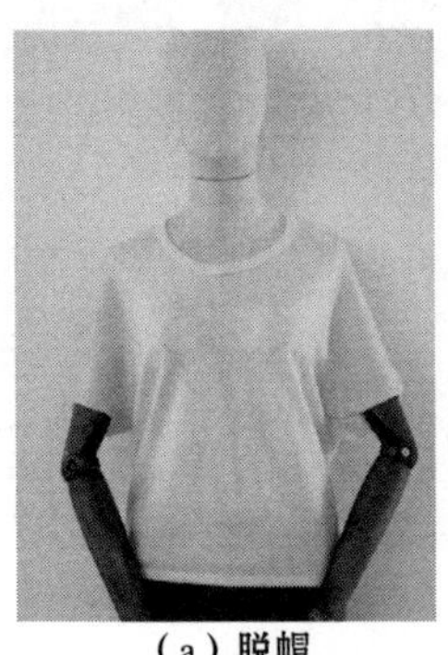
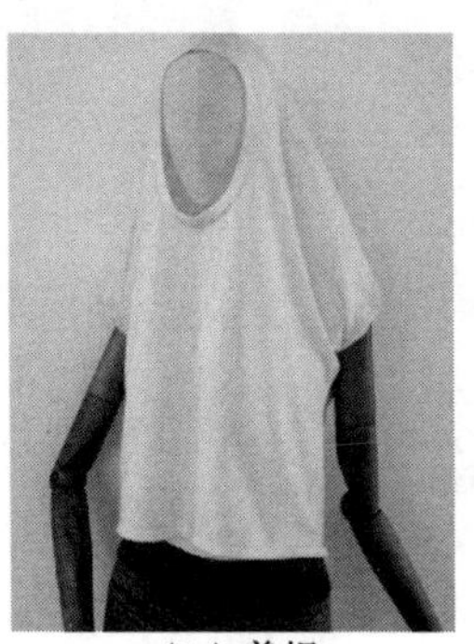

（a）脱帽　　（b）着帽

图6-5-1　非常规领部造型毛衫实物图

二、非常规领部造型毛衫成品规格

非常规领部造型毛衫成品规格见表6-5-1。

表6-5-1　非常规领部造型毛衫成品规格

部位	尺寸/cm	部位	尺寸/cm
衣长	79	帽宽	15
胸宽	58	帽高	20
腰宽	38	袖口宽	14

三、非常规领部造型毛衫纸样制板

该款非常规领部造型毛衫在原型的基础上根据造型需要构造结构线，在纸样设计中利用结构线的形状、位置和数量不同组合，达到毛衫不同造型和合体状态的变化规律[49]，运用非常规结构线改变线条，建立理想的比例与优美的造型。采用非常规结构线设计更自由、开放，在此款设计中采用放大胸围量来表现毛衫造型，连帽领的纸样在于增加结构线，区别于机织连帽领的样板，此款毛衫的帽形更自由，更贴合人体自然形态，在此基础上又具有个性特征。该款毛衫纸样绘制过程和成衣规格如图6-5-2所示。

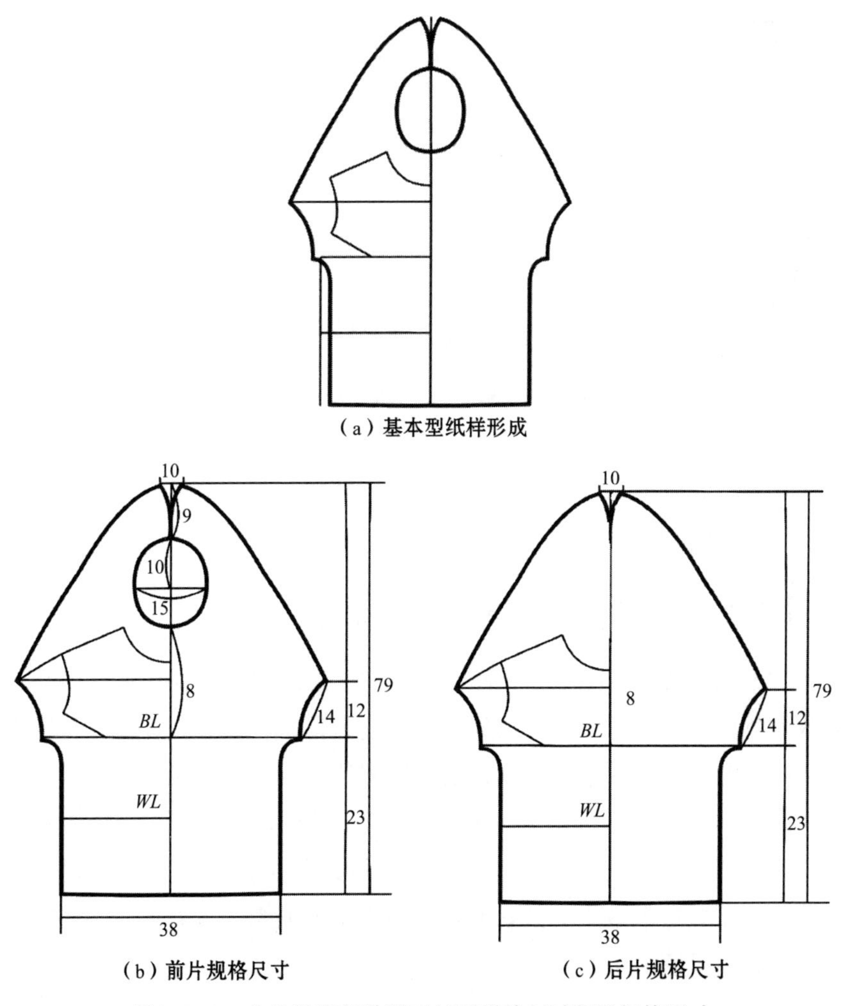

（a）基本型纸样形成

（b）前片规格尺寸　　（c）后片规格尺寸

图6-5-2　非常规领部造型毛衫纸样绘制过程及规格尺寸

四、原料与编织设备

1. 原料

21tex × 2米白色美丽诺羊毛。

2. 编织设备

龙星电脑横机，型号为LXC-252SCV，机号为14G。

五、成品密度

非常规领部造型毛衫织物成品密度见表6-5-2。

表6-5-2　织物成品密度

密度	纬平针
成品横密（针/10cm）	66.7
成品纵密（转/10cm）	50

六、非常规领部造型毛衫上机工艺图与上机程序图

选择1、3、5号三把纱嘴穿纱编织，从表6-5-1所示规格尺寸和图6-5-2所示纸样形状再结合成品编织密度制定上机工艺图，如图6-5-3所示，衣片纸样上斜线和曲线处采取收放针的方式编织形成相应的形状，此款毛衫编织程序的制定方法与非常规廓型的相同，上机程序图如图6-5-4所示。

七、非常规领部造型毛衫编织工艺分析

在实物编织过程中，上机工艺图将直化曲，运用收放针操作编织出纸样的形状，曲线处弯曲程度的大小使得收放针的速度与每次收放针的针数也发生变化。编织过程中需要设置好不同段的度目值与编织速度，使设备顺利编织，同时防止出现织片密度不同和断纱等疵点。采用在14G电脑横机上织片，若要达到紧密度需将度目调紧。衣片以空转组织起底改变了单面组织的卷边性，帽口以单面纬平针组织包边，服装造型效果更佳。毛衫采用纯羊毛编织，穿着舒适，连帽领的设计使毛衫更具时尚感。

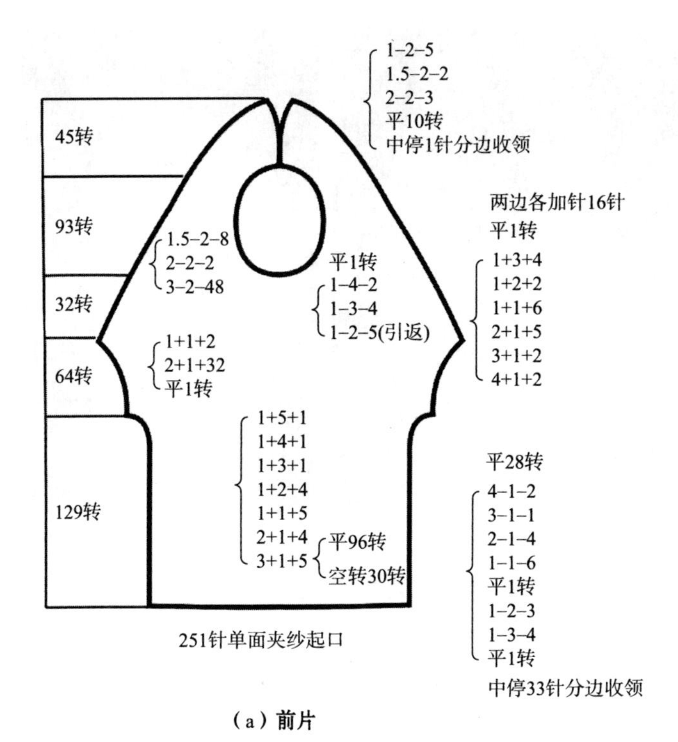

（a）前片

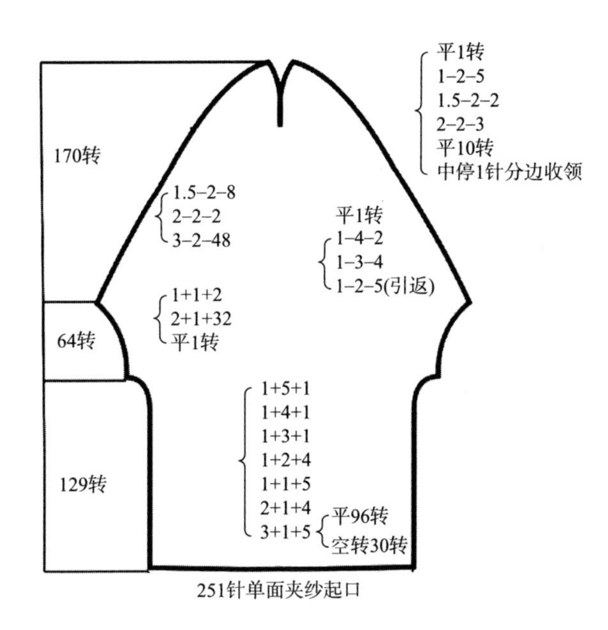

（b）后片

图6-5-3　非常规领部造型毛衫上机工艺图

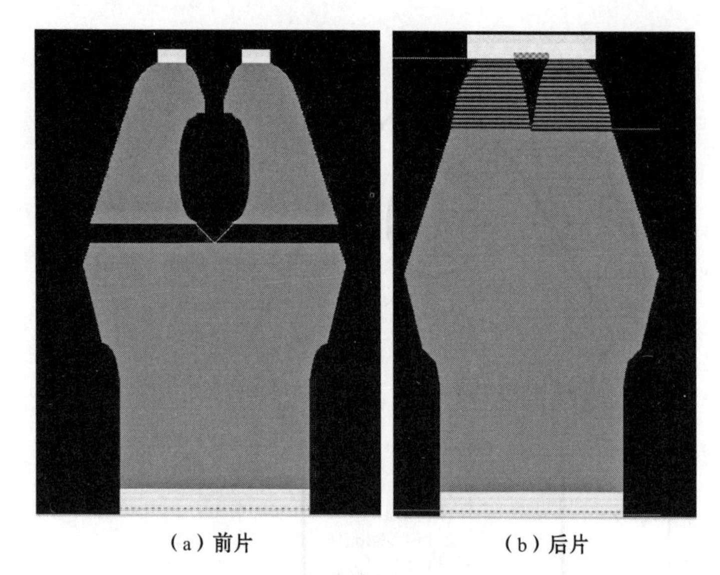

（a）前片　　　　（b）后片

图6-5-4　非常规领部造型毛衫上机程序图

第七章

基于纸技艺的毛衫服装装饰设计

第一节　基于折纸造型的毛衫服装边口装饰设计

一、服装边口概述

1. 服装边口的含义

服装的边口多指领口、袖口、门襟、下摆、袋口等细部的边缘，包括了人体静态与动态的多个审美焦点，在营造服装风格、完善服装的整体造型、体现服装工艺等方面具有积极的意义[50]。服装的边口设计是对以上细部进行有特色的设计。

服装边口设计包括服装边口的组织结构、颜色、装饰位置、工艺手法等要素。在设计服装边口时，需注重服装整体形式美的体现，符合服装造型美的规律，与服装本身的设计相辅相成、协调统一。服装的边口设计是服装设计中画龙点睛之笔，一直被广大设计者所重视。

2. 服装边口的作用

服装边口既具有功能性，又具有装饰性，对边口进行设计时，首先要满足边口的服用功能，其次边口与服装主体结构之间是一种主从关系，边口要与服装主体造型有机结合，达到整体协调统一。

（1）功能性。服装边口设计可以使边口平整、挺括，防止面料脱散、卷边等。功能性的边口设计通常要根据服装的款式做出相应的变化，以服装本身的结构为依据，从整体看，功能性的服装边口在服装结构中不可或缺，功能性的边口设计能使服装结构更具特色。

（2）装饰性。服装的边口虽属于服装的一部分，通过边口组织设计、添加装饰等可使服装边口不仅起到完善服装造型的作用，而且因边口设计的装饰性突出服装的风格，提高服装的美感，装饰性的服装边口去掉装饰效果通常不会影响服装的可穿性。

二、折纸规律直线型边口装饰的大翻领短开衫设计

1. 设计说明

大翻领短开衫成品实物如图7-1-1所示。此款毛衫服装参照目前机织服装

较为流行的牛仔小开衫款式，采用单面平针组织与双面2+2罗纹组织编织（前后片以单面平针组织为主，领片、门襟、袖口、下摆全部用双面2+2罗纹组织搭配）。2+2罗纹组织2个纵行凸条与2个纵行凹条相间排列形成肌理效应， 该种肌理设计来源于瓦楞纸外观或规律直线型折纸造型。大翻领与前身下摆形状采用收针形成，再与大身缝合。根据该款毛衫的穿着季节，选择冷色调中的蓝色，与2+2罗纹的三维立体凹凸效果结合，使毛衫端庄大方。在款式设计上运用机织服装的设计风格，采用2+2罗纹组织形成的大翻领吸收了机织服装中青果领的做法，而下摆与前片的拼合部位是斜向的，更衬托了人体曲线，袖子也是紧跟时尚之风，设计成宽大的效果。

（a）正面

（b）背面

图7–1–1　大翻领短开衫

2. 成品规格及测量部位

大翻领短开衫的成品规格见表7–1–1，测量部位如图7–1–2所示。

表7–1–1　大翻领短开衫成品规格　　单位：cm

序号与部位	尺寸	序号与部位	尺寸	序号与部位	尺寸
①胸宽	45	⑥袖肥	15	⑪前领深	32
②身长	44	⑦腰宽	40	⑫后领深	2
③肩宽	42	⑧袖口宽	15	⑬袖口高	10
④挂肩	18	⑨领高	12	挂肩下平针高	1
⑤袖长	42	⑩领宽	18		

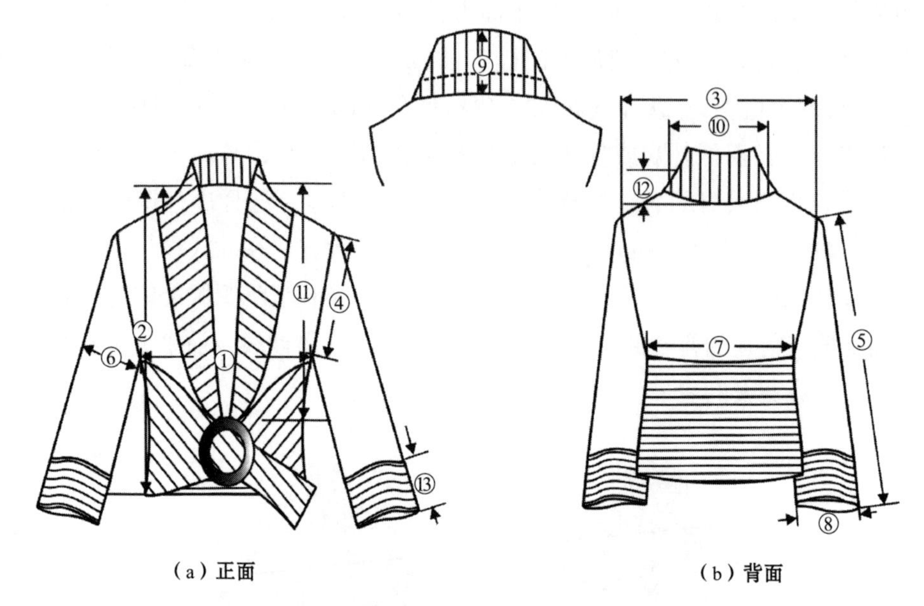

（a）正面　　（b）背面

图7–1–2　大翻领短开衫成品款式图与测量部位

3. 成品密度

大翻领短开衫的成品密度见表7–1–2所示。

表7–1–2　大翻领短开衫成品密度

密度	2+2罗纹	纬平针
成品横密（针/10cm）	15对	40
成品纵密（转/10cm）	31	23

4. 原料与编织设备

（1）原料：该款毛衫采用的原料为31.25tex × 2（32公支/2）棉/麻纱线，成分是55%亚麻与45%棉。亚麻本身就是一种导热性较快的纤维，有刺痒感。100%亚麻纱线成本较高，所以为节约成本，通常会用比较柔软的棉与麻混纺，这样既保留了亚麻清凉的特性，又使成衣更加柔软、穿着舒适。

（2）编织设备：电脑横机，型号为LXC–252SCV，机号为7G。

5. 上机工艺图

大翻领短开衫的上机工艺图如图7–1–3所示。

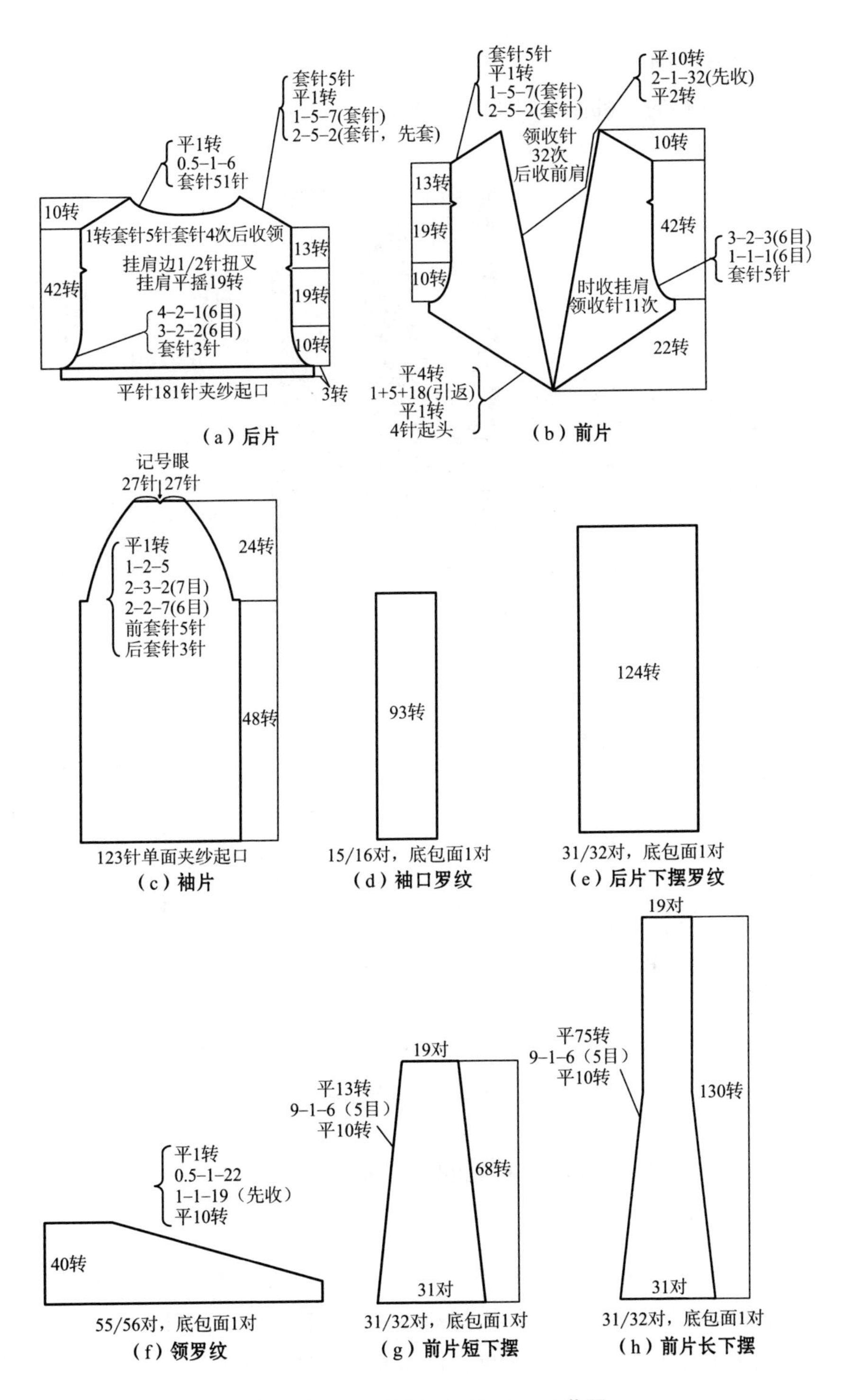

图7-1-3　大翻领短开衫上机工艺图

6. 上机程序图

大翻领短开衫的上机程序如图7-1-4所示。

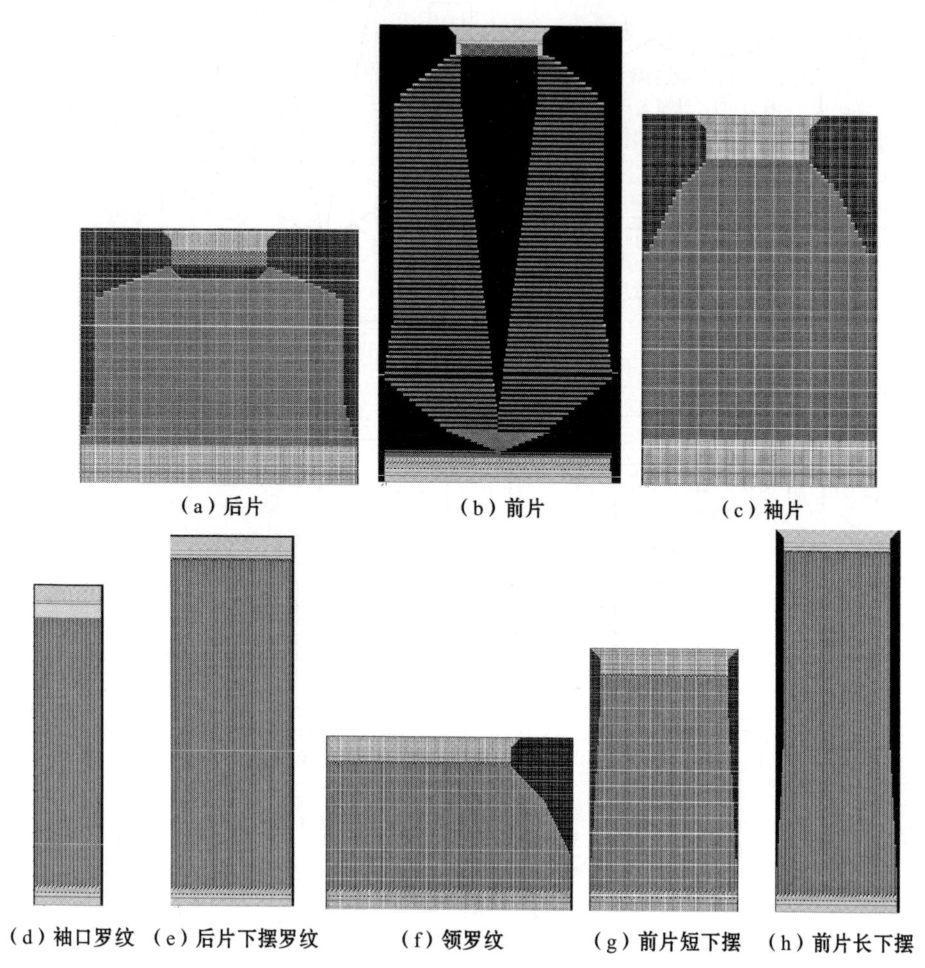

图7-1-4 大翻领短开衫上机程序图

三、折纸褶裥荷叶边领口装饰的V领长套衫设计

1. 设计说明

荷叶边V领长套衫的成品实物如图7-1-5所示。此款服装采用纬平针、满针罗纹、2+2罗纹编织而成。其中下摆与袖口采用满针罗纹，大身采用纬平针，中间套缝。肩上利用2+2罗纹横排效果，再与大身套缝。这吸收了运动装的做法，使整个大身由以前的统一组织变得更加时尚。而前领边处的造型设计采用折纸形

成的褶裥造型，采用满针罗纹编织的织片松松地缝在前中处，达到荷叶边的装饰效果。根据服装所适合的季节，选择比较冷的色调（蓝色），再加上2+2罗纹的三维立体凹凸效果，使该款服装更适合作为初春的时尚选择。在款式上，袖口与下摆造型设计也采用折纸褶裥造型形成的荷叶边状。领口采用满针罗纹组织形成的荷叶边效果如同蕾丝花边，荷叶边效果与袖口及下摆的满针罗纹组织形成的外观造型相呼应。在侧缝处缝制透明橡筋，使服装更合体舒适。另外，在上肩部分用横向2+2罗纹与大身拼接。

（a）正面

（b）背面

图7–1–5　荷叶边V领长套衫

2. 成品规格及测量部位

荷叶边V领长套衫的成品规格见表7–1–3，测量部位如图7–1–6所示。

表7–1–3　荷叶边V领长套衫成品规格　　单位：cm

序号与部位	尺寸	序号部位	尺寸	序号与部位	尺寸
①胸宽	44	⑧腰位	40	⑮后领深	2
②身长	78	⑨花边宽	10、14	⑯前领深	21
③肩宽	38	⑩领高	0.6	⑰下摆高	14
④挂肩	21	⑪领宽	20	⑱袖口罗纹宽	15
⑤袖长	64	⑫腰宽	40	⑲花边长	35
⑥袖肥	14	⑬袖口高	14	⑳袖口平针宽	11
⑦下摆平针宽	49	⑭下摆罗纹宽	62		

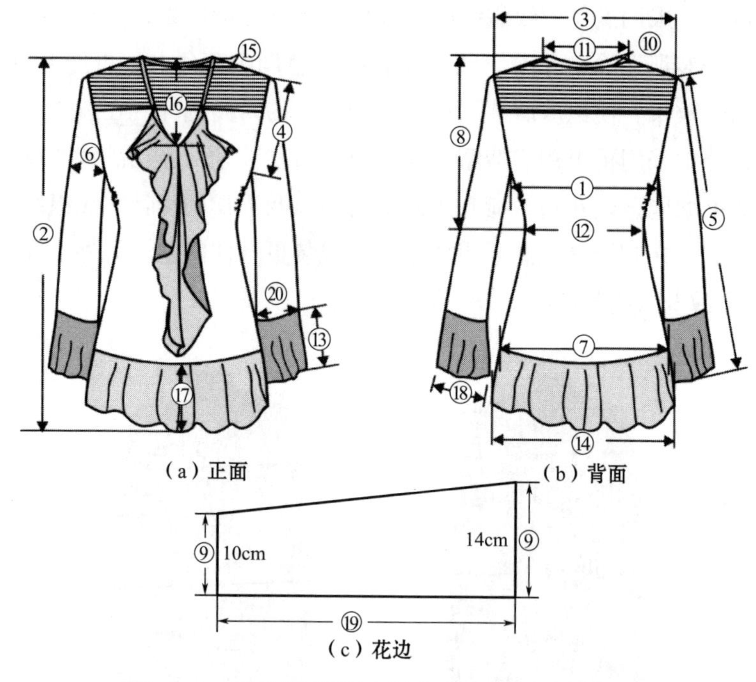

图7-1-6　荷叶边V领长套衫成品款式图与测量部位

3. 成品密度

荷叶边V领长套衫的成品密度见表7-1-4所示。

表7-1-4　荷叶边V领长套衫成品密度

密度	2+2罗纹	纬平针	满针罗纹
成品横密（针/10cm）	25对	52	43
成品纵密（转/10cm）	45	36	32

4. 原料与编织设备

（1）原料：该款荷叶边V领长套衫采用的原料为31.25tex×2（32公支/2）棉/麻纱线，成分为55%亚麻与45%棉。

（2）编织设备：电脑横机，型号为LXC-252SCV，机号为7G。

5. 上机工艺图

荷叶边V领长套衫的上机工艺图如图7-1-7所示。

6. 上机程序图

荷叶边V领长套衫的上机程序如图7-1-8所示。

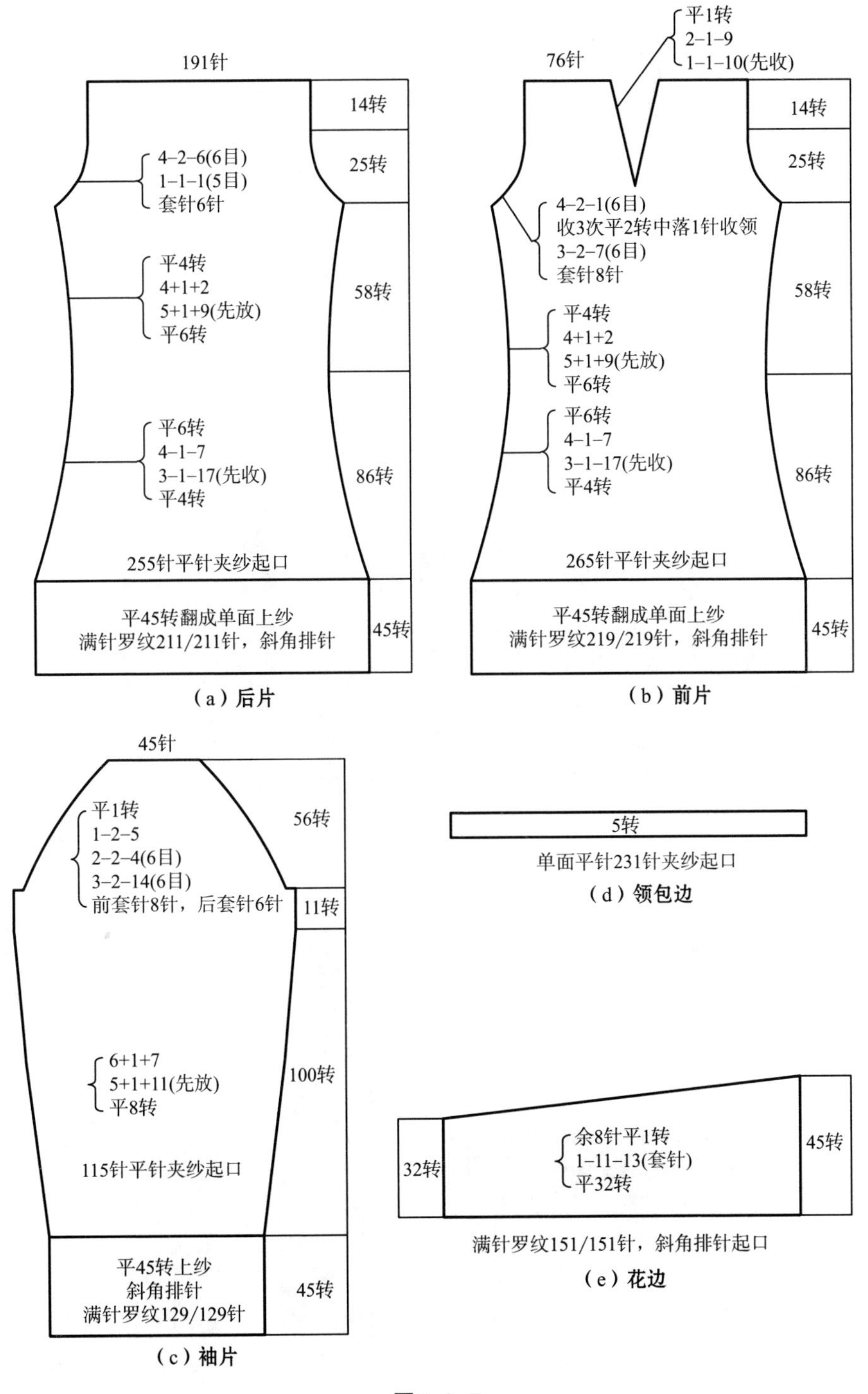

191针
14转
25转
4-2-6(6目)
1-1-1(5目)
套针6针
平4转
4+1+2
5+1+9(先放)
平6转
58转
平6转
4-1-7
3-1-17(先收)
平4转
86转
255针平针夹纱起口
平45转翻成单面上纱
满针罗纹211/211针，斜角排针
45转
(a)后片
76针
平1转
2-1-9
1-1-10(先收)
14转
25转
4-2-1(6目)
收3次平2转中落1针收领
3-2-7(6目)
套针8针
平4转
4+1+2
5+1+9(先放)
平6转
58转
平6转
4-1-7
3-1-17(先收)
平4转
86转
265针平针夹纱起口
平45转翻成单面上纱
满针罗纹219/219针，斜角排针
45转
(b)前片
45针
平1转
1-2-5
2-2-4(6目)
3-2-14(6目)
前套针8针，后套针6针
56转
11转
6+1+7
5+1+11(先放)
平8转
100转
115针平针夹纱起口
平45转上纱
斜角排针
满针罗纹129/129针
45转
(c)袖片
5转
单面平针231针夹纱起口
(d)领包边
32转
余8针平1转
1-11-13(套针)
平32转
45转
满针罗纹151/151针，斜角排针起口
(e)花边

图7-1-7

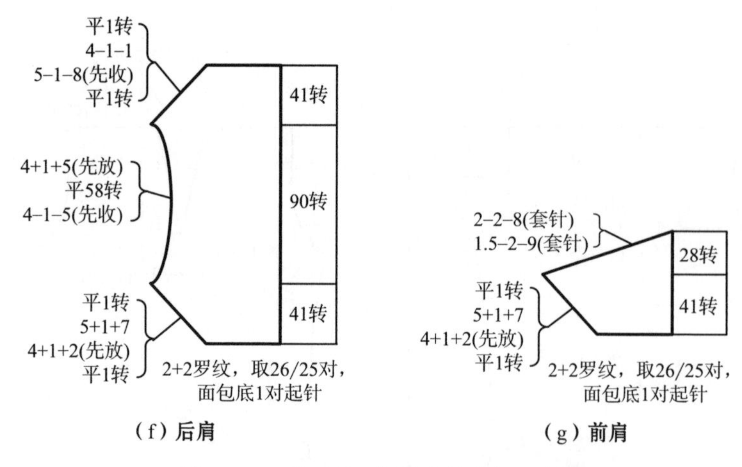

（f）后肩　　（g）前肩

图7–1–7　荷叶边V领长套衫上机工艺图

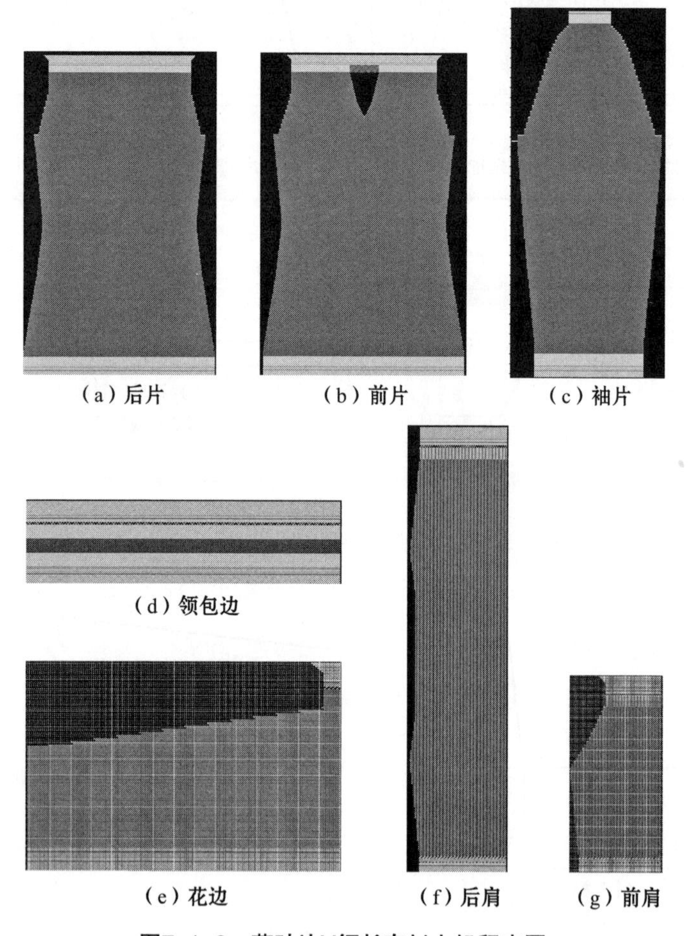

（a）后片　（b）前片　（c）袖片

（d）领包边

（e）花边　（f）后肩　（g）前肩

图7–1–8　荷叶边V领长套衫上机程序图

四、折纸波浪型木耳边领口装饰的假背心长裙设计

1. 设计说明

木耳边假背心长裙的成品实物如图7-1-9所示。此款服装运用纬平针组织与3+3罗纹组织，3+3罗纹组织呈现3个纵行凸条与3个纵行凹条相间排列肌理效应，该种肌理外观形似瓦楞纸或规律的折纸造型。假背心在9G机上编织而成，将纬平针织物的工艺反面用作服用正面；内侧长裙在12G机上编织而成，长裙上部与短袖采用3+3罗纹组织，长裙下部采用纬平针组织。服装用蓝绿色，假背心采用棉/麻纱线，光泽黯淡，而内侧长裙所用的纱线含有天丝与珍珠纤维成分，提高了光泽的明亮度。这样内外颜色在亮度上形成对比，整体效果新颖别致。在款式上运用了假背心的效果，即背心的后面是没有后片的。内侧长裙的下部用单面组织，下摆处贴有可收缩的织带，抽紧可形成两侧外翘的效果，抽紧处有折纸重叠效果；上部与袖子采用3+3罗纹组织，3+3罗纹组织的弹性好，外观有凹凸效应，可以体现穿着者的身材曲线美。假背心领边处的木耳边造型设计采用折纸形成的波浪褶皱造型，利用平针组织打褶套口及边缘卷边形成木耳边效果。

（a）正面　　（b）背面

图7-1-9　木耳边假背心长裙

2. 成品规格及测量部位

木耳边假背心长裙的成品规格见表7-1-5，测量部位如图7-1-10所示。

表7-1-5 木耳边假背心长裙成品规格　　单位：cm

序号与部位	尺寸	序号与部位	尺寸	序号与部位	尺寸
①胸宽	44	⑦下摆斜角长	10	⑬下摆高	2
②裙长	87	⑧下摆宽	54	⑭袖口宽	13
③肩宽	37	⑨木耳边宽	7，2.5	⑮3+3罗纹高	32
④挂肩	20	⑩领宽	20	⑯背心挂肩带宽	1
⑤袖长	27.5	⑪后领深	3	⑰背心领深	40
⑥袖肥	13.5	⑫背心身长	65	⑱裙前领深	16

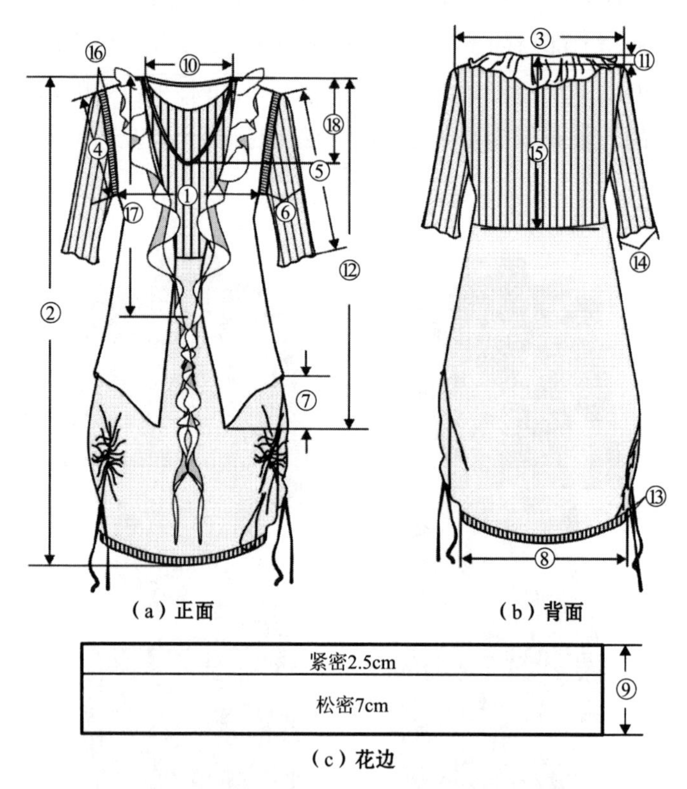

（a）正面　（b）背面

（c）花边

图7-1-10 木耳边假背心长裙成品款式图与测量部位

3. 成品密度

木耳边假背心长裙的成品密度见表7-1-6所示。

表7-1-6　假背心木耳边长裙成品密度

密度	3+3罗纹（珍珠纤维/天丝/螺萦人造丝纱线）	单面（珍珠纤维/天丝/螺萦人造丝纱线）	单面（棉/麻）	1+1罗纹（棉/麻）	背心花边（棉/麻）
成品横密（针/10cm）	64.5	58	52.5	60	50
成品纵密（转/10cm）	47.5	44	37	40	松密25，紧密45

4. 原料与编织设备

（1）原料。

①假背心原料：31.25tex×2（32公支/2）棉/麻纱线，成分为55%亚麻与45%棉，这样既保留了亚麻清凉的特性，又使成衣更加柔软。

②长裙原料：19.23tex×2（52公支/2）珍珠纤维/天丝/螺萦人造丝纱线，成分为20%珍珠纤维、37%天丝与43%螺萦人造丝。珍珠纤维/天丝/螺萦人造丝纱线的光泽较好，纱线较光滑，因此编织时要特别注意，以避免漏针。

（2）编织设备。电脑横机，假背心：型号为LXC-252SCV，机号为7G；长裙：型号为LXC-252SC，机号为12G。

5. 上机工艺图

木耳边假背心长裙的上机工艺图如图7-1-11所示。

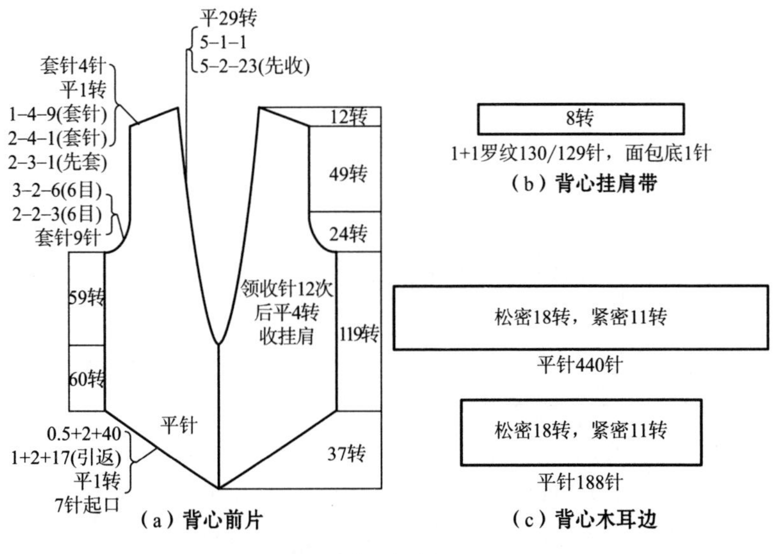

图7-1-11

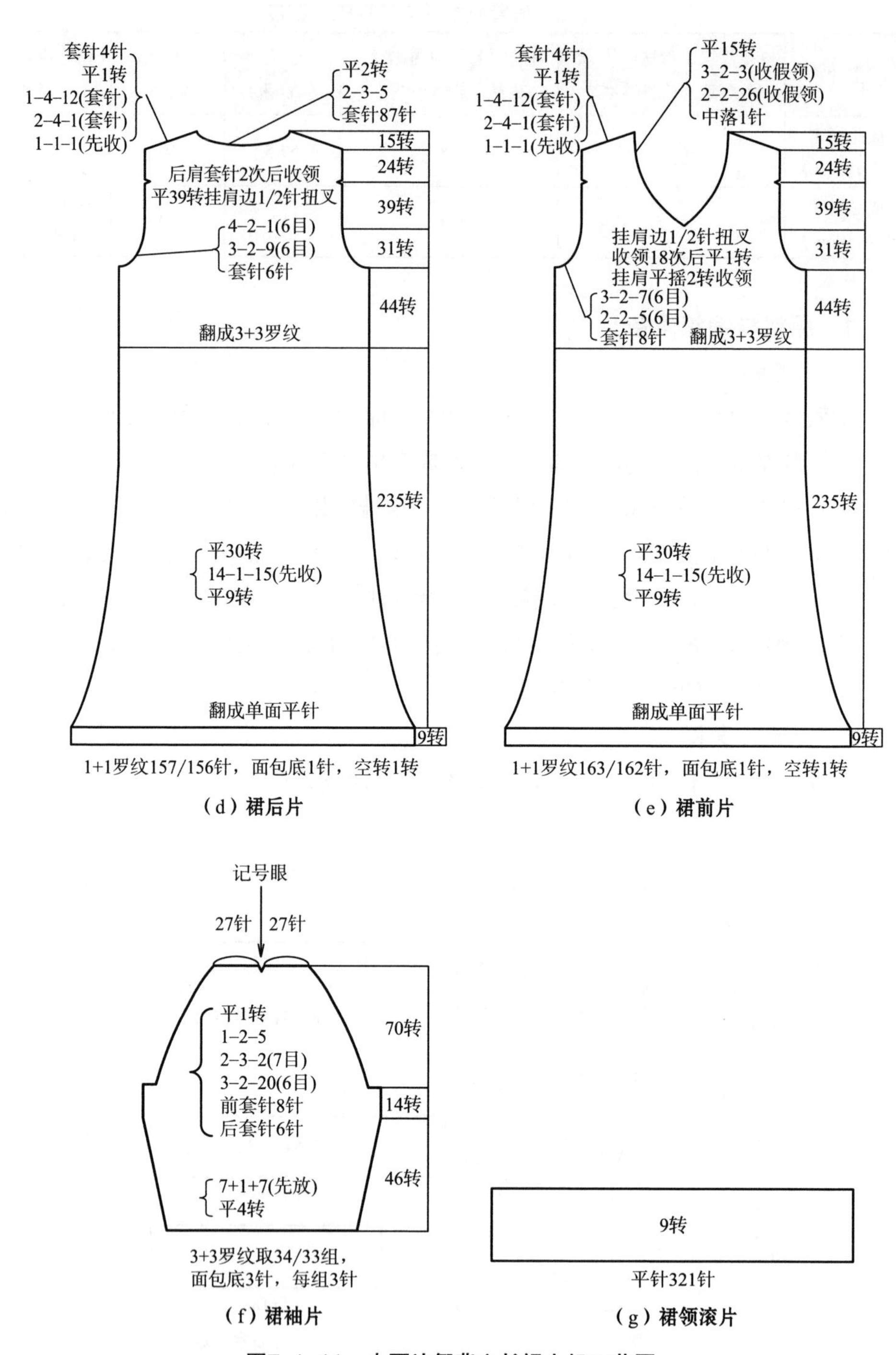

图7-1-11　木耳边假背心长裙上机工艺图

6. 上机程序图

木耳边假背心长裙的上机程序如图7-1-12所示。

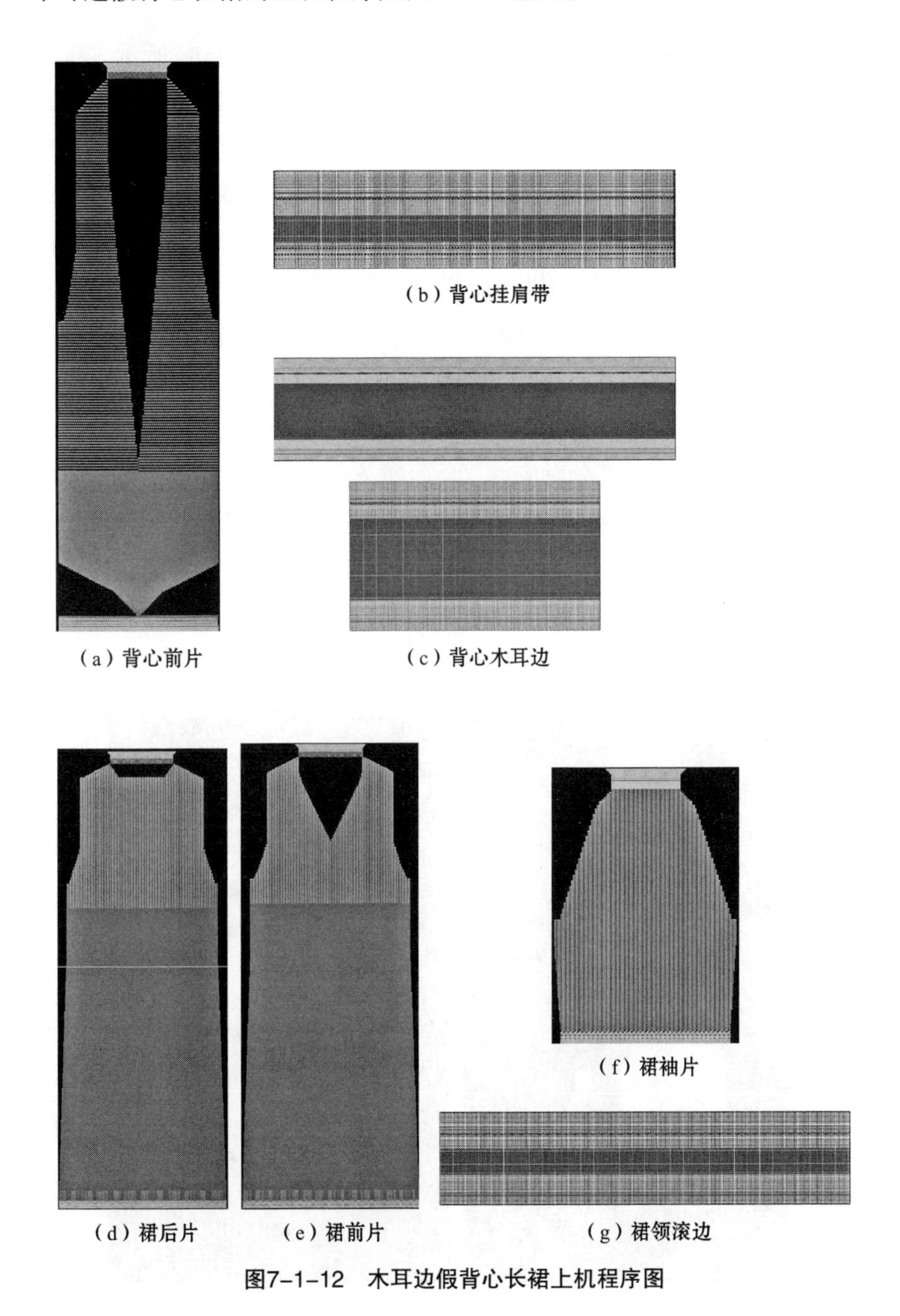

图7-1-12　木耳边假背心长裙上机程序图

五、折纸曲线型边口装饰的披肩领开衫设计

1. 设计说明

采用树年轮纹曲线折纸花型设计的披肩领开衫如图7-1-13所示。将一定长度的圆弧线段进行规律排列可形成图7-1-14所示的树年轮纹花型。菱形处为白色，树年轮纹处为白色与蓝色相间的圆弧条纹，其余处均为蓝色，花型的色彩清新淡雅。菱形花纹处采用空气层组织编织，双面编织横列垫放白色纱线编织，之后后针床上织针持续成圈5次，编织5横列蓝色线圈，前针床织针不编织，白色线圈拉长，将后针床连续编织的5横列蓝色线圈凸起形成横楞，菱形花纹均采用此方法编织而成。树年轮纹处为双反面组织，1横列白色线圈与5横列蓝色线圈交替编织形成凹凸横条，菱形花纹白色线圈横列被连续拉长5次，线圈张力较大，下机后线圈向菱形中间收缩，将左右与之相连的双反面组织线圈横列拉向菱形花纹中间，使得菱形花纹上半部分对应的双反面横条向上凸起，而下半部分对应的向下凸起，从而形成树年轮纹。花型中条纹由外向内逐渐聚拢，并用菱形作为装饰点，由点及线、由线及面，充满节奏与韵律的美感。该款毛衫将树年轮纹曲线折纸花型应用在毛衫的披肩领、腰身及下摆部位，给毛衫增添灵动与轻盈感，呈现清秀内敛又不失可爱的效果。

（a）正面

（b）背面

图7-1-13　披肩领开衫

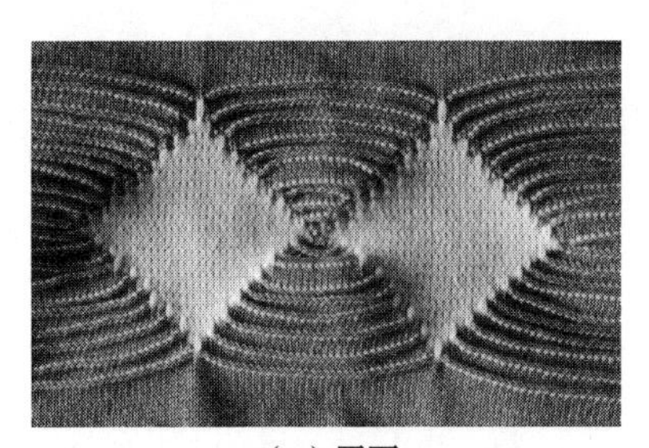

（a）正面

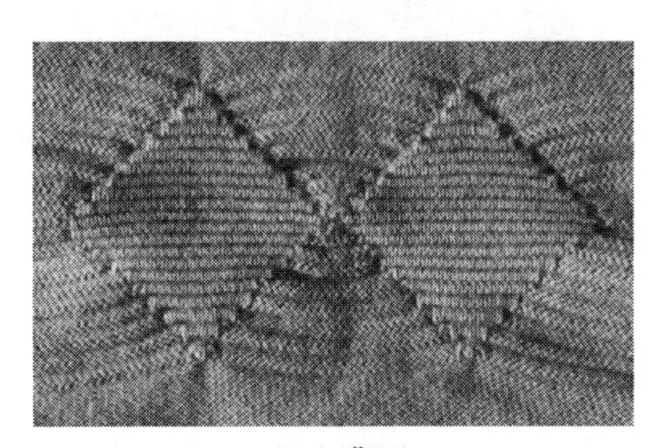

（b）背面

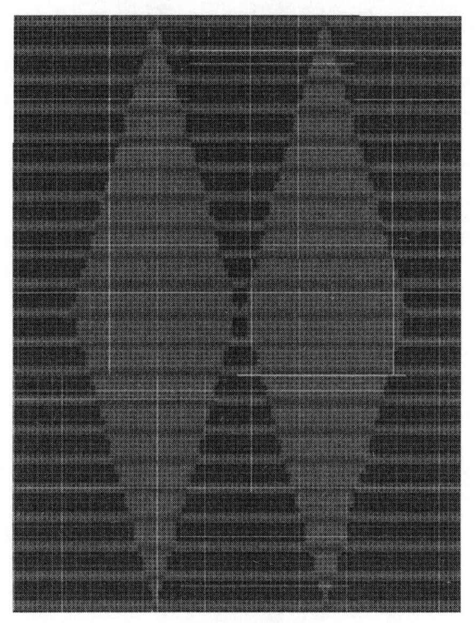

（c）上机编织制板图

图7-1-14　树年轮纹花型

2. 成品规格及测量部位

披肩领开衫的成品规格见表7-1-7，测量部位如图7-1-15所示。

表7-1-7　披肩领开衫成品规格

序号与部位	尺寸/cm	序号与部位	尺寸/cm	序号与部位	尺寸/cm
①胸宽	40	⑧袖长	63	⑮门襟包边宽	71
②衣长	91	⑨门襟宽	2	⑯门襟包边高	4.3
③肩宽	35	⑩袖宽	13	⑰披肩宽	90
④后领高	25	⑪下摆宽	43	⑱披肩高	30
⑤领宽	20	⑫袖口宽	7.5	⑲下摆罗纹高	2
⑥前领深	14	⑬袖口高	6	⑳大身蓝条高	11.5
⑦后领深	3	⑭臀宽	45	㉑大身白条高	16.5

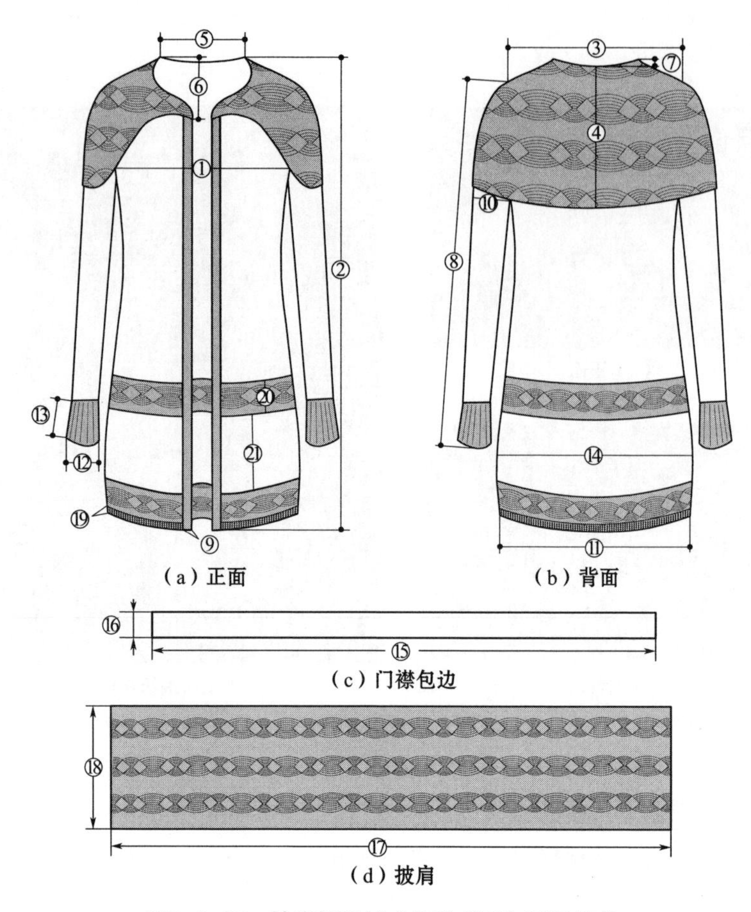

图7-1-15　披肩领开衫成品款式图与测量部位

3. 成品密度

披肩领开衫的成品密度如表7-1-8所示。

表7-1-8　披肩领开衫成品密度

密度	提花	单面	2+2罗纹	门襟包边
成品横密（针/10cm）	66.2	52.5		57
成品纵密（转/10cm）	70	39.8	56.7	51.2

4. 原料与编织设备

（1）原料：采用31.3tex × 2（32公支/2）纯棉纱线。

（2）编织设备：电脑横机，型号为LXC−252SCV，机号为7G。

5. 上机工艺图

披肩领开衫的上机工艺图如图7–1–16所示。

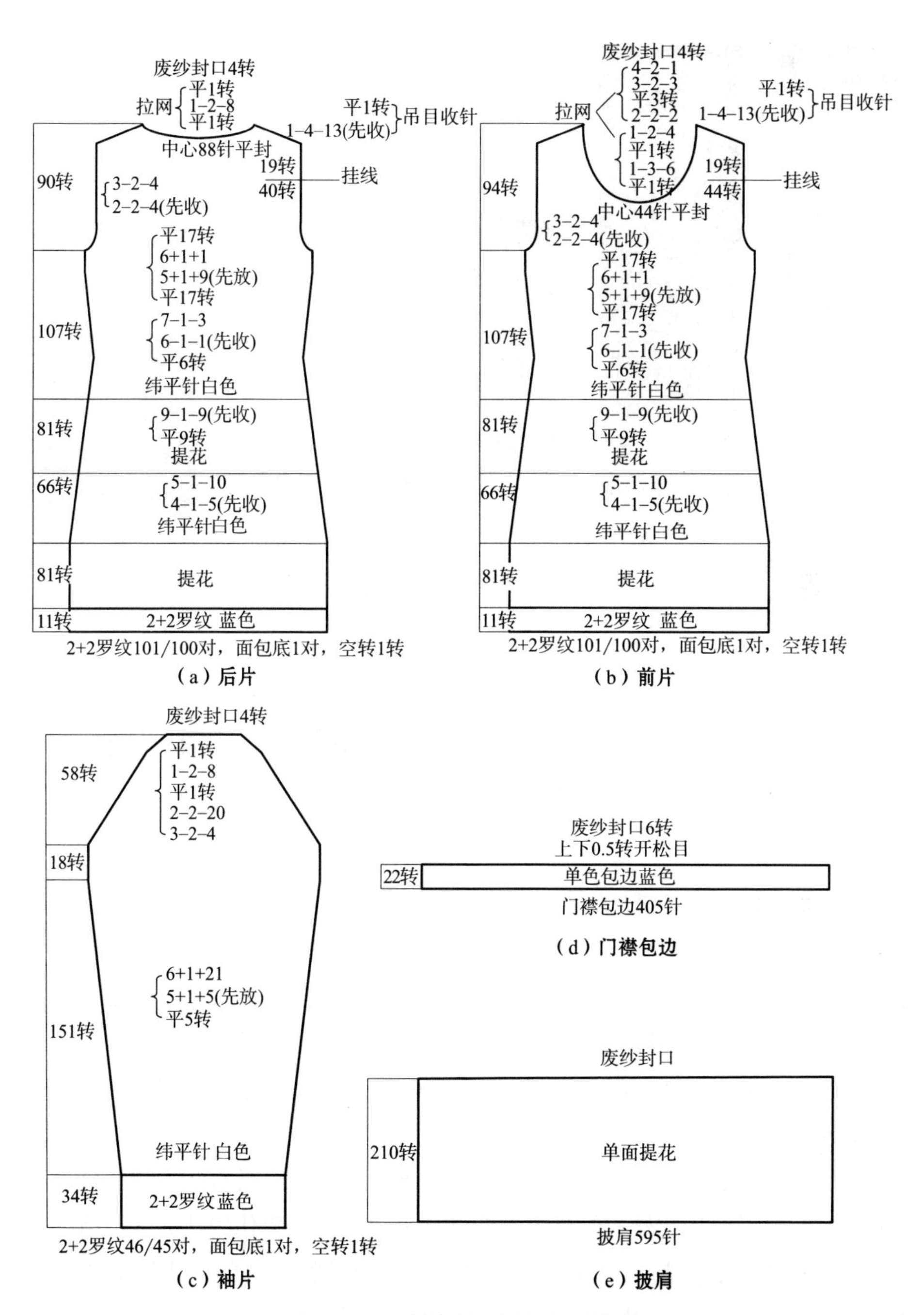

图7–1–16　披肩领开衫上机工艺图

6. 上机程序图

披肩领开衫上机程序如图7-1-17所示。

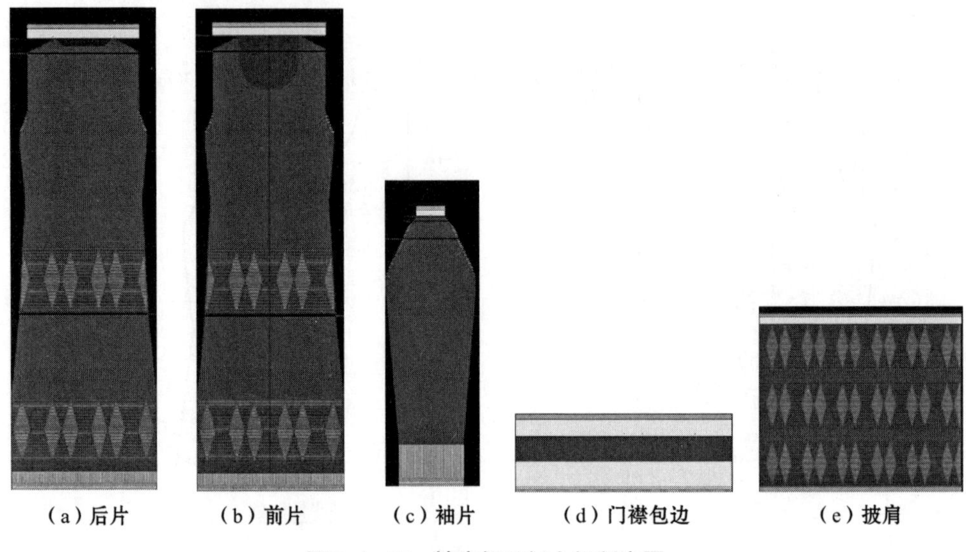

（a）后片　（b）前片　（c）袖片　（d）门襟包边　（e）披肩

图7-1-17　披肩领开衫上机程序图

第二节　基于纸技艺的毛衫裙装组织结构与色彩图案装饰设计

毛衫服装以其穿着舒适、款式多变、组织结构丰富而备受消费者喜爱。随着提花技术、嵌花技术、局部编织技术、移圈技术的日益完善，改变了毛衫中平针、罗纹占主流的状况，提花赋予毛衫丰富的花色效应，嵌花除了使毛衫具有花色效应，无浮线的编织技术还提高了毛衫的服用性能，局部编织能够产生特殊的织物造型，如编织圆环、扇形等，不通过拼接可实现成形编织，移圈编织能够产生镂空或凹凸扭曲肌理效果等[52]。

纸技艺包括纸造型技术和纸造型艺术，纸技艺在我国具有几千年的传统，其成型技术、造型形状与样式的持续多样化，展示了各个年代的社会生活情形和文化迁徙。通过对纸技艺的研究，可为设计者实现毛衫服装整体或局部造型、肌理、色彩等创意性设计表达奠定基础。目前女装中毛衫裙装产品应用广泛，毛衫裙与下装易搭配，根据季节不同，下装可以选择不同厚度的裤袜产品，使得整体服饰造型舒适且时尚，在毛衫裙设计中，组织结构与色彩的设计对毛衫的整体造型起着至关重要的作用[51]，而根据纸技艺花型设计的肌理效应，融合相应的色彩，能够实现毛衫设计的个性化和差异化，并且能够促进毛衫服装品牌的国际化。

本节阐述根据纸技艺花型设计纵条纹、横条纹、斜纹及褶皱凸条等肌理效应毛衫裙的不同肌理、色彩图案的装饰设计及其编织工艺，原料均选用31.3 tex×2棉/麻（55%亚麻与45%棉混纺）黑色纱，31.3 tex×2羊驼绒彩色纱（80%羊驼绒、10%东丽绒与10%羊绒混纺）。编织设备采用事坦格电脑横机，机号为14G。

一、提花纵条纹毛衫裙的装饰设计

1. 设计说明

提花纵条纹毛衫裙如图7-2-1所示。毛衫裙采用提花组织、单面挑花和纬平针编织形成。腰部以下采用提花组织形成彩色纵条纹，彩条外观似蕾丝花边镶嵌在黑色底布上，造型设计源自纸技艺中的剪纸技术，由上至下每一彩条由窄渐宽的形态与彩条边缘的波浪形，均体现了剪纸技术的多元与流畅。胸部采用单面挑花组织，提花部位实物图与意匠图如图7-2-2所示。毛衫裙的主色为黑色，裙摆处采用亮度较高的多种颜色提花，形成彩色纵条效应与黑色相呼应，彩色的应用使毛衫裙整体色调不暗淡，黑色的衬托也使彩色不过于绚丽，使毛衫裙更具含蓄与端庄感。胸前组织设计参考剪纸中的孔眼效应，采用单面挑花呈现的镂空效果，使毛衫裙更具时尚感[51]。

图7-2-1 提花纵条纹毛衫裙

（a）实物图

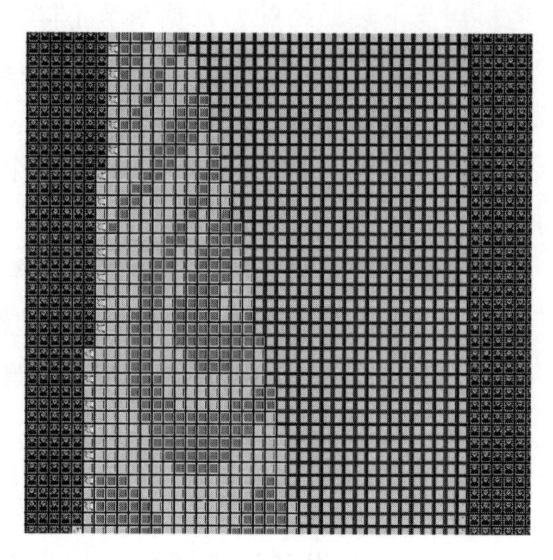

（b）意匠图

图7–2–2　提花纵条纹实物图与意匠图

2. 成品规格

提花纵条纹毛衫裙的成品规格见表7–2–1，测量部位如图7–2–3所示。

表7–2–1　提花纵条纹毛衫裙成品规格

序号与部位	尺寸/cm	序号与部位	尺寸/cm
①胸宽	42	⑥臀以上长	54
②腰宽	36	⑦衣长	155
③臀宽	47	⑧挑孔长	18
④下摆宽	84	⑨挑孔宽	8
⑤胸以上长	15		

3. 成品密度

提花纵条纹毛衫裙的成品密度见表7–2–2所示。

4. 上机工艺图与上机程序图

前片编织工艺图如图7–2–4（a）所示，图中“纱结上梳”是指起口密度较大。后片上机工艺和前片相似，只是在领口部分没有挑孔开口，上机程序图如图7–2–4（b）所示。

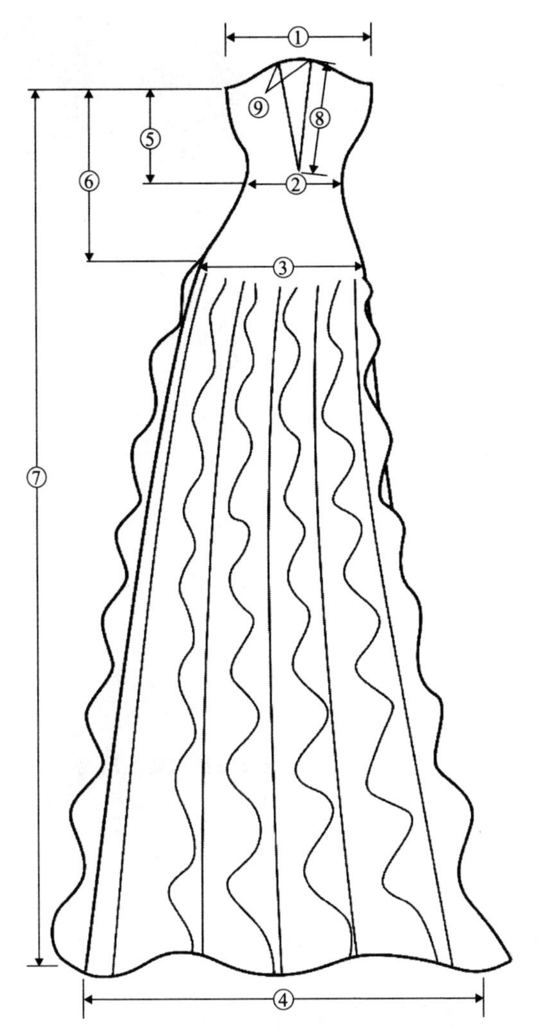

图7-2-3　提花纵条纹毛衫裙成品款式图与测量部位

表7-2-2　提花纵条纹毛衫裙成品密度

密度	提花	挑花	纬平针
成品横密（针/10cm）	70	70	70
成品纵密（转/10cm）	54.2	100	54.2

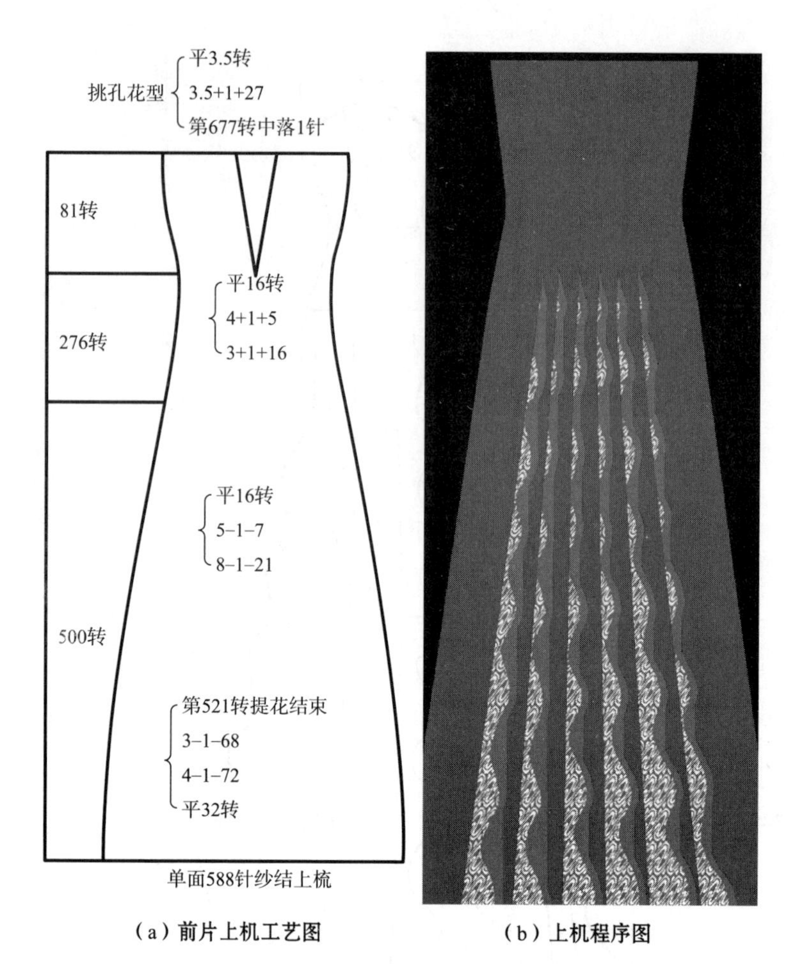

（a）前片上机工艺图　（b）上机程序图

图7-2-4　提花纵条纹毛衫裙上机工艺图与上机程序图

二、空气层横条纹毛衫裙的装饰设计

1. 设计说明

空气层横条纹毛衫裙如图7-2-5所示。该款毛衫裙无袖无领，圆襟，襟处线条圆顺流畅，更加显示女性身材修长。彩色横条上衣与黑色下摆相呼应，色彩搭配协调，裙下摆采用单面挑花组织编织而成，挑花组织形成的镂空效应源自剪纸中的孔眼效果，使下摆飘逸自然。胸部采用空气层组织编织凹凸横条形成横楞肌理效应，设计灵感来自纸技艺中的折纸技术，每个折痕宽度运用不同颜色的纱线编织，使上半身更具层次感[51]。花纹实物图与意匠图如图7-2-6所示。

图7-2-5　空气层横条纹毛衫裙

（a）实物图

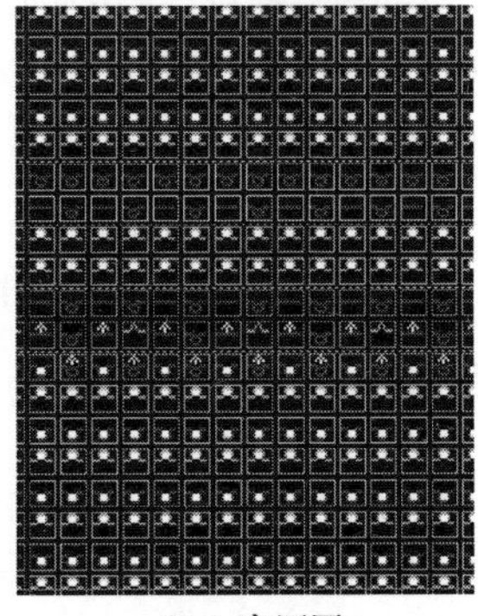

（b）意匠图

图7-2-6　空气层横条纹实物图与意匠图

2. 成品规格

空气层横条纹毛衫裙成品规格见表7-2-3，测量部位如图7-2-7所示。

表7-2-3　空气层横条纹毛衫裙成品规格

序号与部位	尺寸/cm	序号与部位	尺寸/cm
①胸宽	42.5	⑥臀以上长	54
②腰宽	36	⑦衣长	150
③臀宽	43	⑧花型长	66
④下摆宽	86	⑨下摆罗纹高	0.5
⑤胸以上长	16		

3. 成品密度

空气层横条纹毛衫裙的成品密度见表7-2-4所示。

表7-2-4　空气层横条纹毛衫裙成品密度

密度	空气层	纬平针
成品横密（针/10cm）	70	70
成品纵密（转/10cm）	54.2	54.2

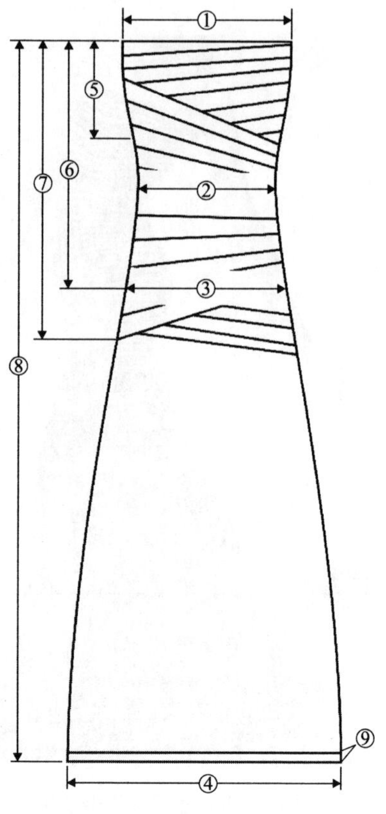

图7-2-7　空气层横条纹毛衫裙成品款式图与测量部位

4. 上机工艺图与上机程序图

空气层横条纹毛衫裙的前片、后片编织工艺相同，如图7-2-8（a）所示，上机程序如图7-2-8（b）所示。

三、局部编织斜纹披肩毛衫裙的装饰设计

1. 设计说明

局部编织斜纹披肩毛衫裙如图7-2-9所示。该款毛衫裙采用纬平针、单面挑花、双反面和局部编织技术编织而成。其中下摆边缘及披肩边缘采用双反面，防止卷边，大身以单面挑花为主，披肩及裙子下摆采用局部编织，披肩采用局部编织形成肩部窄、腰部宽的造型，并以彩色线条做分割，肩部的彩色线条较集中，腰部较分散，形似纸技艺中的折纸、剪纸及拼接技术的结合，将窄处进行折叠，然后沿折痕裁剪，再将折痕进行拼接，采用局部编织技术即可实现此造型。裙下摆的渐变彩条设计来自折纸技术，折痕宽度运用不同的色彩搭配，可呈现较强的视觉感与层次感[51]。挑花及局部编织处花纹实物图与意匠图如图7-2-10所示。黑色与充满活力的彩色相间，使毛衫裙更具旋律感，增添了时尚元素。

2. 成品规格

局部编织斜纹披肩毛衫裙的成品规格见表7-2-5，测量部位如图7-2-11所示。

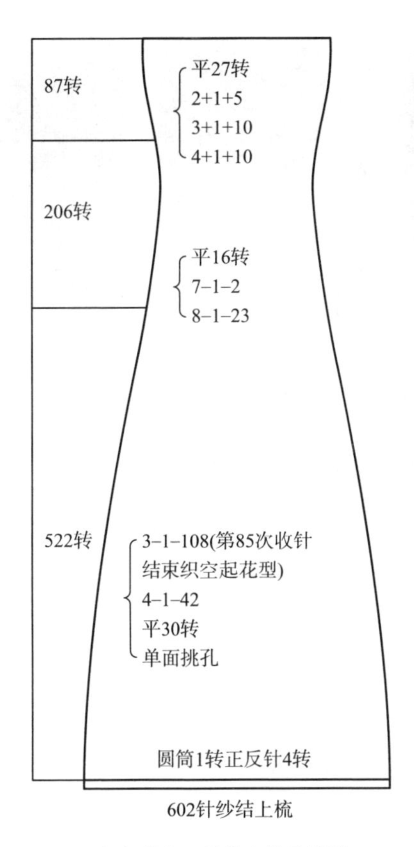

（a）前片、后片上机工艺图

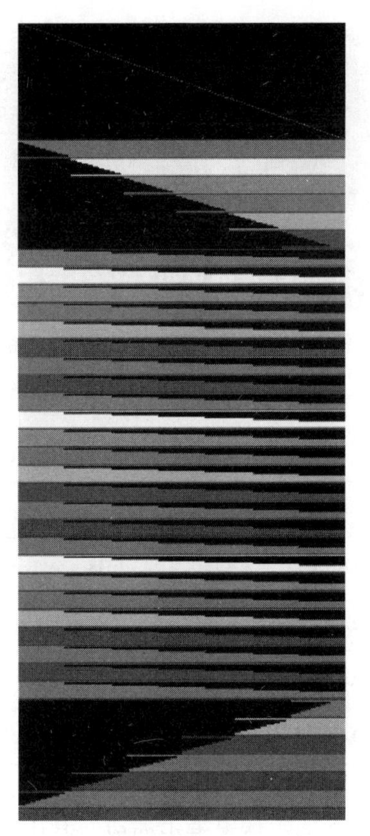

（b）上机程序图

图7-2-8 空气层横条纹毛衫裙上机工艺图与上机程序图

图7-2-9 局部编织斜纹披肩毛衫裙

(a)单面挑花实物图

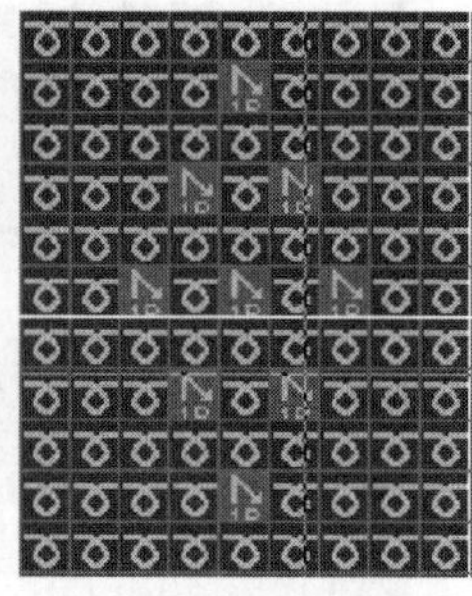

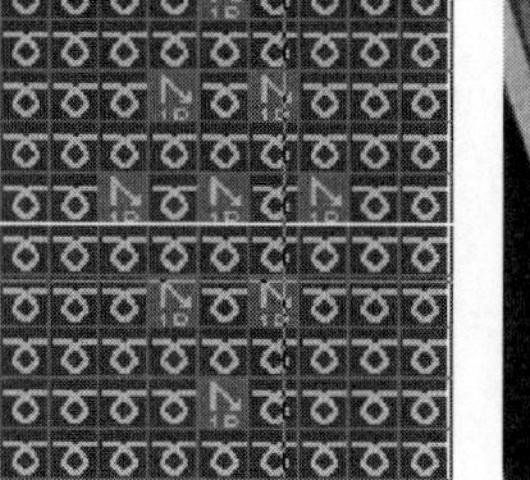

(b)单面挑花意匠图

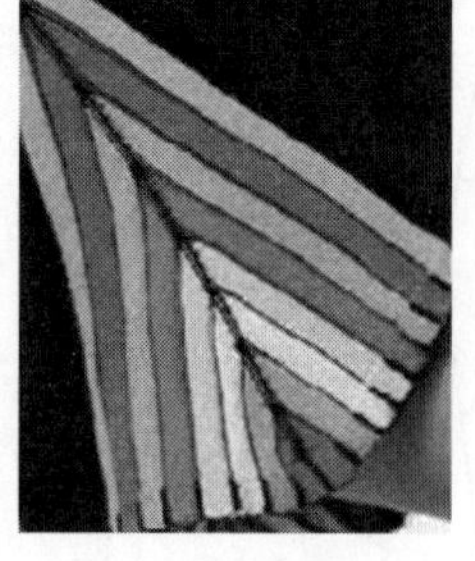

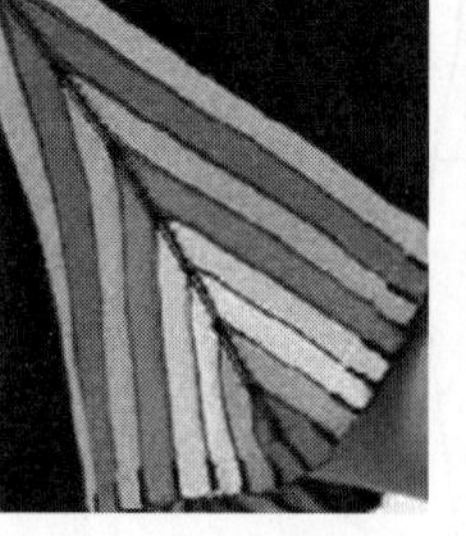

(c)下摆实物图

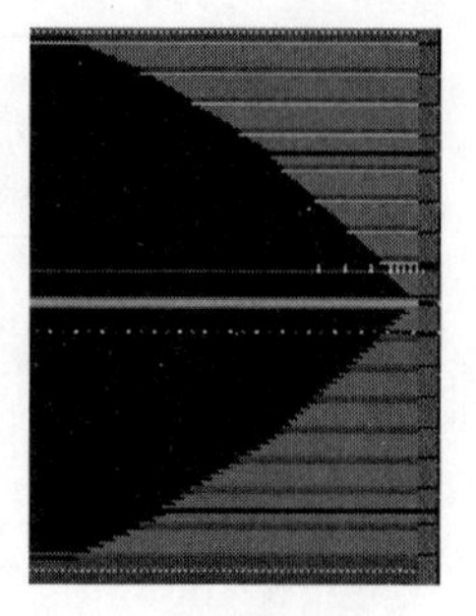

(d)下摆意匠图

图7-2-10　局部编织斜纹实物图与意匠图

表7-2-5　局部编织斜纹披肩毛衫裙成品规格

序号与部位	尺寸/cm	序号与部位	尺寸/cm
①胸宽	38	⑤外圈	70
②裙长	74	⑥领高	9
③背帖	1	⑦披肩长	42
④内圈	43		

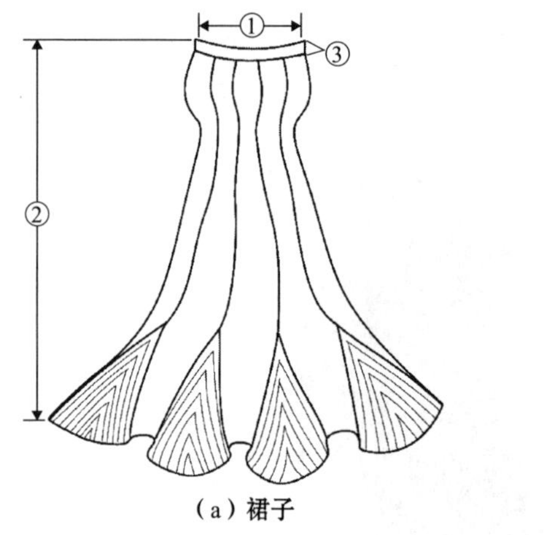

(a)裙子

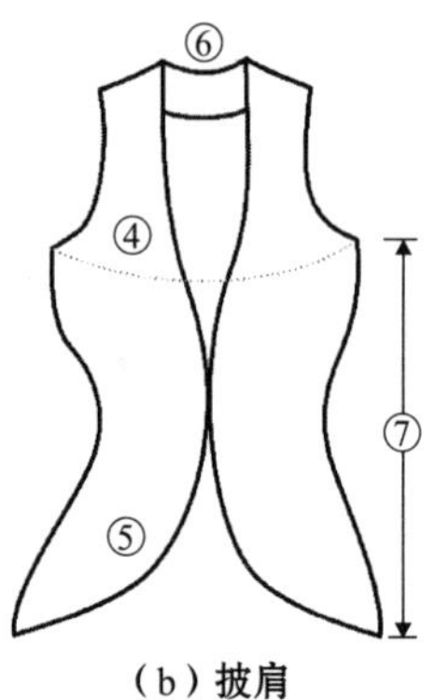

(b)披肩

图7-2-11　局部编织斜纹披肩毛衫裙成品款式图与测量部位

3. 成品密度

局部编织斜纹披肩毛衫裙的成品密度见表7-2-6所示。

表7-2-6　局部编织斜纹披肩毛衫裙成品密度

密度	提花	双反面	纬平针
成品横密（针/10cm）	70	70	58.8
成品纵密（转/10cm）	54.2	100	46.7

4. 上机编织工艺图与上机编织程序图

局部编织斜纹披肩毛衫裙编织工艺图如图7-2-12所示，图中“松0.5转”，松是指该0.5转编织密度小，线圈大，有利于套口。上机程序如图7-2-13所示。

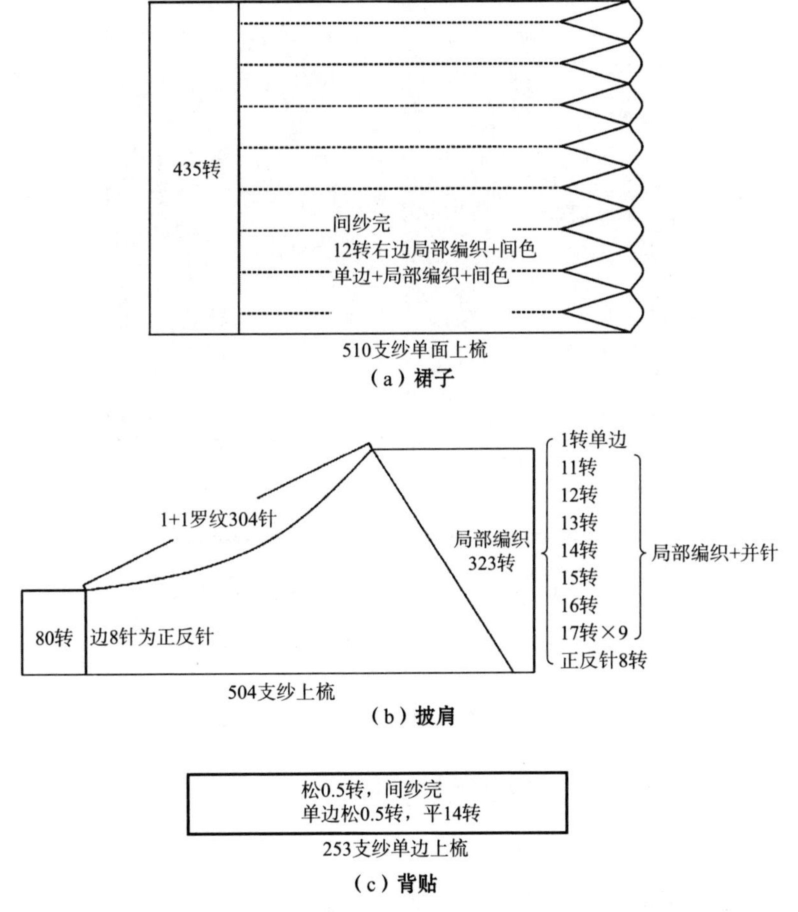

图7-2-12　局部编织斜纹披肩毛衫裙上机工艺图

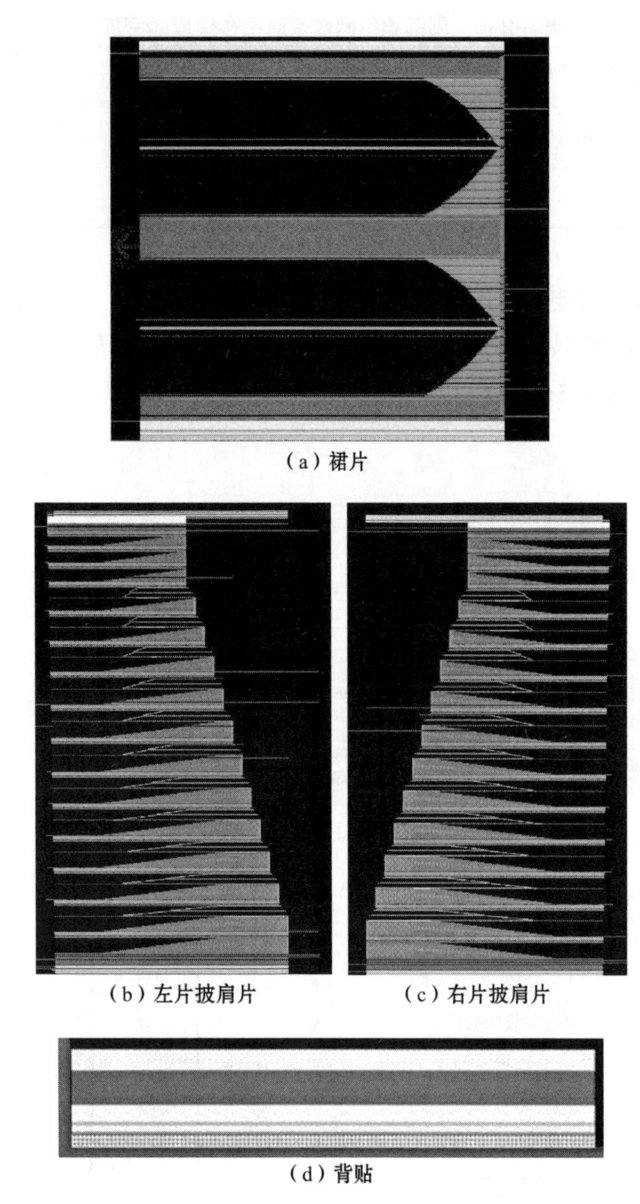
（a）裙片

（b）左片披肩片　（c）右片披肩片

（d）背贴

图7-2-13　局部编织斜纹披肩毛衫裙上机程序图

四、彩色褶皱凸条毛衫裙的装饰设计

1. 设计说明

彩色褶皱凸条毛衫裙如图7-2-14所示。该款毛衫裙采用纬平针、双反面、1+1罗纹和局部编织技术编织而成。其中下摆边缘及披肩边缘采用双反面组织编织以防卷边，大身以纬平针为主，前片裙摆处分两片编织，并在中分处采用局部编织形成荷叶边的外观效果，飘逸自然。裙后片彩色褶皱凸条采用局部编织工艺形成，凸条设计来源于折纸技术，每一个彩色凸条形似一个或多个折纸长方体，体现了折纸外观的立体空间效应；由上至下是由一个或多个长、宽、高相同的长方体排列而成，体现了折纸造型的连续性；凸条色彩运用多种亮度较高的颜色，长凸条与短凸条交替配置，由腰部至下摆凸条装饰区域面积逐渐增大，呈喇叭状，凸显女性纤细的身材。由于每一个凸条中空，结合纱线的柔软特性，使得每个凸条呈现不规则的褶皱外观效应。后片用褶皱凸条形成喇叭状彩虹区域，极具装饰效果，体现了折纸造型的装饰性。毛衫裙主体采用黑色，结合后片的彩色褶皱凸条，使得服装整体设计庄重有活力，前裙摆两片边缘呈现荷叶边外观，凸显穿着者的修长身材。彩色褶皱凸条花纹实物图与意匠图如图7-2-15所示。

图7-2-14　彩色褶皱凸条毛衫裙

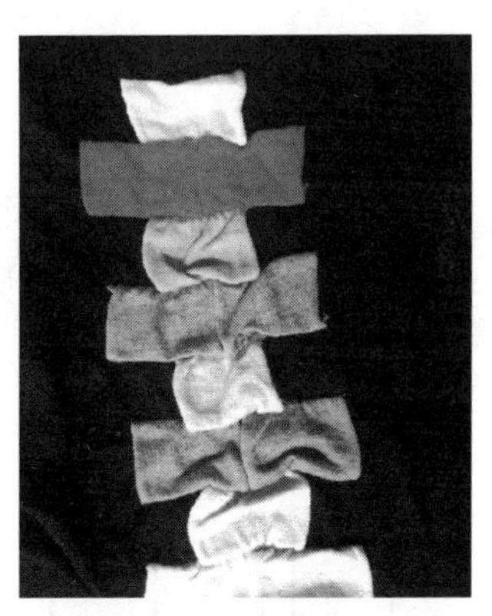

（a）实物图

（b）意匠图

图7-2-15　彩色褶皱凸条花纹实物图与意匠图

2. 成品规格

彩色褶皱凸条毛衫裙成品规格见表7-2-7，测量部位如图7-2-16所示。

表7-2-7　彩色褶皱凸条毛衫裙成品规格

序号与部位	尺寸/cm	序号与部位	尺寸/cm	序号与部位	尺寸/cm
①领宽	16	⑦袖口宽	10	⑬领边宽	5
②肩宽	37	⑧挂肩	17.5	⑭领边高	16
③胸宽	42	⑨袖长	20	⑮领高	5
④腰宽	36	⑩腰以上长	35.5	⑯后背长	50
⑤臀宽	44	⑪臀以上长	54.5		
⑥下摆宽	82	⑫衣长	170		

（a）前片　　（b）后片

图7-2-16　彩色褶皱凸条毛衫裙成品款式图与测量部位

3. 成品密度

彩色褶皱凸条毛衫裙的成品密度见表7-2-8所示。

表7-2-8　彩色褶皱凸条毛衫裙成品密度

密度	纬平针	双反面	1+1罗纹
成品横密（针/10cm）	70	70	88.6
成品纵密（转/10cm）	54.2	100	73.5

4. 上机工艺图与上机程序图

彩色褶皱凸条毛衫裙上机工艺图如图7-2-17所示，上机程序图如图7-2-18所示。

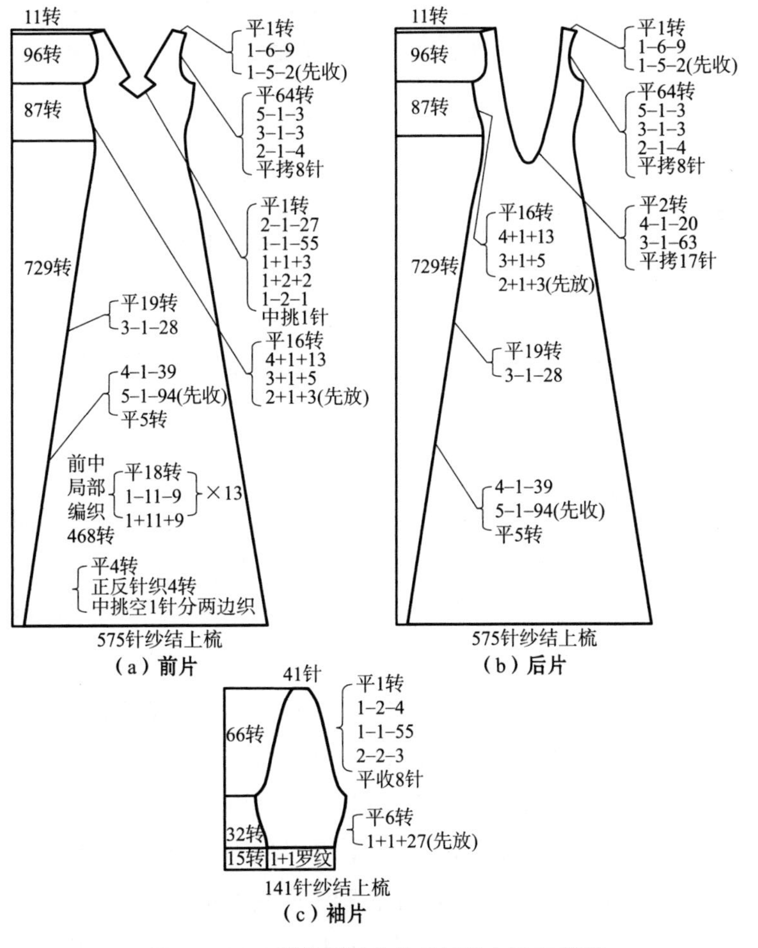

图7-2-17　彩色褶皱凸条毛衫裙上机工艺图

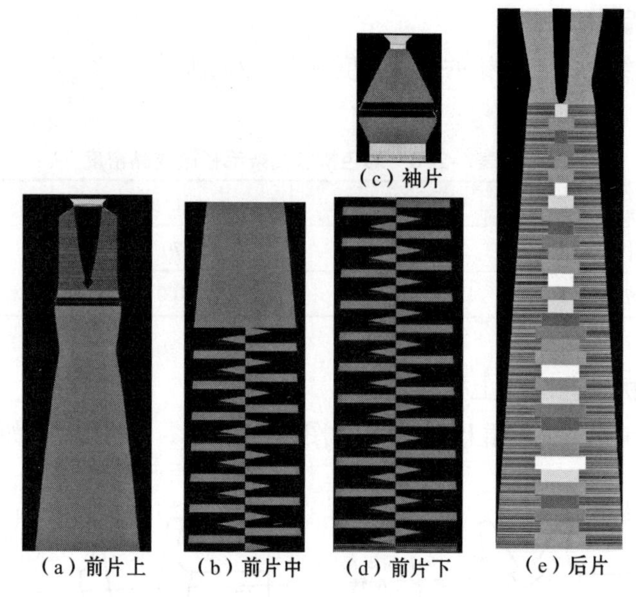

图7-2-18　彩色褶皱凸条毛衫裙上机程序图

第三节　基于纸技艺的毛衫礼服装饰设计

一、剪纸团花图案与折扇造型下摆波浪裙旗袍装饰设计

1. 设计说明

波浪裙旗袍如图7-3-1所示，采用四平、挑花、集圈编织形成团花图案，花纹设计采用剪纸中的镂空团花纹样，应用挑花产生镂空孔眼效果，为使花纹效果明显，在花纹每一个花朵边缘采用满针罗纹组织，以使织物有较明显的凹凸感，花型实物图（由于花型较大，所以截取部分花型实物）与意匠图如图7-3-2所示。下摆的设计采用折纸中的折扇造型，由于针织物的柔软性与悬垂性，使得下摆呈波浪状，该波浪造型与衣身整体编织，下摆采用局部编织，用蓝色和白色纱线编织提花结构，白色纱线形成的点状呈放射性排列[52]，似折扇造型中的折痕外观效果；领子与袖子采用平针编织，配以单面编织花边修饰。色彩以宝石蓝为主，领口和袖口采用白色包边，下摆上有白色纱线形成的点状效应，与领口、袖口的白色包边在色彩上相呼应，打破了色彩、面料的单一性。前后身基本对称，只是前后片领深不同。前胸挖领的三角形通过下机裁剪形成，此部位与领口及袖

（a）正面

（b）背面

图7-3-1　波浪裙旗袍

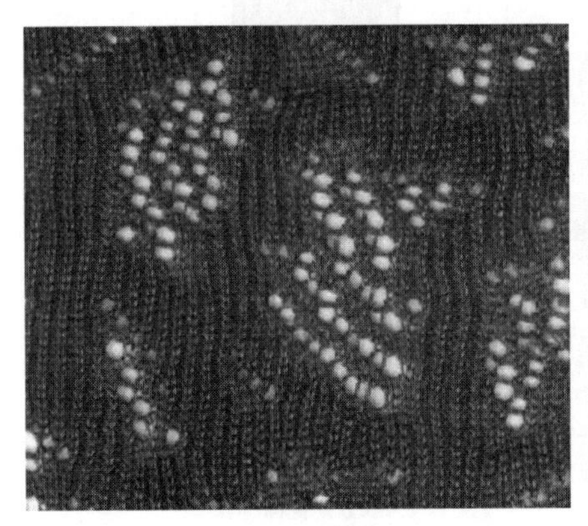

（a）实物图

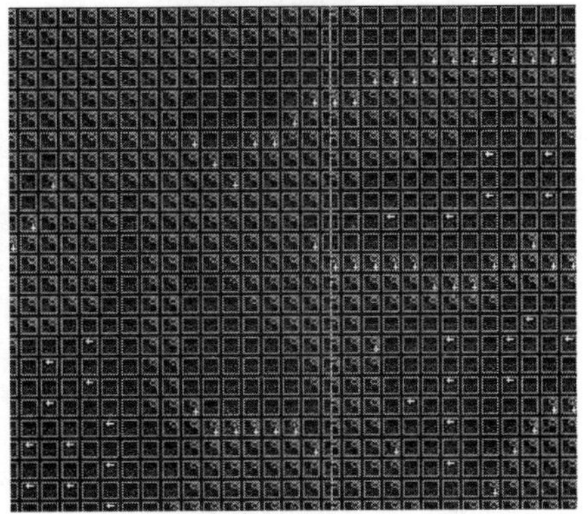

（b）意匠图

图7-3-2　花型实物图与意匠图

口均采用罗纹包边。

2. 成品规格

波浪裙旗袍的成品规格见表7-3-1，测量部位如图7-3-3所示。

3. 成品密度

波浪裙旗袍的成品密度见表7-3-2所示。

表7-3-1　波浪裙旗袍成品规格

序号与部位	尺寸/cm	序号与部位	尺寸/cm	序号与部位	尺寸/cm
①裙底边宽	10	⑧腰节高	36	⑮后领深	2
②臀宽	42	⑨挂肩	17	⑯领袖包边	1
③腰宽	35	⑩袖长	11	⑰领高	6
④胸宽	40	⑪袖阔	8.5	⑱前胸挖领宽	18
⑤肩宽	37	⑫下摆宽	100	⑲前胸挖领高	15
⑥衣长	88	⑬领宽	15	花边高	2.5
⑦臀围以下高	26	⑭前领深	5		

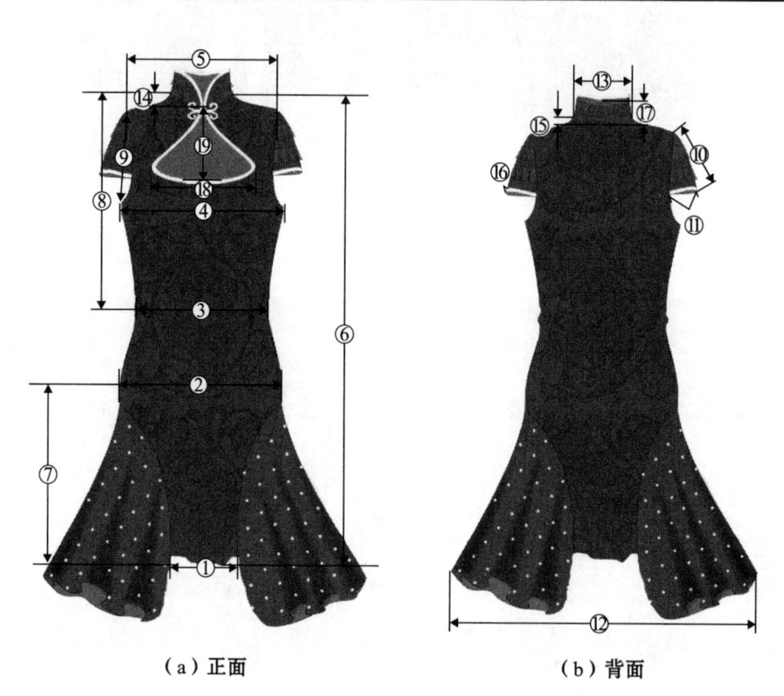

（a）正面　　（b）背面

图7-3-3　波浪裙旗袍成品款式图与测量部位

表7-3-2　波浪裙旗袍成品密度

密度	挑花	纬平针
成品横密（针/10cm）	55	65
成品纵密（转/10cm）	41	45

4. 原料与编织设备

（1）原料：波浪裙旗袍采用13.89tex×3（73公支/3）混纺纱线，成分为45%

莱赛尔、11%长绒棉、6%桑蚕丝与38%黏胶纤维。

（2）编织设备：意大利事坦格电脑横机，型号为Gemini 2.130，机号为12G。

5. 上机工艺图

波浪裙旗袍的上机工艺图如图7-3-4所示。

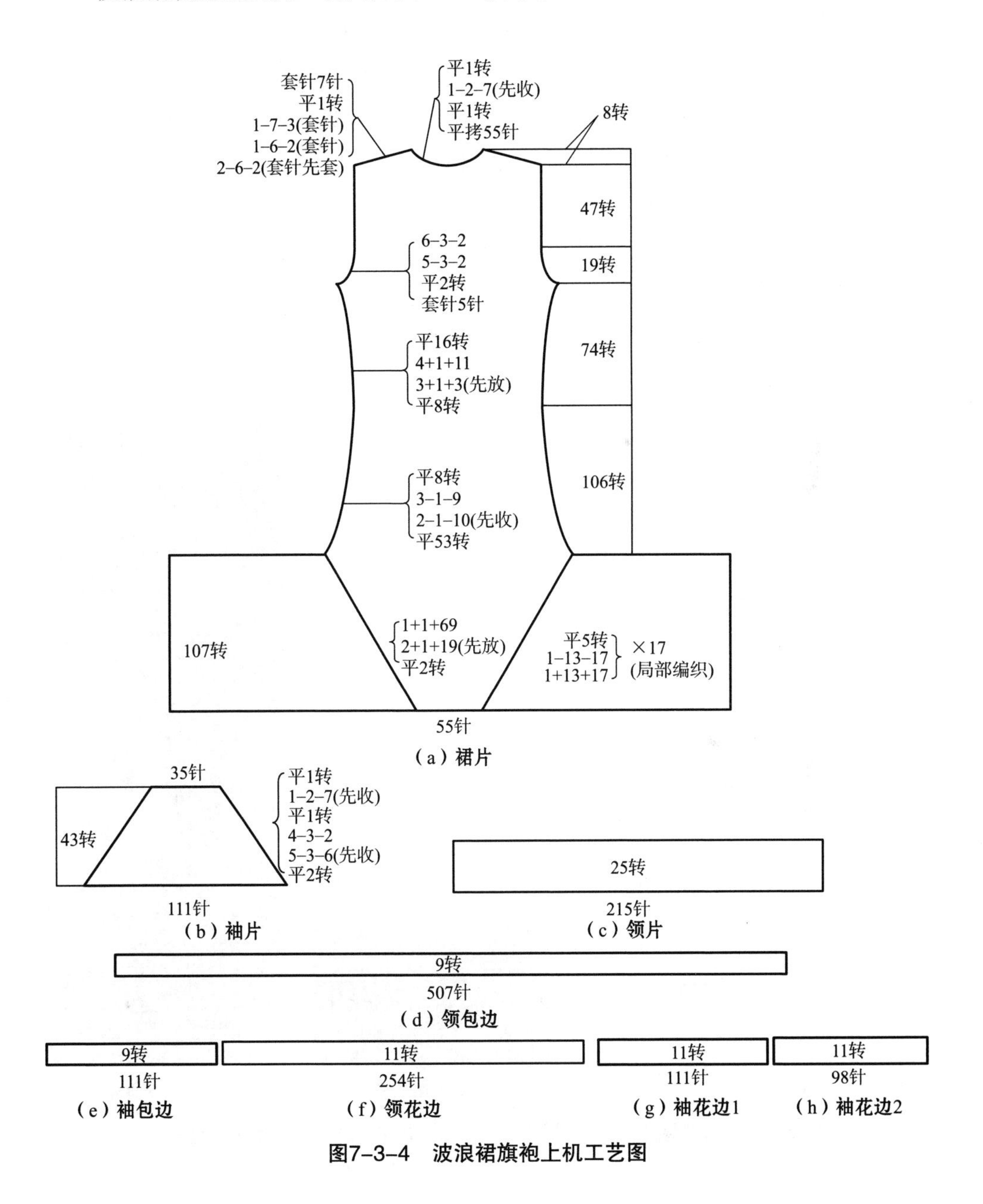

图7-3-4　波浪裙旗袍上机工艺图

6. 样板图

前领与前胸挖领样板如图7-3-5所示。

7. 上机程序图

下摆编织时采用五把梭嘴，衣身花纹区域采用一把穿蓝色纱线的梭嘴，下摆两边各用两把梭嘴，分别穿白色和蓝色两种纱线。为使下摆形成圆弧状，采用局部编织方法，图中浅色区域表示织针编织，深色区域表示织针不编织，每个浅色区域呈等腰三角形，等腰三角形区域下半部分由每横列放13针、放17次的局部编织形成；然后由穿白色纱线的梭嘴编织一横列提花形成白色点状。等腰三角形区域上半部分由每横列收13针、收17次局部编织而成，以此为单元，重复编织17次形成下摆。下摆编织结束后，两边相应的织针退出工作，衣身处织针继续编织。为防止线圈脱散，可采用废纱编织几个横列，缝合时将废纱拆掉。上机程序图如图7-3-6所示。

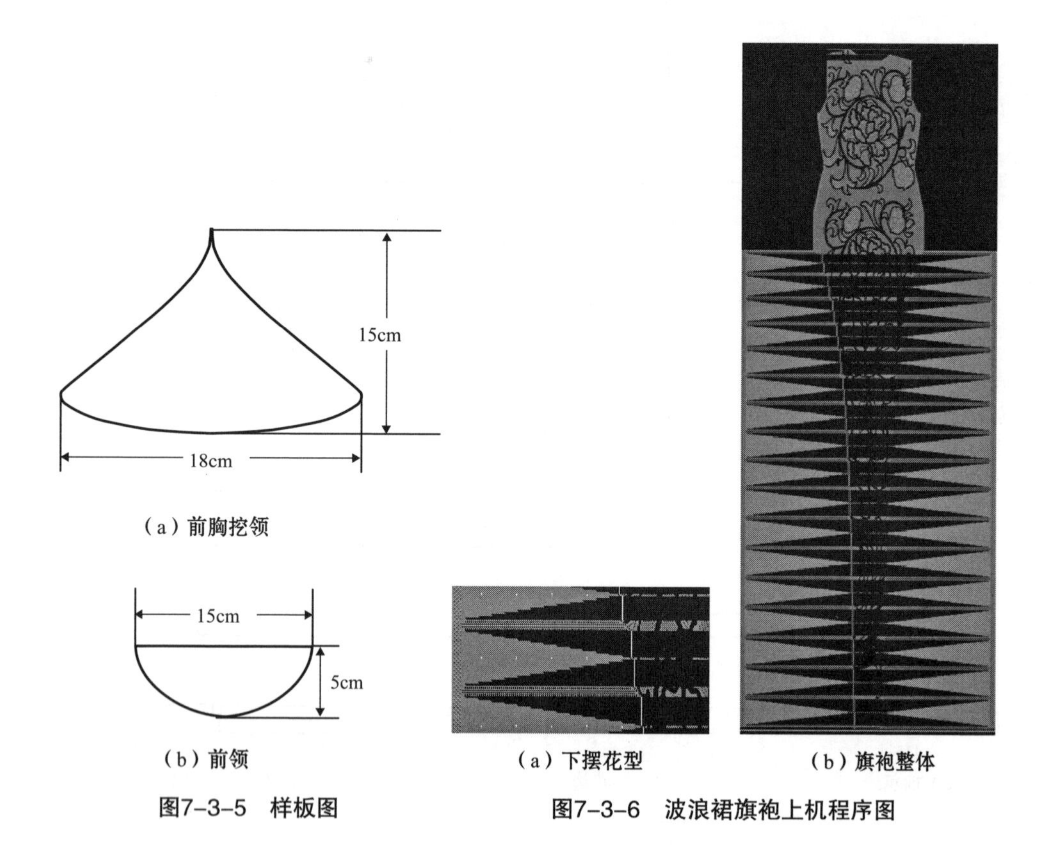

（a）前胸挖领

（b）前领

图7-3-5　样板图

（a）下摆花型

（b）旗袍整体

图7-3-6　波浪裙旗袍上机程序图

8. 套口、手缝及水洗

包袖边，合肩缝，绱袖，合侧缝，绱领，包领边与前胸挖领边（领子与挖领用一条包边，接口在中国结扣处），手缝领包边接口，手缝中国结扣。将旗袍放入工业用滚筒洗衣机中，清水浸泡10min，以保证毛衫重复浸润，然后脱水、烘干。

二、折纸褶裥造型领喇叭袖短装与剪纸窗格图案扇形摆裙装饰设计

1. 设计说明

喇叭袖短装与扇形摆裙如图7-3-7所示。喇叭袖短装右领花边造型采用折纸褶裥效果，采用平针与1+1罗纹组织以局部编织形成重叠效果；袖口处的肌理运用剪纸纹样镂空效果，袖口处由下至上采用挑花组织编织而成，孔眼花型由多到少形成渐变效果；喇叭袖短装的袖口与下摆边缘采用双面空气层两色提花；运用折纸中的折扇造型设计扇形摆裙的造型，下摆边缘与裙腰采用两色提花组织，前

（a）正面

（b）背面

图7-3-7　喇叭袖短装与扇形摆裙

针床织针满针排列，后针床织针一隔一排列；其余部位采用平针编织。喇叭袖短装以宝石蓝和纯白色为主，领口和袖口采用宝石蓝和纯白两色提花镶边修饰，打破了大面积的原色，袖子左右两边分别以白色和蓝色为主，形成色彩上的白中带蓝和蓝中带白的左右呼应效果；裙子以白色为主，腰部和裙摆边缘采用宝石蓝和纯白两色提花，与上衣色彩相协调，图案设计源自剪纸窗格图案。喇叭袖短装的领部采用不对称设计，左领采用花边，右领由肩片形状形成，无装领，袖口呈喇叭状，胸部的中国盘扣是整件衣服的点睛之笔。摆裙整体形状呈扇形，与短装造型呼应，腰部采用小提花组织，由于延伸性小而紧缩臀部，臀部以下呈斜线状直到右侧缝结束，裙摆从臀部下左侧缝开始开叉，直至左侧脚部。该款服装设计中运用了中国的传统文化元素，如折纸元素、剪纸元素及旗袍元素，整体体现出中国女性古典的端庄气质，又不失时尚感。花型实物图与意匠图如图7-3-8所示。

（a）袖子挑花实物图　（b）袖子挑花意匠图

（c）裙腰提花实物图　（d）裙腰提花意匠图

（e）袖口与下摆提花实物图　（f）袖口与下摆提花意匠图

（g）左领挑花花纹部分实物图

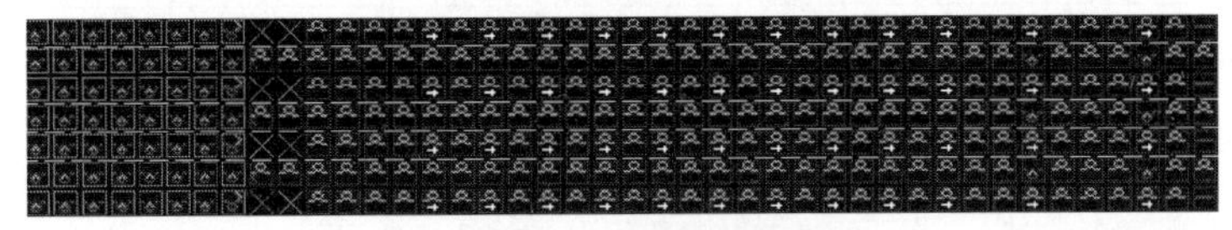

（h）左领挑花花纹部分意匠图

（i）右领挑花花纹部分实物图

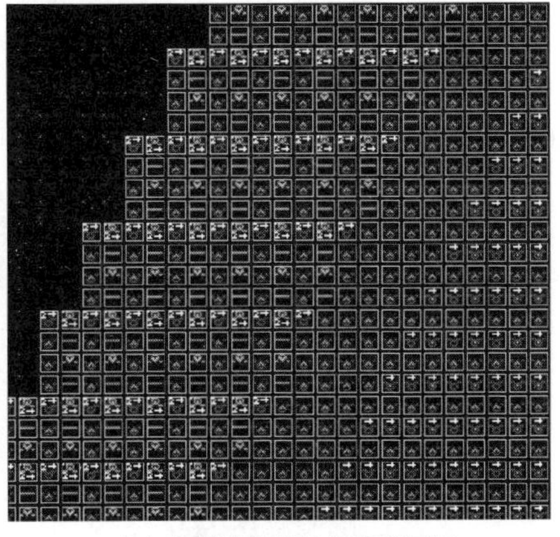

（j）右领挑花花纹部分意匠图

图7-3-8　花纹实物图与意匠图

2. 成品规格

喇叭袖短装与扇形摆裙的成品规格见表7-3-3，测量部位如图7-3-9所示。

表7-3-3　喇叭袖短装与扇形摆裙成品规格　单位：cm

序号与部位	尺寸	序号与部位	尺寸	序号与部位	尺寸
①下摆局部编织高	6	④胸宽	40	⑦后领包边高	1.5
②提花尺寸	2	⑤肩宽	35	⑧腰节高	36
③短装腰宽	35	⑥衣长	50	⑨挂肩	18.5

续表

序号与部位	尺寸	序号与部位	尺寸	序号与部位	尺寸
⑩袖长	39	⑰短装下摆宽	37	㉔裙腰宽	36
⑪袖口宽	25	⑱袖口平摇长	13	㉕裙左侧提花底至右侧宽	38.5
⑫肩斜	2	⑲袖阔	14	㉖裙右侧提花放针宽度	1.2
⑬领宽	22.5	⑳裙腰部右侧提花高	39	㉗裙左侧提花以下高	88
⑭前领深	15	㉑裙腰部左侧提花高	19.5	㉘裙底提花高	2
⑮后领深	2.5	㉒提花以下扇形摆围	129		
⑯袖口提花高	2	㉓裙腰边高	2		

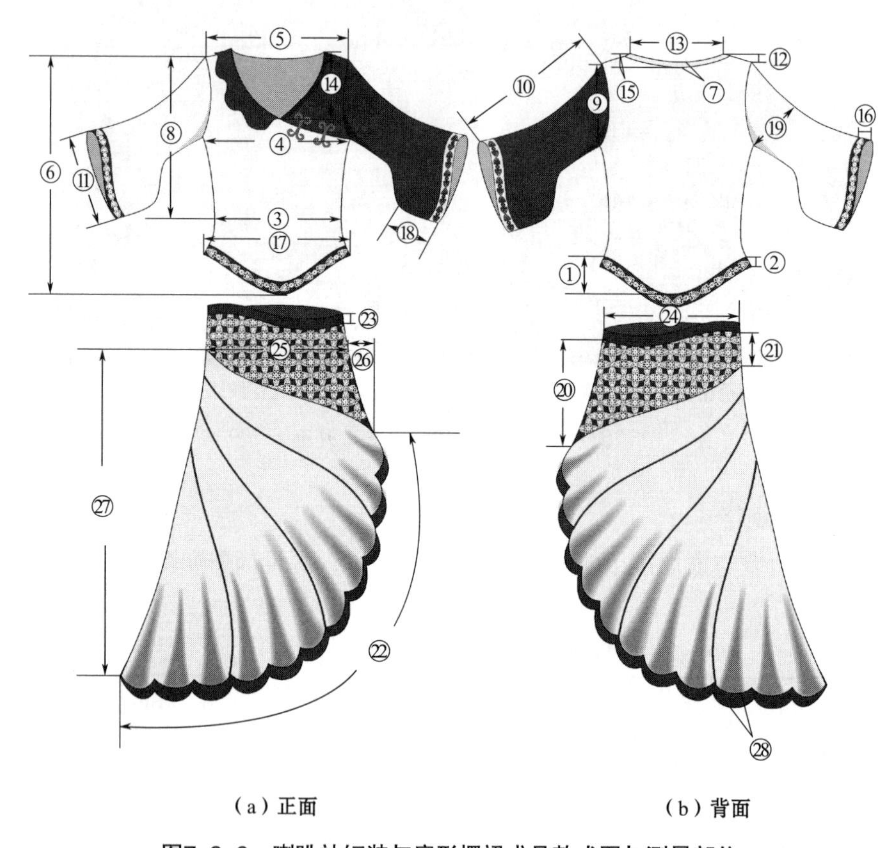

图7-3-9　喇叭袖短装与扇形摆裙成品款式图与测量部位

3. 成品密度

喇叭袖短装与扇形摆裙的成品密度见表7-3-4所示。

表7-3-4　喇叭袖短装与扇形摆裙成品密度

密度	喇叭袖短装	扇形摆裙提花	扇形摆裙平针
成品横密（针/10cm）	70	74	65
成品纵密（转/10cm）	50	45	43

4. 原料与编织设备

（1）原料：喇叭袖短装与扇形摆裙采用的原料为100%精梳棉，纱线线密度为10 tex×2（60/2英支）。

（2）编织设备：意大利事坦格电脑横机，型号为Libra 3.130，机号为12G。

5. 上机工艺图

喇叭袖短装与扇形摆裙的上机工艺图如图7-3-10所示。

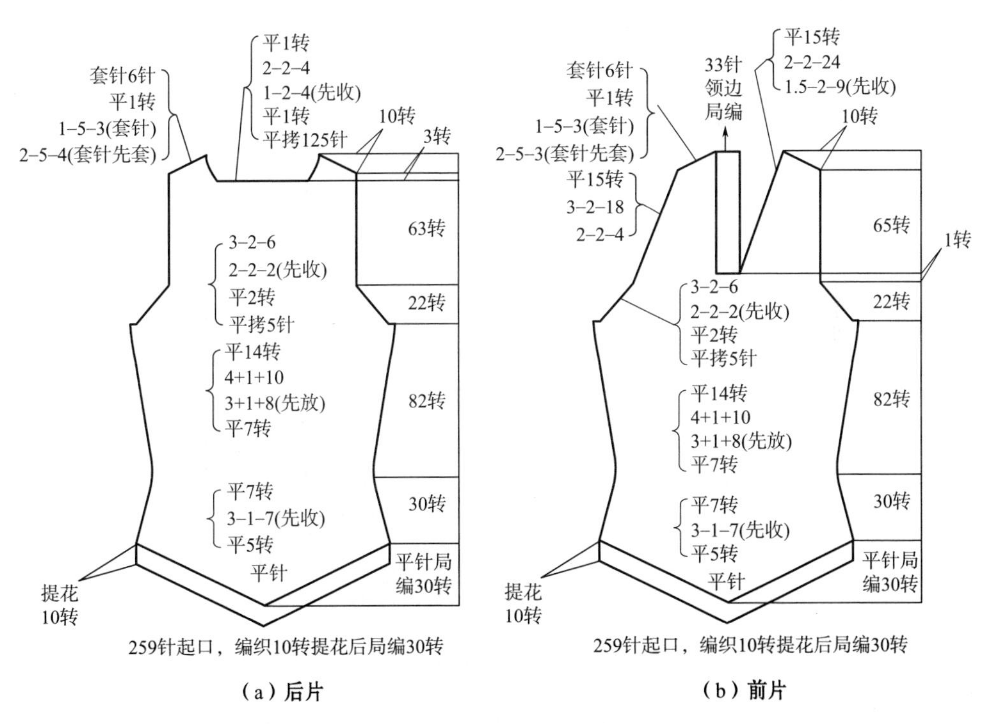

（a）后片　　（b）前片

图7-3-10

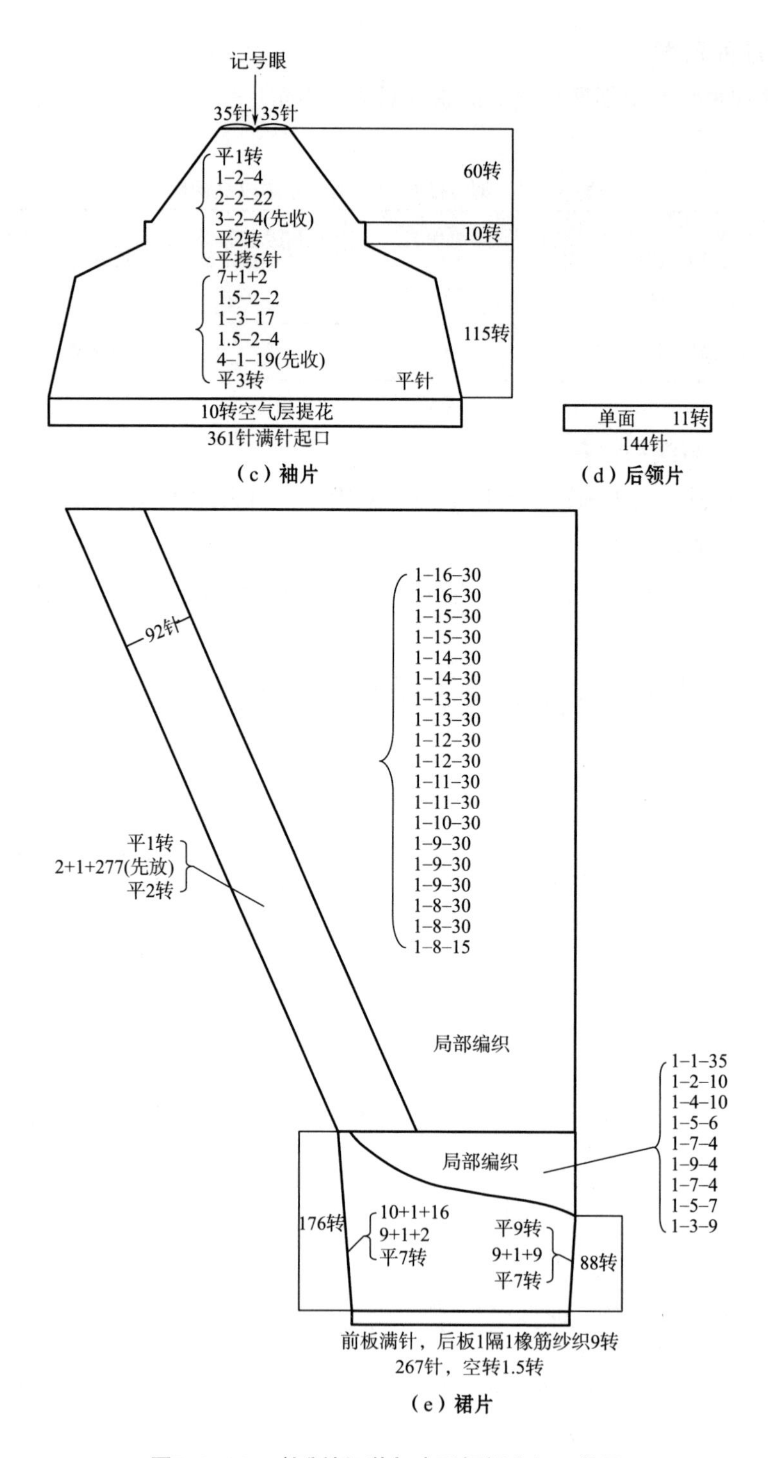

图7-3-10 喇叭袖短装与扇形摆裙上机工艺图

6. 上机程序图

喇叭袖短装与扇形摆裙的上机程序图如图7-3-11所示。

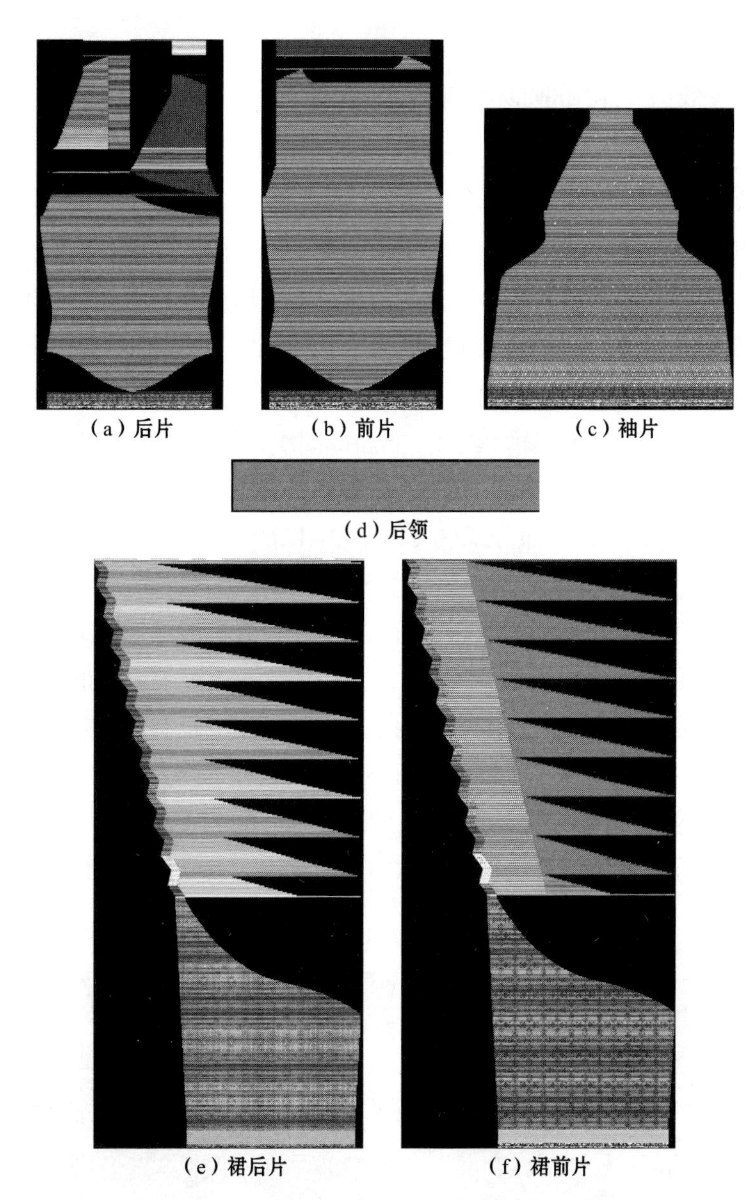

图7-3-11　喇叭袖短装与扇形摆裙上机程序图

7. 套口、手缝及水洗

合肩缝，绱袖，合侧缝与袖底缝，合裙两边侧缝。去除废纱，利用钩针将衣服上存在的毛头隐藏起来，用手工针对袖底十字缝进行加固，手缝中国盘扣。将毛衫放于加有柔软剂的清水中，完全浸泡20min，然后放入脱水机脱水。

三、剪纸造型轮廓圆环披肩装饰设计

1. 设计说明

圆环披肩实物平面图如图7-3-12所示，实物平面造型是一个同心圆，造型设计源自剪纸技术，按照规格尺寸在纸上用绘图工具画出两个半径不同的同心圆，用剪刀将同心圆的小圆内侧与大圆外侧剪掉，即可形成毛衫纸样。圆环披肩一周由24个编织单元组成，每个编织单元由局部编织区域与非局部编织区域组成，局部编织区域由黄色、橙色、红色、紫色、蓝色、绿色、黄色纱线进行局部编织单面平针组织，形成色纱编织单元，非局部编织区域位于两个色纱编织单元之间，由灰色纱线编织挑花和反面平针，圆环的内外边缘为避免卷边而采用圆筒编织[51]。圆环披肩的部分织物如图7-3-13所示，灰色区域的部分意匠图如图7-3-14所示，色纱局部编织单面平针组织的部分意匠图如图7-3-15所示。主色调为灰色，红色、橙色、黄色、绿色、蓝色、紫色纱线局部编织形成三角形状，与灰色组成一个单元结构[52]，以此为循环单元逐渐编织，形成彩色圆片。该款毛衫的色彩应用上有渐变效应，色彩条纹的宽度上也有渐变效应，使得颜色丰富而不杂乱。整件服装平面效果是圆环造型，通过不同方式的穿着搭配，可形成一衣多变的风格，该款服装可作为太阳裙穿着，也可通过折纸手法形成图7-3-16所示的礼服穿着效果。彩条局部编织的典型运用、宽松的造型设计，更加突出服装的可穿性，简洁大方又不失时尚。

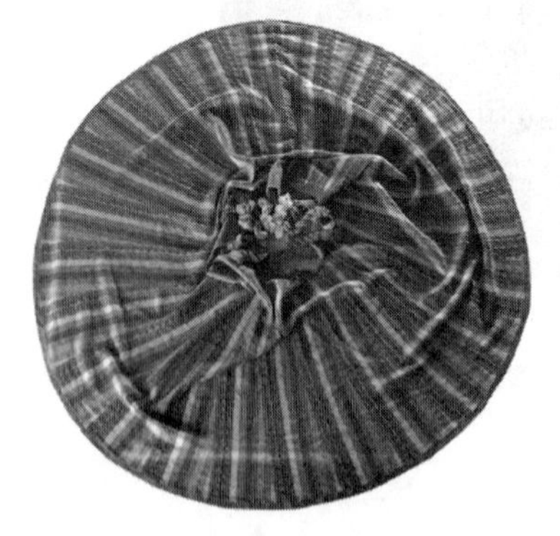

图7-3-12　实物平面图

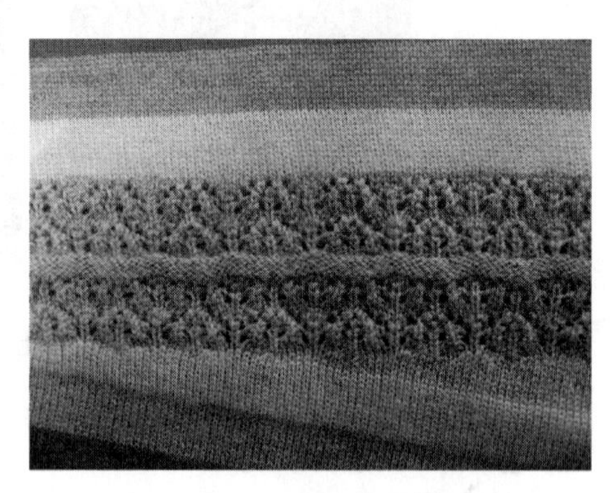

图7-3-13　部分织物实物图

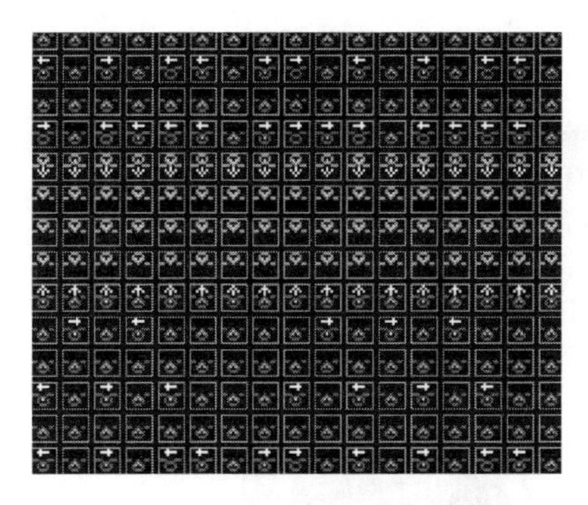

图7-3-14 灰色区域部分意匠图

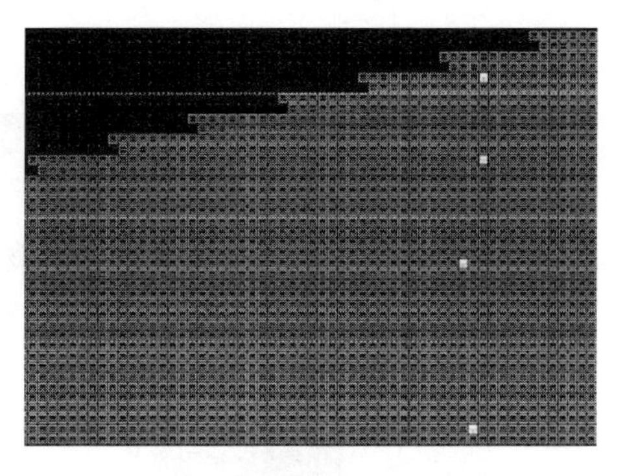

图7-3-15 局部编织区域部分意匠图

(a)正面

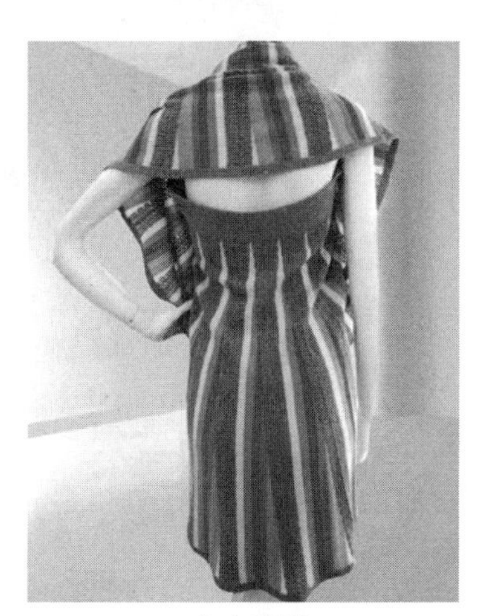

(b)背面

图7-3-16 圆环披肩

2. 成品规格

圆环披肩的成品规格见表7-3-5，测量部位如图7-3-17所示。

表7-3-5 圆环披肩成品规格

序号与部位	尺寸/cm	序号与部位	尺寸/cm
①圆环内圆筒织物宽	5	⑤圆环外侧半周长	160
②圆环中花纹宽	54.5	色纱局部编织单元长	9.4
③圆环外圆筒织物宽	1.5	色块间灰色区域长	4.1
④圆环内侧半周长	50	色块内颜色数	7

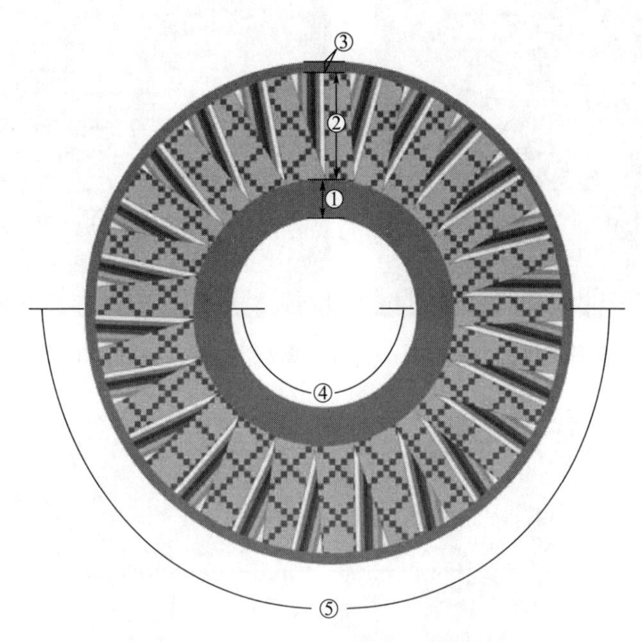

图7-3-17　圆环披肩成品测量部位

3. 成品密度

圆环披肩的成品密度见表7-3-6所示。

表7-3-6　圆环披肩成品密度

密度	圆筒织物	圆环内部花色织物
成品横密（针/10cm）	70	63
成品纵密（转/10cm）	45.8	45.8

4. 原料与编织设备

（1）原料：圆环披肩的原料采用31.25 tex × 2（32公支/2）羊毛纱。

（2）编织设备：意大利事坦格电脑横机，型号Libra 3.130，机号12G。

5. 上机工艺图

圆环披肩的上机工艺图如图7-3-18所示。

6. 上机程序图

圆环披肩的上机程序图如图7-3-19所示。

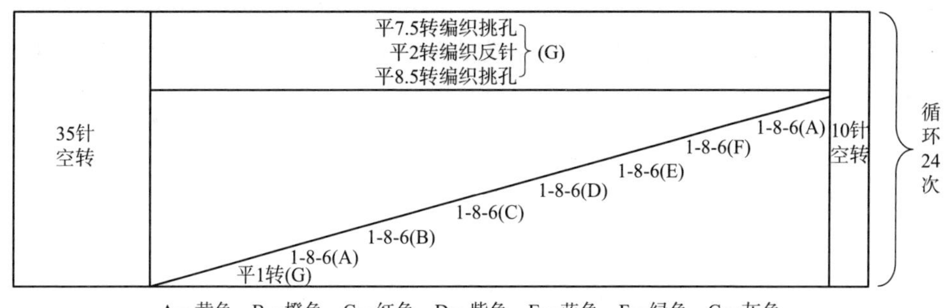

图7-3-18　圆环披肩上机工艺图

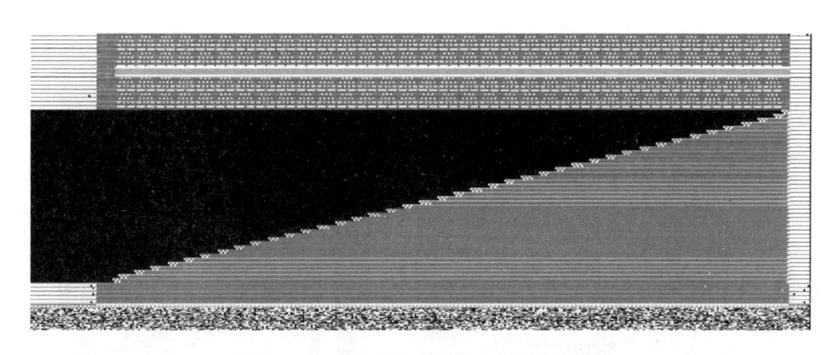

图7-3-19　圆环披肩上机程序图

7. 套口、手缝及水洗

将圆环披肩两边缘套口缝合，对套好的毛衫进行扒扣，看是否有针未套住。去除废纱，利用钩针将衣服上存在的毛头隐藏起来，用手工针对合缝的边缘进行加固。将毛衫用清水洗浸泡，用“强松宝”缩绒剂，“科莱恩”柔软助剂，洗缩后脱水。

四、折纸造型褶皱图案与剪纸纹样纵向镂空领鱼尾礼服裙装饰设计

1. 设计说明

鱼尾礼服裙如图7-3-20所示。领子设计运用剪纸中阴刻与阳刻相结合形成的纵向曲折镂空效果，礼服前后片采用折纸造型形成的凹凸横条纹褶皱外观。整件礼服采用四种不同的组织结构：领子部位的镂空花型通过每六枚针做局部运动而形成，纵条处是绞花组织；前后片中间部位一竖排菱形，编织一转一隔一集圈和编织一转一隔一浮线交替进行，由于编织时集圈线圈与浮线处线圈拉长，下机后

拉长线圈回缩，左右两侧的平针线圈凸起，形成横条纹褶皱效应，似折纸折痕的外观效果；下摆部分的三层裙片是在挑花的基础上进行局部编织，形成摆状效果，其余处为平针组织。上述花纹实物图与花型意匠图如图7-3-21所示。整件鱼尾礼服裙为白色，白色为纯洁高雅的色彩，再配上多种组织结构编织形成的镂空、凹凸等效应，更能突显高贵的气质。毛衫整体是礼服造型，领口的镂空绞花呈纵条效应，可以展现领部修长的线条，领口造型可以采用堆砌穿法与重叠两翻领穿法，展示不同的领部效果；下摆部位的裙摆是由三层缝合而成，采用纸技艺中的拼贴技法，三层裙摆按照由下而上、弧度和摆度由大到小排列，与上衣连为一体，穿着时更具飘逸和层次感；菱形花纹处左右两侧形成横向凸条效应，凸显立体感，中间的菱形组织上镶嵌白色亮钻作为装饰，使整件礼服裙更能展示高贵的气质。

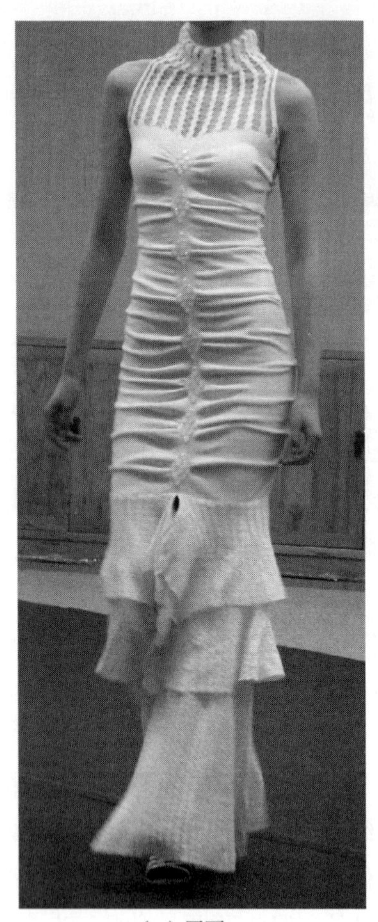

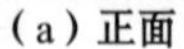

（a）正面

（b）背面

图7-3-20　鱼尾礼服裙

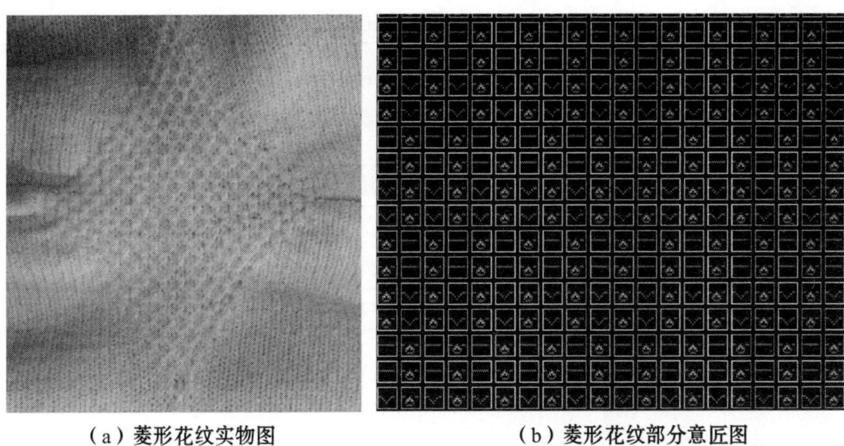

（a）菱形花纹实物图　　（b）菱形花纹部分意匠图

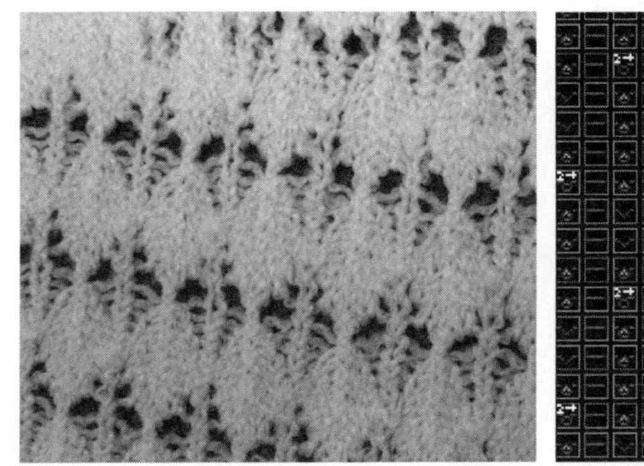

（c）下摆花纹实物图

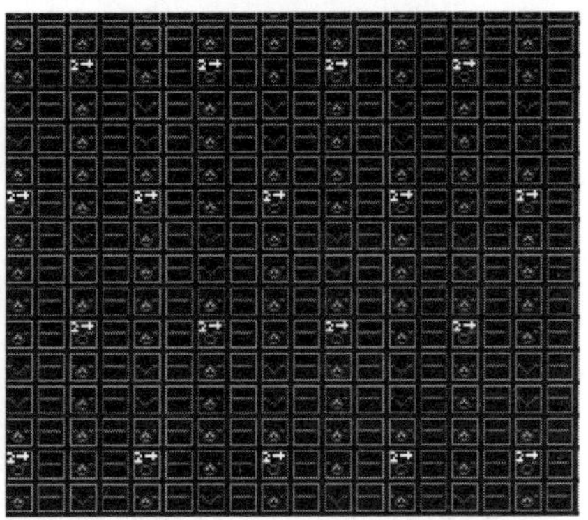

（d）下摆花纹部分意匠图

（e）领子花纹实物图

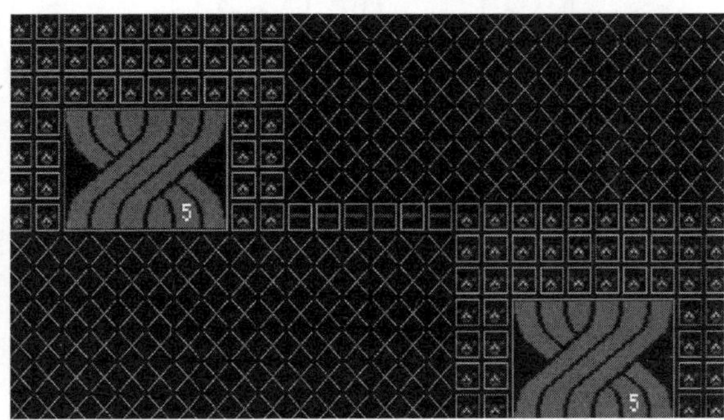

（f）领子花纹部分意匠图

图7-3-21　花纹实物图与意匠图

2. 成品规格

鱼尾礼服裙的成品规格见表7-3-7，测量部位如图7-3-22所示。

表7-3-7　鱼尾礼服裙成品规格

序号与部位	尺寸/cm	序号与部位	尺寸/cm
①膝宽	39	⑨内层下摆围	293.5
②腰宽	29.5	⑩内层摆高	65
③胸宽	37	⑪中间层上摆围	122
④肩宽	17	⑫中间层下摆围	181.5
⑤下摆至胸宽高	67.5	⑬中间层摆高	37.5
⑥下摆至腰宽高	50	⑭外层上摆围	105.5
⑦挂肩	16.5	⑮外层下摆围	111.5
⑧内层上摆围	135	⑯外层摆高	20.5

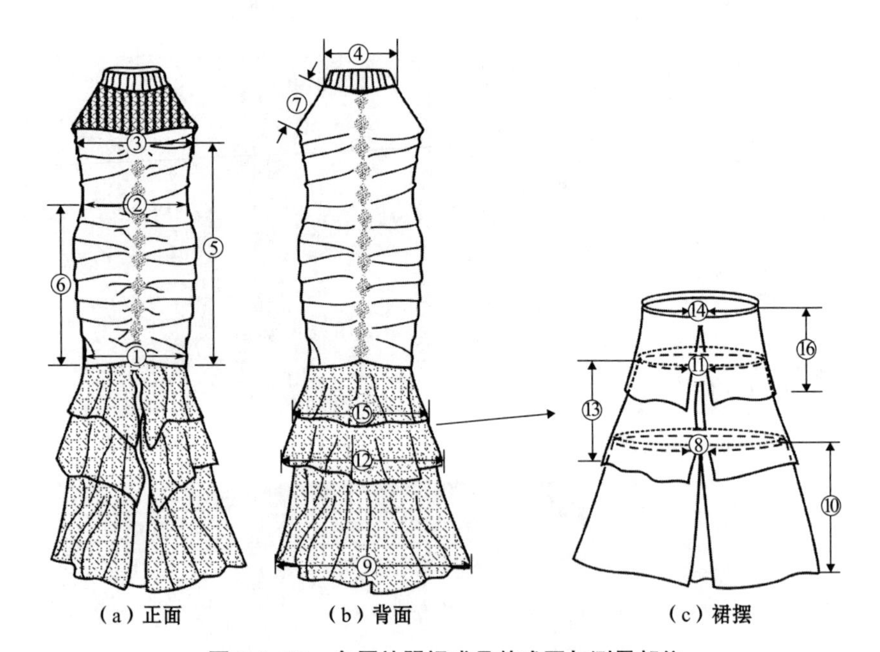

图7-3-22　鱼尾礼服裙成品款式图与测量部位

3. 成品密度

鱼尾礼服裙的成品密度见表7-3-8所示。

表7-3-8　鱼尾礼服裙成品密度

密度	衣片	下摆
成品横密（针/10cm）	67	62
成品纵密（转/10cm）	53	35

4. 原料与编织设备

（1）原料：鱼尾礼服裙采用的原料为33.33tex × 2（30公支/2）羊毛纱。

（2）编织设备：意大利事坦格电脑横机，型号为Libra 3.130，机号为12G。

5. 上机工艺图

鱼尾礼服裙的上机工艺图如图7-3-23所示。

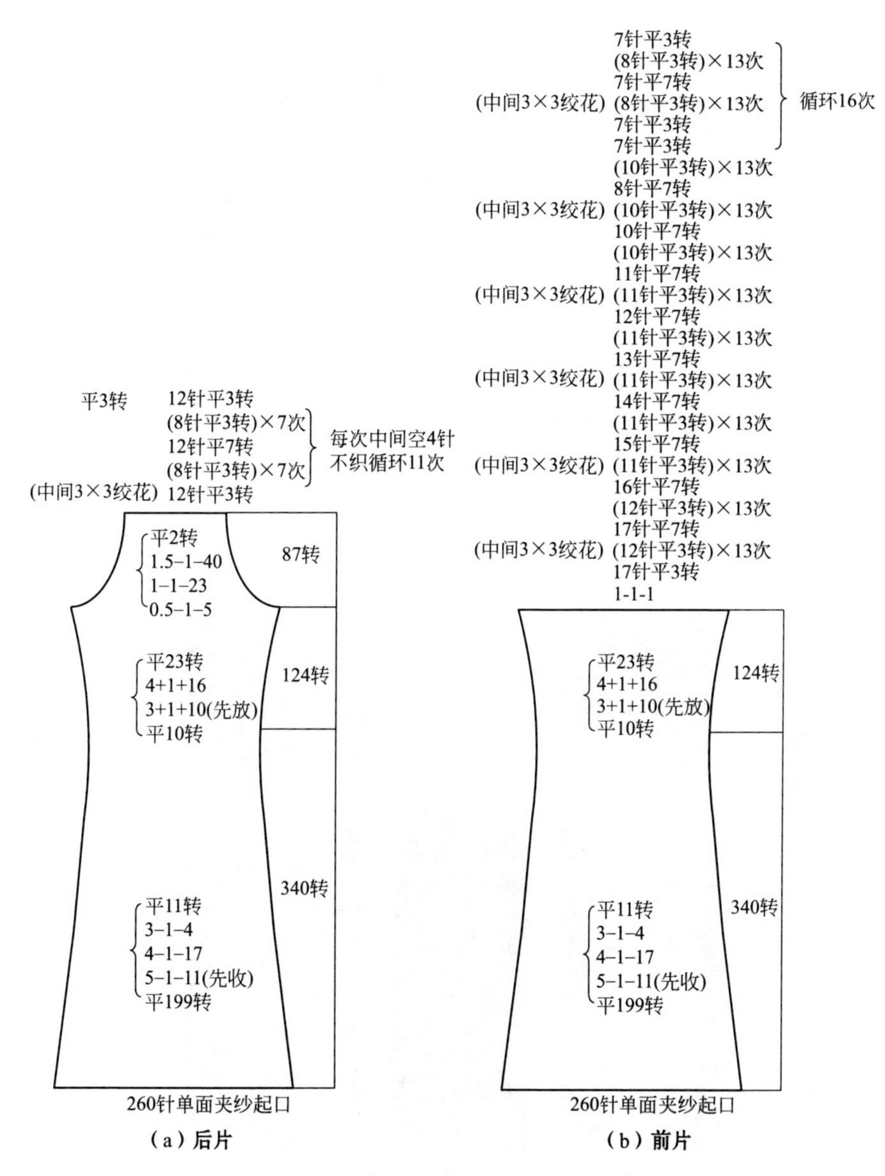

（a）后片　　（b）前片

图7-3-23

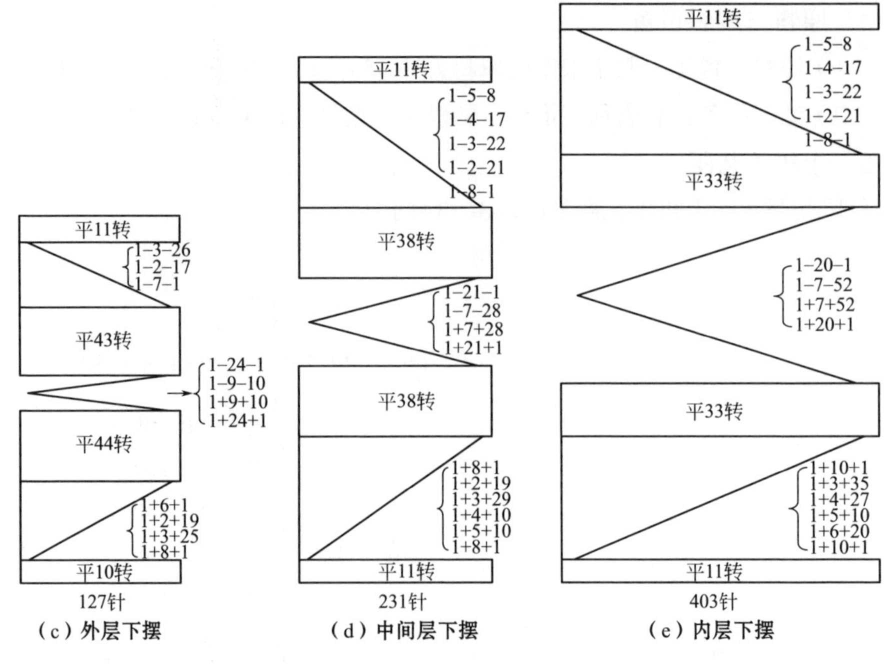

（c）外层下摆　（d）中间层下摆　（e）内层下摆

图7–3–23　鱼尾礼服裙上机工艺图

6. 上机程序图

鱼尾礼服裙的上机程序如图7–3–24所示。

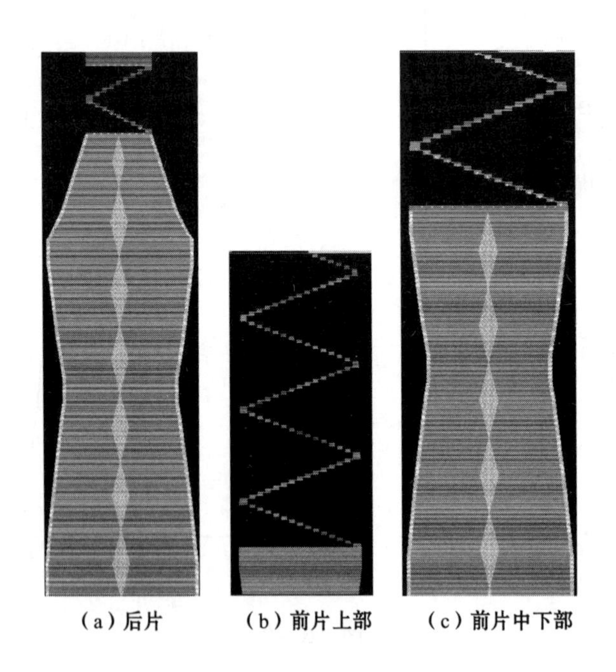

（a）后片　（b）前片上部　（c）前片中下部

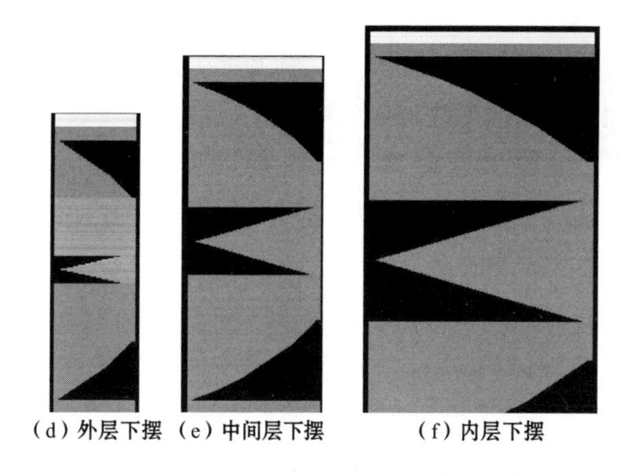

图7-3-24　鱼尾礼服裙上机程序图

7. 套口、手缝及水洗

合肩缝与领侧缝，合裙身侧缝，缝合外层下摆，缝合中层下摆，缝合内层下摆，对套好的毛衫进行扒扣，看是否有针未套住。去除废纱，利用钩针将衣服上存在的毛头隐藏起来，用手工针对下摆缝合起始处进行加固。将毛衫用清水洗浸泡，用“强松宝”缩绒剂，“科莱恩”柔软助剂，洗缩后脱水。

参考文献

［1］李熠，魏琳琳．基于纸道的现代服装跨界艺术设计表征［J］．丝绸，2012，49（1）：41-44，51．

［2］徐艳华，袁新林，秦婉瑜．基于纸技艺的毛衫裙组织结构设计与生产工艺［J］．针织工业，2013（11）：14-17．

［3］张瑶瑶．改革开放初期我国男装发展探究（1978—1989）［D］．北京：北京服装学院，2017．

［4］张筱曦，邱佩娜．折纸元素在女装成衣设计中的运用探索［J］．山东纺织经济，2010（5）：67-69，2．

［5］宋扬．陕西剪纸意象在服装面料设计再造中的创新研究［D］．西安：西安工程大学，2012．

［6］刘姣姣．我国民间剪纸艺术风格及其在现代女装设计中的创新运用［D］．无锡：江南大学，2011．

［7］顾鹏．折叠在现代建筑中的设计策略研究［D］．南京：东南大学，2018．

［8］张婷．折纸手法在小礼服造型中的应用研究［D］．无锡：江南大学，2014．

［9］蒋晶晶．折纸造型在女装造型中的运用［J］．大众文艺，2011（13）：280-281．

［10］袁新林，徐艳华，周宁静．折纸造型在毛衫花型设计中的应用［J］．纺织学报，2016，37（5）：110-116，130．

［11］王婷．民间剪纸艺术及作为校本课程开发的价值［J］．陕西师范大学继续教育学报，2007（4）：92-94．

［12］陈许文．中国民间剪纸艺术在现代陶瓷装饰中的应用研究［D］．景德镇：景德镇陶瓷学院，2013．

［13］王毅．民间艺术元素的数字化应用［D］．太原：太原理工大学，2014．

[14] 卢娜．剪纸艺术在服装设计中的运用［J］．纺织导报，2015（1）：72-74．
[15] 刘倩．民间剪纸应用于流行头饰的设计研究［D］．无锡：江南大学，2008．
[16] 张静．剪纸艺术在家居陈设陶艺品中的运用研究［D］．唐山：华北理工大学，2015．
[17] 王雪．制度化背景中的剪纸传承与生活实践［D］．北京：中央民族大学，2011．
[18] 刘东．纸样工程技术在服装生产中的运用［J］．纺织导报，2004（1）：50-52，54．
[19] 张菲菲．基于三维扫描的旗袍CAD样板参数化设计［D］．芜湖：安徽工程大学，2019．
[20] 徐艳华．服装设计中的装饰语言［N］．中国社会科学报，2018-11-19．
[21] 宋晓帆．从APEC峰会领导人服装看“中国元素”新用——关于中国设计师对“中国元素”运用的思考［J］．中国包装工业，2015（Z2）：68，70．
[22] 张君浪．中国风服饰的时尚设计手法［J］．纺织报告，2019（10）：53-55．
[23] 徐艳华．点线之间［N］．中国社会科学报，2019-08-12．
[24] 曹立辉．装饰工艺在服装设计中的应用［J］．天津纺织科技，2010（2）：41-43．
[25] 张春燕．中国传统服饰刺绣与现代服饰设计的研究［D］．苏州：苏州大学，2008．
[26] 钱俊谷．时装画技法［M］．上海：东华大学出版社，2019．
[27] 徐艳华，袁新林．折纸褶裥在毛针织服装花型设计与工艺中的应用［J］．毛纺科技，2016，44（5）：17-22．
[28] 袁新林，徐艳华，吴淞馨．褶裥效应花型毛衫的编织工艺［J］．毛纺科技，2017，45（9）：22-26．
[29] 杨祥民，吉琳．中国古代园林建筑设计中扇子美学的应用［J］．美与时代（上），2011（11）：89-92．
[30] 黎丽．中国传统纹样在现代室内设计中的运用研究［D］．西安：陕西科技大学，2012．
[31] 袁新林，徐艳华，李宏月．中国传统纹样在毛衫设计中的应用［J］．毛纺科技，2016，44（1）：28-32．
[32] 郎艳丽．浅析服装整体效果中的领型设计［J］．科教导刊：中旬刊，2013

（8）：146–147.
［33］裴思楠，陆鑫．影响服装舒适性因素的探究［J］．辽宁丝绸，2017（1）：11–12.
［34］王秀芝，徐静．领子造型与颈部运动适应性研究［J］．国际纺织导报，2005（11）：80–82.
［35］张中启，张欣，刘驰．翻驳领合体性结构设计的探讨［J］．四川丝绸，2007（2）：38–40.
［36］张中启，张欣，刘驰．领型结构设计的研究［J］．四川丝绸，2006，（4）：43–45.
［37］王喜娜．连帽领结构设计方法的优化研究［D］．上海：东华大学，2012.
［38］刘咏梅，董晨雪，王喜娜．连帽领结构设计方法的优化［J］．东华大学学报：自然科学版，2014，40（1）：58–63.
［39］赵志晶，徐艳华．基于纸样技术的驳领毛衫领型工艺与分析［J］．纺织导报，2015（5）：73–76.
［40］徐艳华，袁新林，赵志晶．毛衫领工艺中纸样的应用［J］．毛纺科技，2015，43（9）：23–27.
［41］周福英，张冠宇．基于新女上装基型的配袖［J］．天津纺织科技，2013（3）：39–41，45.
［42］郭健．现代女装制板中衣身袖窿与袖子的结构设计［D］．长春：东北师范大学，2013.
［43］鲍卫君，张芬芬．服装裁剪实用手册袖型篇［M］．上海：东华大学出版社，2012.
［44］陈琪，张宁．东北地区20到35岁胖体女性合体袖的参数化纸样设计方法研究［J］．辽宁丝绸，2021（1）：40–41.
［45］徐艳华，袁新林，张燕琴．纸样技术在毛衫袖型设计与工艺中的应用［J］．毛纺科技，2015，43（11）：21–26.
［46］杨柳．非常规结构线对服装造型的影响研究［J］．西南师范大学学报：自然科学版，2010，35（2）：170–174.
［47］邢媛菲．毛衫规律褶裥效果设计［J］．针织工业，2010（6）：17–18.
［48］徐艳华，杨婧．纸样技术在非常规造型毛针织服装编织工艺中的应用［J］．纺织学报，2016，37（8）：107–113.

[49] 王霞，徐东. 公主线型分割服装结构设计应用技巧的研究 [J]. 天津纺织科技，2011（4）：45–47.
[50] 邓洪涛. 基于风格定位的服装边口造型设计 [J]. 嘉兴学院学报，2009，21（3）：109–111，138.
[51] 徐艳华，袁新林，秦婉瑜. 基于纸技艺的毛衫裙组织结构设计与生产工艺 [J]. 针织工业，2013（11）：14–17.
[52] 徐艳华，袁新林，秦婉瑜. 局部编织技术在羊毛衫设计中的应用 [J]. 毛纺科技，2011，39（5）：45–49.